工程软件数控加工自动编程经典实例

Mastercam 2017 数控加工自动编程经典实例

经典实例

第 4 版

周 敏 洪展钦 编 著

机械工业出版社

本书以 Mastercam 2017 为例，主要讲解 Mastercam 的数控铣加工模块，内容包括 Mastercam 各种数控铣削加工的方法和编程实例，以及 SINUMERIK 802D 数控铣床、FANUC 加工中心的操作等，旨在开拓学生思维，培养学生的实际动手能力。全书共分 7 章，内容以近几年来数控铣考证试题为主，从简单的二维轮廓类零件、典型三维零件、复杂双面零件到精度配合要求零件、典型曲面零件的加工，以及 Mastercam 自动编程刀具路径编辑技巧，由浅入深，循序渐进，能够让读者很快了解数控编程的工艺和加工的特点，领悟到编程工艺的精髓，达到事半功倍的效果。随书赠送书中的所有实例模型及操作演示视频，可扫描相应章节中的二维码下载，供读者在学习过程中参考练习。

　　本书既可以作为大中专院校学生学习编程和加工的参考教材，也可以作为企业从事数控编程和加工人员的参考资料。

图书在版编目（CIP）数据

Mastercam 2017数控加工自动编程经典实例/周敏，洪展钦编著. —4版.
—北京：机械工业出版社，2020.3（2023.1重印）
（工程软件数控加工自动编程经典实例）
ISBN 978-7-111-64634-1

Ⅰ．①M⋯　Ⅱ．①周⋯　②洪⋯　Ⅲ．①数控机床—加工—计算机辅助设计—应用软件　Ⅳ．①TG659-39

中国版本图书馆CIP数据核字（2020）第011305号

机械工业出版社（北京市百万庄大街22号　邮政编码100037）
策划编辑：周国萍　　责任编辑：周国萍　刘本明
责任校对：陈　越　　封面设计：马精明
责任印制：单爱军
北京虎彩文化传播有限公司印刷
2023 年 1 月第 4 版第 3 次印刷
184mm×260mm · 19.75印张 · 478千字
标准书号：ISBN 978-7-111-64634-1
定价：59.00元

电话服务　　　　　　　　　　　网络服务
客服电话：010-88361066　　　机 工 官 网：www.cmpbook.com
　　　　　010-88379833　　　机 工 官 博：weibo.com/cmp1952
　　　　　010-68326294　　　金 书 网：www.golden-book.com
封底无防伪标均为盗版　　　机工教育服务网：www.cmpedu.com

前　言

Mastercam 是美国 CNC 公司推出的集设计、制造、数控机床自动编程于一体的 CAD/CAM 软件，是目前我国应用最广泛、最具代表性的 CAD/CAM 软件之一。

Mastercam 2017 是 Mastercam 软件中较新的一个版本。本书以 Mastercam 2017 中文版为例，主要讲解 Mastercam 的数控铣加工模块。

CAD/CAM 是一门实践性很强的技术。本书是编著者在长期的 Mastercam 理论教学基础上，结合丰富的机床操作实践经验编写而成的，主要内容包括 Mastercam 各种数控铣削加工的方法介绍和编程实例，以及 SIEMENS 数控铣床、FANUC 加工中心的操作等，理论联系实际，向读者提供了一个全方位展示数控编程和加工的平台。书中内容以近 3 年来数控铣工考证试题为主，通过实例的编程和加工讲解，可以大大缩短读者的学习时间，达到事半功倍的效果。

本书在编写过程中，突出了以下特点：①由浅至深。本书首先由最简单的加工编程开始讲解，再逐步过渡到复杂的零件加工方法。②实用性。本书所介绍的每一个实例均来自于教学和生产实际，让读者在最短时间内掌握操作技巧，其目的是让初学者能够在实际工作中解决问题。③讲解详尽。本书对每个实例进行详细的讲解，并配以图片，使读者逐步加深对加工编程的理解。④本书提供书中的所有实例模型及操作演示视频，读者可扫描相应章节中的二维码获取。⑤突出实践环节。本书还讲解了用数控机床加工的全过程和操作技巧，以及常见故障的处理等。

本书 1 ～ 3 版以 Mastercam V9.1 为基础编写，自 2010 年发行以来深受广大读者好评。为了与时俱进，由广东技术师范大学的周敏老师、佛山市三水区理工学校的洪展钦老师以 Mastercam 2017 为基础共同编写了第 4 版，更加贴近职业院校的教学与实践。在本书的编写过程中，广东技术师范大学的陈世兴、王文庆老师，茂名市第一职业技术学校的张清雅老师，鹤山市职业技术学校的黄贤慧老师，南雄市中等职业学校的田成功老师，惠州市理工职业技术学校的农春苗老师，湛江机电学校的黄语老师等也提出了许多宝贵意见和建议，在此一并表示感谢。

由于编者水平有限，书中难免有错误和不妥之处，恳请广大读者提出宝贵意见。

编著者

目　录

前　言
第1章　Mastercam 2017 概论..1
　1.1　Mastercam 2017 简介..1
　　1.1.1　Mastercam 2017 中文版的安装..1
　　1.1.2　Mastercam 2017 中文版的启动..3
　1.2　Mastercam 2017 常用绘图命令..8
　　1.2.1　连续线..8
　　1.2.2　圆或圆弧...11
　　1.2.3　倒圆角...16
　　1.2.4　倒角..17
　　1.2.5　修剪打断延伸...19
　　1.2.6　补正..21
　1.3　Mastercam 2017 常见加工类型...24
　　1.3.1　面铣..24
　　1.3.2　外形铣削...32
　　1.3.3　钻孔加工...36
　　1.3.4　动态铣削...40
　　1.3.5　区域加工...45
　　1.3.6　挖槽加工...47
　　1.3.7　全圆铣削 / 螺旋铣孔...52
　　1.3.8　2D 扫描...57
　　1.3.9　优化动态粗切...60
　　1.3.10　等高...66
　　1.3.11　流线精切..68
　本章小结..71
第2章　中级工考证经典实例..72
　2.1　零件 1 的工艺分析..72
　　2.1.1　零件的加工方案..73
　　2.1.2　切削参数的设定..73
　2.2　零件 1 的 CAD 建模..80
　2.3　零件 1CAM 刀具路径的设定...83
　　2.3.1　刀具的选择...83
　　2.3.2　工作设定...84
　　2.3.3　刀具路径编辑...84
　　2.3.4　程序的后处理...99
　2.4　SINUMERIK 802D 数控铣床加工的基本操作....................................103

2.4.1　SINUMERIK 802D 面板操作 103
2.4.2　零件的装夹 106
2.4.3　刀柄上刀具的拆装 107
2.4.4　对刀与换刀 110
2.4.5　程序的录入 114
2.4.6　机床模拟仿真 117
2.4.7　零件的加工 117
2.5　零件 2 的工艺分析 118
2.6　零件 2 的 CAD 建模 120
2.7　零件 2CAM 刀具路径的设定 123
2.7.1　刀具的选择 123
2.7.2　工作设定 123
2.7.3　刀具路径编辑 123
本章小结 132

第 3 章　高级工考证经典实例 134
3.1　零件 1 的工艺分析 134
3.2　零件 1 的 CAD 建模 135
3.2.1　二维造型 135
3.2.2　实体及曲面建模 138
3.3　零件的 CAM 刀具路径编辑 140
3.4　SINUMERIK 802D 数控铣床加工操作技巧 155
3.4.1　对刀技巧 155
3.4.2　DNC 方式加工 157
3.4.3　常见问题及处理 157
3.5　零件 2 的工艺分析 160
3.6　零件 2 的 CAD 建模 161
3.6.1　二维造型 161
3.6.2　实体及曲面建模 163
3.7　零件 2 的 CAM 刀具路径编辑 165
3.8　零件精度的分析与处理方法 172
本章小结 179

第 4 章　技师考证经典实例 180
4.1　双面零件加工的工艺分析 180
4.2　反面 CAD 建模 181
4.3　反面刀具路径编辑 184
4.4　正面 CAD 建模 193
4.5　正面刀具路径编辑 196
4.6　FANUC 0i-MC 加工中心的基本操作 202
4.6.1　FANUC 0i-MC 加工中心的面板操作 202
4.6.2　FANUC 0i-MC 加工中心的对刀操作 208
4.6.3　程序的录入与零件的反面加工 211
4.6.4　零件正面的对刀与加工 211

　　本章小结 ……………………………………………………………………………… 214

第5章　高级技师考证经典实例 ………………………………………………………… 215

5.1　零件1和零件2的工艺分析 ………………………………………………………… 217

5.2　零件1的正面CAD建模 …………………………………………………………… 218

5.3　零件1的正面刀具路径编辑 ……………………………………………………… 219

5.4　零件1的反面CAD建模 …………………………………………………………… 224

5.5　零件1的反面刀具路径编辑 ……………………………………………………… 225

5.6　零件2的反面CAD建模 …………………………………………………………… 229

5.7　零件2的反面刀具路径编辑 ……………………………………………………… 231

5.8　零件2的正面CAD建模 …………………………………………………………… 236

5.9　零件2的正面刀具路径编辑 ……………………………………………………… 237

5.10　FANUC 0i-MC加工中心常见问题及处理 ……………………………………… 242

5.11　FANUC 0i-MC加工中心加工精度分析 ………………………………………… 243

5.12　常见数控系统的精度分析 ……………………………………………………… 244

5.13　半闭环伺服系统反向间隙的补偿 ……………………………………………… 245

　　本章小结 ……………………………………………………………………………… 246

第6章　典型曲面零件的加工 …………………………………………………………… 247

6.1　典型曲面零件的CAD建模 ……………………………………………………… 247

6.2　典型曲面零件的工艺分析 ………………………………………………………… 248

6.3　典型曲面零件的刀具路径编辑 …………………………………………………… 248

　　本章小结 ……………………………………………………………………………… 259

第7章　Mastercam常见刀具路径编辑技巧 ………………………………………… 260

7.1　零件1的工艺分析 ………………………………………………………………… 260

7.2　零件1的CAD建模 ………………………………………………………………… 261

7.3　零件1的刀具路径编辑 …………………………………………………………… 264

　　7.3.1　反面刀具路径编辑 ………………………………………………………… 264

　　7.3.2　正面刀具路径编辑 ………………………………………………………… 268

7.4　零件2的工艺分析 ………………………………………………………………… 274

7.5　零件2的CAD建模 ………………………………………………………………… 274

7.6　零件2的刀具路径编辑 …………………………………………………………… 277

7.7　零件3的工艺分析 ………………………………………………………………… 282

7.8　零件3的CAD建模 ………………………………………………………………… 283

7.9　零件3的刀具路径编辑 …………………………………………………………… 285

　　本章小结 ……………………………………………………………………………… 293

附录 ……………………………………………………………………………………… 294

附录A　Mastercam 2017命令解说一览表 …………………………………………… 294

附录B　Mastercam的快捷功能键 …………………………………………………… 307

附录C　加工工艺程序单 ……………………………………………………………… 309

参考文献 ………………………………………………………………………………… 310

第 1 章

Mastercam 2017 概论

Mastercam 是美国 CNC Software Inc. 公司开发的基于 PC 平台的 CAD/CAM 软件。它集二维绘图、三维实体造型、曲面设计、体素拼合、数控编程、刀具路径模拟及真实感模拟等多种功能于一身，可以方便直观地进行几何造型。Mastercam 提供了设计零件外形所需的理想环境，其强大稳定的造型功能可设计出复杂的曲线、曲面零件。

Mastercam 2017 正式版已经发布，新版本在界面上发生了重大变化，与以往的版本相比，它具有如下特点：

界面简洁直观，降低学习难度。

精炼工作流程，加快编程速度。

减少循环时间，提高加工效率。

优化加工策略，削减生产成本。

Mastercam 2017 中启用了最新的用户界面。新界面对 Mastercam 的原有功能进行了整合优化，使用户可以更方便地选取相关功能直接进行编程。在新版 Mastercam 中用户可对工具栏进行设置，定制属于自己的工具栏。当所有常用功能都触手可及时，用户的编程效率将大幅提升。Mastercam 一直以来以简单易学著称，新的 Mastercam 界面更简单直观，进一步降低了新用户的学习难度。Mastercam 2017 中，用户可以在选择图素时预览区域选择结果，可以在设置刀路参数时进行刀路预览，避免多次试错，加快编程速度。新版本还对层别管理器、平面管理器、刀具管理器、分析、指针等实用工具进行了优化，更好地支持多显示器编程，并开始支持多项目编程。

1.1 Mastercam 2017 简介

1.1.1 Mastercam 2017 中文版的安装

（1）系统需求

● 处理器：64 位的 Intel 或 AMD 处理器，支持 SSE2

● 操作系统：64 位的 Windows 7 或 Windows 8

● 系统内存：4GB（64 位操作系统）

● 硬盘空间：不小于 40GB

● 显卡：最低分辨率为 1280×1024，128MB 图形内存，支持 OpenGL

（2）安装

1）双击 Mastercam 2017 安装目录下的 launcher 文件，启动安装界面，如图 1-1 所示。

2）单击"安装 Mastercam ®"，选择安装插件，如图 1-2 所示。

图 1-1　Mastercam 2017 安装界面　　图 1-2　选择安装插件

3）确认安装信息，单击"配置"可以对安装目录等进行设置，如图 1-3 所示。

4）接受许可协议，单击"下一步"进行安装，如图 1-4 所示，安装完成后退出。

图 1-3　确认安装信息　　　　　　　　　　　图 1-4　接受许可协议

1.1.2　Mastercam 2017 中文版的启动

双击桌面上的 图标，启动 Mastercam 2017，屏幕分为 8 个区域：窗口左上方为快速访问工具栏、选项卡、功能区；左边为操作管理器；中间灰色区域为绘图区；绘图区中的上方为选择工具栏，右边为快速选择工具栏，下方部分为状态栏，如图 1-5 所示。

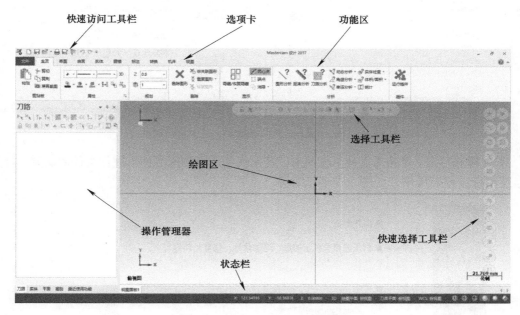

图 1-5　Mastercam 2017 主界面

1）快速访问工具栏。在这个工具栏中，可以对文档进行保存、打开等操作，其中"自定义"可以加入 Mastercam 2017 中的任何功能快速访问图标，也可以将最常用的文档锁定在"最近的文档"列表的顶部，方便每次使用。还可以在功能区中任何按钮上单击鼠标右键将其加入快速访问工具栏中，如图 1-6 所示。

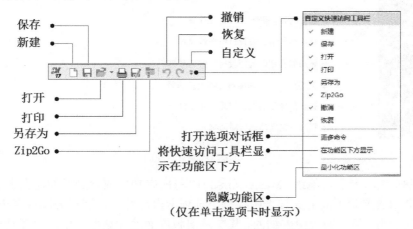

图 1-6　Mastercam 2017 快速访问工具栏

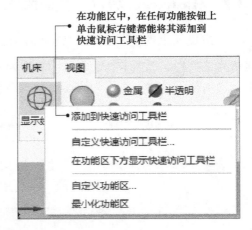

图 1-6　Mastercam 2017 快速访问工具栏（续）

2）文件选项卡。单击【文件】选项卡，进入软件后台管理界面，进行文件的新建、打开、保存及系统设置等操作，如图 1-7 所示。

图 1-7　文件选项卡界面

3）功能区、选项卡及功能组。Mastercam 2017 将所有功能放置到界面左上方的功能区中，并按照不同类别放置到不同的选项卡中。每个选项卡内部继续以竖线分隔成多个版块，这些版块被称作功能组。每个版块中容纳的，其实是旧版界面的对话框当中的主要功能，如图 1-8 所示。

注意：

选中一个选项卡，滚动鼠标的中间滚轮，即可在不同选项卡中快速切换。

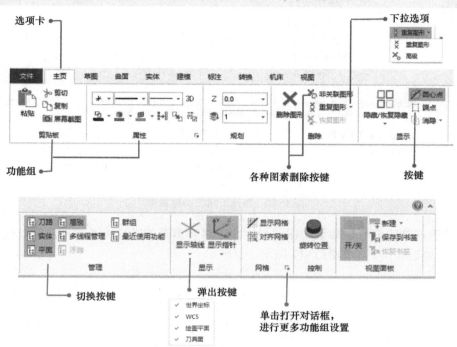

图 1-8　功能区、选项卡及功能组

4）操作管理器。操作管理器是 Mastercam 中非常重要和常用的控制工具，可以很灵活地放置在屏幕中的各个位置，把同一任务的各项操作集中在一起，还可以对其操作过程的步骤进行修改、编辑等。例如：在刀路管理器选项中可以进行编辑、修改、校验刀具路径等操作，如图 1-9 所示。也可以在视图选项卡中打开或关闭刀路、实体、平面、层别等，如图 1-10 所示。

图 1-9　操作管理器界面

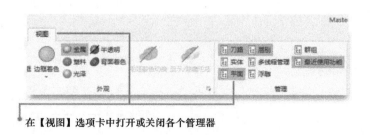

图 1-10　打开或关闭管理器

5）选择工具栏。利用选择工具栏中的许多实用工具，可快速选择图形界面中的各种图素，如图1-11所示。

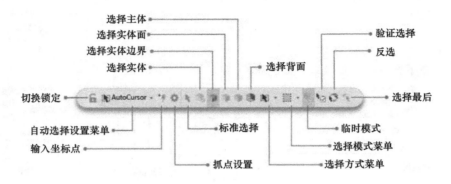

图1-11 选择工具栏功能名称

6）快速选择工具栏。如果想在图形界面中对某类图素进行快速选择，可以使用位于界面右边的快速选择工具，如图1-12所示。

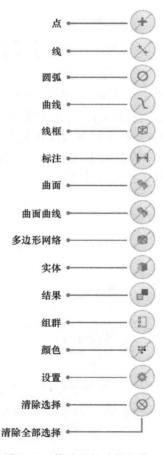

图1-12 快速选择功能名称

可以看到每个按钮都被分为左右两部分。通过单击这两个不同的部分，可以实现两种不同的模式进行快速选择。例如第一个图标：点的选择。

① 单击左半边按钮，如图 1-13a 所示，可以直接全选绘图区中所有的点。

② 单击右半边按钮，如图 1-13b 所示，可以框选绘图区中某个区域内所有的点。

图 1-13　点的选择

7）状态栏。状态栏在绘图窗口的最下端，用户可以通过它来修改当前实体的显示方式、方位、绘图平面等设置。各选项具体含义如图 1-14 所示。

图 1-14　状态栏功能

8）绘图区。绘图区是用户绘图时最常用也是最大的区域，利用该区域，可以方便地观察、创建和修改几何图形、拉拔几何体和定义刀具路径等。

在绘图区的左上角是绘图坐标，左下角是屏幕视角坐标，右下角是公英制单位显示，如图 1-15 所示。中间显示的是世界坐标系和各个方向的轴线，软件默认是关闭，在需要时可以通过【视图】选项卡下的显示功能区设置，如图 1-16 所示。

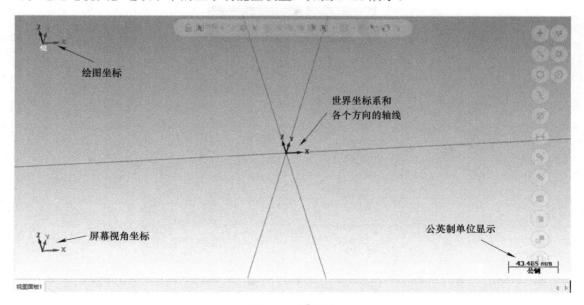

图 1-15　绘图区

图 1-16 关闭、打开世界坐标系和轴线显示

1.2 Mastercam 2017 常用绘图命令

1.2.1 连续线

在 Mastercam 2017 中，连续线功能可实现【任意线】【水平线】【垂直线】的绘制，这些功能下还有【两端点】【连续线】的画线类型。也可以通过输入长度或角度来绘制线。绘制连续线之前可以根据个人所需指定线的类型、宽度和颜色，通过【主页】选项卡下的【属性】功能区进行修改。

启动连续线功能的方法如下：依次单击选项卡上的【草图】—【连续线】命令，操作管理器弹出【连续线】对话框，如图 1-17 所示。

图 1-17 【连续线】对话框

1）绘制单一直线段。

① 单击【连续线】功能，在操作管理器弹出的对话框里选择模式【任意线】、类型【两端点】。

② 在绘图区域选定直线段的起始点，如图 1-18a 所示。

③ 选定第二点为直线段的终点，如图 1-18b 所示。

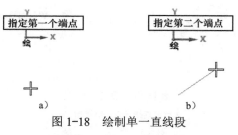

图 1-18　绘制单一直线段

a）指定直线起始点　b）指定直线终点

如果要绘制一条有长度、角度要求的直线段，那么在指定起始点之前，在【连续线】对话框中的【尺寸】下输入直线的长度和角度，例如绘制长度 50mm、角度 35°的直线段，如图 1-19 所示。然后再指定起始点、终点。

图 1-19　指定长度、角度

2）绘制连续直线段。

① 单击【连续线】功能，在操作管理器弹出的对话框里选择模式【任意线】、类型【连续线】。

② 在绘图区域选定直线段的起始点。

③ 选定第二点、第三点、第四点、…，如图 1-20a 所示。

④ 如果要创建闭合的图形，那么将光标移至起始点。此时，第一段的直线段变成黄蓝间隔线，如图 1-20b 所示，单击鼠标左键确定，形成闭合图形。

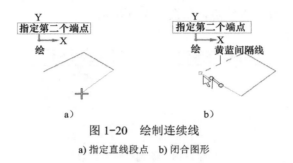

图 1-20　绘制连续线

a) 指定直线段点　b) 闭合图形

3）绘制水平线、垂直线。如果只是单纯绘制水平方向或垂直方向的直线段，则可以在管理区中选择【水平线】或【垂直线】，绘制的线只能在相应的方向。

↘ 例 1-1

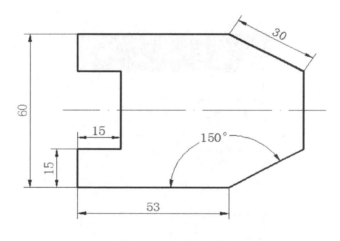

图 1-21　直线练习图

步骤如下：

1）用连续画线的方式，从尺寸 53 开始，按顺时针方式画图。

① 依次选择选项卡上的【草图】—【连续线】。

② 图形模式选择【任意线】，类型选择【连续线】。

③ 绘图区的左上角提示【指定第一个端点】，此时在绘图区上指定第一个端点，如图 1-22 所示。

指定第一个端点

图 1-22　指定第一个端点

④ 绘图区的左上角提示【指定第二个端点】，然后在操作管理器上【尺寸】项目下的【长度】处，输入 53，如图 1-23 所示。之后用鼠标在第一个端点的左边水平方向单击指定第二个端点，如图 1-24 所示。

指定第二个端点

图 1-23　指定直线段长度　　　　　图 1-24　指定第二个端点

⑤ 继续在【尺寸】项目下的【长度】处输入 15，然后鼠标移至上一个点的垂直方向单击指定第二个端点。

⑥ 采用相同方式继续输入 15、30、15、15、53，完成后如图 1-25 所示。

2）绘制两边 150°的斜线，在输入角度的时候分别输入 30°和 -30°，绘制出的线就是相应的 150°斜线。

① 绘制上边的斜线，指定第一个端点，然后在【尺寸】项目下先输入角度 -30°后按回车键确定，然后在长度处输入 30 后按回车键确定就是所需要的斜线。

② 再使用同一方式绘制另一条斜线，完成后如图 1-26 所示。

3）将两条斜线连接，完成整个图形绘制，结果如图 1-27 所示。

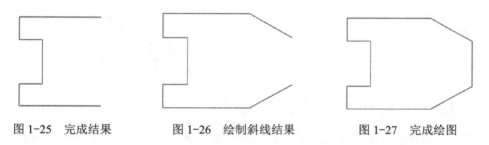

图 1-25　完成结果　　　　　图 1-26　绘制斜线结果　　　　　图 1-27　完成绘图

拓展练习

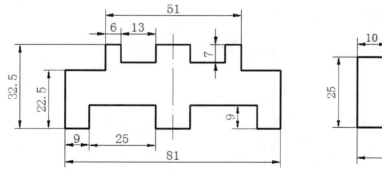
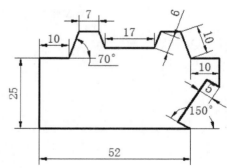

1.2.2　圆或圆弧

在 Mastercam 2017 中，提供了【已知点画圆】【三点画弧】【两点画弧】等 7 种方式来实现各种圆弧轮廓。

启动【圆或圆弧】功能的方法如下：依次单击选项卡上的【草图】—【圆弧】，在功能区内单击【已知点画圆】图标，操作管理器弹出已知点画圆的相关功能供选择使用。同样可以根据个人所需指定线的类型、宽度和颜色，通过【主页】选项卡下的【属性】功能区进行修改。

（1）已知点画圆　用于指定圆弧的圆心绘制整圆的命令，其图形模式可以为【手动】和【相切】两种方式，如图 1-28 所示。手动模式可以通过操作管理器输入半径或直径确定圆的大小，相切模式可以指定圆心后再指定与它相切的点进行确认。

绘制一个指定半径或直径的圆：

① 单击【已知点画圆】功能，在操作管理器弹出的对话框里选择模式"手动"。

② 此时绘图区左上角提示【请输入圆心点】，在绘图区域选定圆心，如图 1-29 所示。

③ 在操作管理器尺寸下的【半径或直径】中输入相应的尺寸，完成圆的绘制。

（2）三点画弧　已知三个圆，绘制与三个圆相切的圆弧，如图 1-30 所示。

图 1-28　【已知点画圆】对话框　　图 1-29　选定圆心　　图 1-30　三个点创建圆弧

① 单击圆弧功能区中的【三点画弧】，操作管理器弹出对话框，模式选择【相切】。

② 此时绘图区左上角提示【选择图形】，按顺序单击靠近切点的地方，选择后所选轮廓变成黄蓝间隔线，如图 1-31 所示。

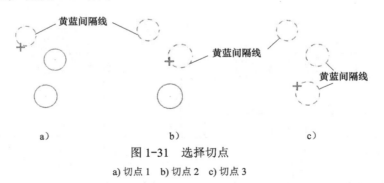

图 1-31　选择切点

a) 切点 1　b) 切点 2　c) 切点 3

③ 选择完成后，生成与其相切的圆弧，然后单击操作管理器上的 ⊙ 完成图形绘制，结果如图 1-30 所示。

（3）切弧　用于绘制与指定直线或圆弧相切的圆弧，切弧命令下共提供 7 种类型的圆弧，有【单一物体切弧】【两物体切弧】【通过点切弧】等。

单击圆弧功能区中的【切弧】，操作管理器弹出相应对话框，读者可以根据需要选择各种绘图类型，如图 1-32 所示。

图 1-32 【切弧】对话框

【切弧】命令下，各类切弧方式如下：

1）单一物体切弧：通过现有图形创建单一切弧。依次单击选项卡上的【草图】—【切弧】，选择模式为：单一物体切弧，如图 1-33 所示。

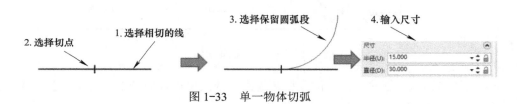

图 1-33 单一物体切弧

2）通过点切弧：通过现有图形和一点创建切弧。依次单击选项卡上的【草图】—【切弧】，选择模式为：通过点切弧，如图 1-34 所示。

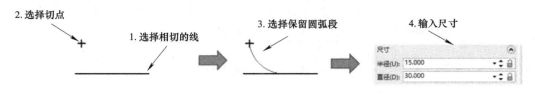

图 1-34 通过点切弧

3）中心线：用定义的中心线创建圆弧。依次单击选项卡上的【草图】—【切弧】，选择模式为：中心线，如图 1-35 所示。

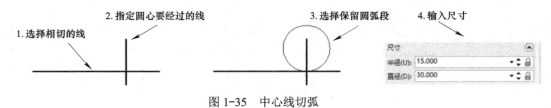

图 1-35 中心线切弧

13

4）动态切弧：通过现有图形创建动态圆弧。依次单击选项卡上的【草图】—【切弧】，选择模式为：动态切弧，如图 1-36 所示。

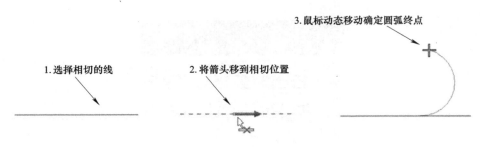

图 1-36　动态切弧

5）三物体切弧：通过指定圆弧与三个图素相切。依次单击选项卡上的【草图】—【切弧】，选择模式为：三物体切弧，如图 1-37 所示。

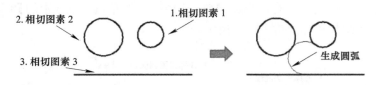

图 1-37　三物体切弧

6）三物体切圆：创建与三个图素相切的圆。依次单击选项卡上的【草图】—【切弧】，选择模式为：三物体切圆，如图 1-38 所示。

图 1-38　三物体切圆

7）两物体切弧：通过指定圆弧半径与两个图素相切生成圆弧。依次单击选项卡上的【草图】—【切弧】，选择模式为：两物体切弧，如图 1-39 所示。

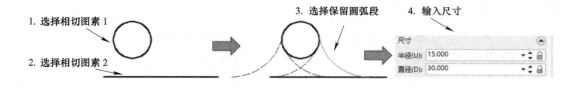

图 1-39　两物体切弧

➥ 例 1-2

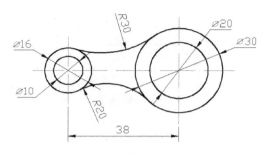

图 1-40 圆与圆弧练习

步骤如下:

1) 单击【连续线】命令,选择【任意线】,绘制一条长 38 的水平辅助线,方便画圆的时候找圆心,如图 1-41 所示。

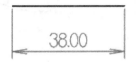

图 1-41 辅助线

2) 单击【已知点画圆】,手动选择圆心点,分别输入相应直径 10、16、20、30 绘制圆,操作结果如图 1-42 所示。

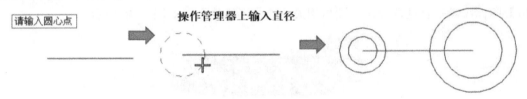

图 1-42 画圆

3) 按住 Shift 键 + 鼠标滚轮可移动图形,滚动鼠标滚轮可放大缩小图形。

4) 单击【切弧】命令,选择【两物体切弧】,分别选择与其相切圆弧,输入半径 30,操作结果如图 1-43 所示。

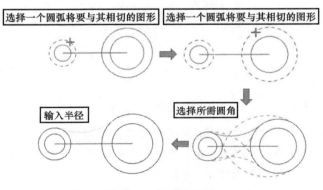

图 1-43 两物体切弧

5）用同样的方法绘制 *R*20 圆弧，整个图形绘制完成，结果如图 1-44 所示。

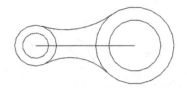

图 1-44　绘图结果

拓展练习

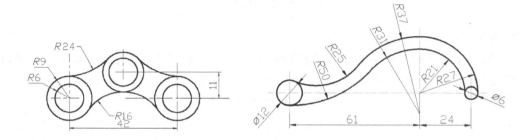

1.2.3　倒圆角

倒圆角用于同一平面上两个不平行的图素之间创建圆弧。

启动【倒圆角】功能的方法如下：单击选项卡上的【草图】—【修剪】，在功能区内单击【倒圆角】图标，操作管理器弹出倒圆角相关功能供选择使用，如图 1-45 所示。

图 1-45　倒圆角界面

【倒圆角】命令下，可以生成 5 种不同的圆弧方式，具体如下：

（1）圆角　在外形相交角落倒圆角，在角落生成圆角，如图 1-46 所示。操作时，鼠标选择要倒圆弧的角落后，在操作管理器上输入尺寸，然后确定生成圆角。

（2）内切　在外形相交角落创建内切圆角，如图 1-47 所示。

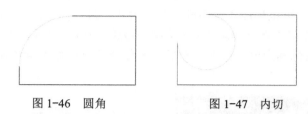

图 1-46　圆角　　　　　　　　　　图 1-47　内切

（3）全圆　在外形的转角处创建全圆，如图 1-48 所示。

（4）外切　在外形的内侧角落向外切圆角，以便该刀具达到角落去移除材料，如图 1-49 所示。

（5）单切　此圆角类型，仅在选择的线上与单一图形单切创建圆角，如图 1-50 所示。

图 1-48　全圆　　　　　　图 1-49　外切　　　　　　图 1-50　单切

1.2.4　倒角

用于两条相交的直线生成相同或不同的倒角，倒角的距离是从两条线的交点开始计算起的。

启动【倒角】功能的方法如下：单击选项卡上的【草图】—【修剪】，在功能区内单击【倒角】图标，操作管理器弹出倒角相关功能供选择使用，如图 1-51 所示。

图 1-51　倒角界面

【倒角】命令下，可以生成 4 种不同的倒角方式，具体如下：

（1）距离 1   在相交点创建端点位置相等距离的倒角，如图 1-52 所示。操作时，选择要倒角的边后，用鼠标确定倒角位置，然后在操作管理器中输入倒角尺寸完成倒角。

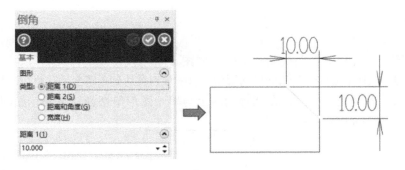

图 1-52   距离 1

（2）距离 2   在相交点指定距离创建端点位置不同距离的倒角，如图 1-53 所示。选择边后，分别在操作管理器上的【距离 1（1）】和【距离 2（2）】中输入相应尺寸。

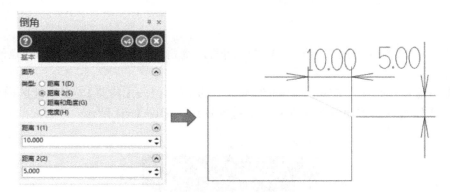

图 1-53   距离 2

（3）距离与角度   在相交位置指定角度与端点的相等距离创建倒角，如图 1-54 所示。选择要倒角的两条边，选择时要注意选择的第一条边为指定距离，然后在操作管理器上的【距离 1】和【角度】中输入相应尺寸。

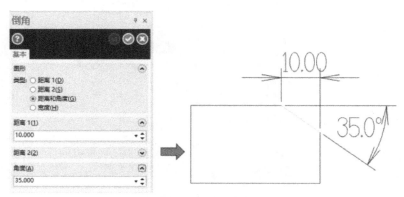

图 1-54   距离与角度

（4）宽度　基于指定的宽度和端点位置沿选择的两条线创建对应倒角，如图 1-55 所示。

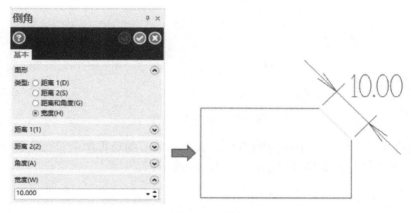

图 1-55　宽度

1.2.5　修剪打断延伸

修剪打断延伸主要是将相交图素进行修剪、打断、延伸操作，是二维线架中比较重要的编辑命令。

启动【修剪打断延伸】功能的方法如下：单击选项卡上的【草图】—【修剪】，在功能区内单击【修剪打断延伸】图标，操作管理器中弹出倒角相关功能供选择使用，如图 1-56 所示。

图 1-56　修剪打断延伸操作界面

【修剪打断延伸】命令下，提供了 2 种模式和 7 种方式的线框编辑方式，具体如下：

（1）修剪　修剪绘图区中选择的图形，其方式有【自动】【修剪单一物体】等 6 种方式。

1）自动。根据读者的选择，修剪的图形自动切换【修剪一物体】和【修剪两物体】两种方式。

2）修剪单一物体。修剪单一物体时，选择要修剪图形保留的线段，然后选择修剪图形的位置或界线，如图 1-57 所示。

图 1-57　修剪单一物体

3）修剪两物体。修剪两个相交的图形，单击第一个图形再单击第二个图形，在选择图形时要注意，单击部分为要保留的图形，如图 1-58 所示。

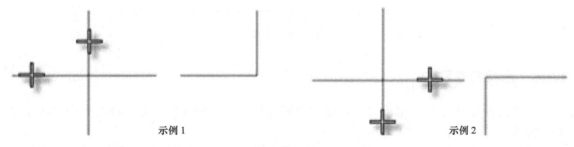

图 1-58　修剪两物体

4）修剪三物体。修剪三物体，是指同时修剪三个物体到交点。操作时，首先选择两边的物体作为图形修剪的界限，然后选择中间物体作为修剪的图形。选择完成后三个物体图形在交点处互相修剪。

例如：此功能常用于修剪圆形在中间与两边有线条相切的图形，圆形作为修剪图形，同时又作为两边线段的修剪界限；圆形作为最后选择的图形，可以通过选择不同位置来决定保留的是顶部圆还是底部圆，如图 1-59 所示。

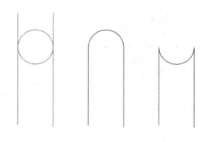

图 1-59　修剪三物体

5）分割 / 删除。修剪线、圆弧或曲线等两条不连贯线段，删除的线段位于两条之间相交的位置，当选择【分割 / 删除】功能时，绘图区左上角提示【选择曲线或圆弧去分割 / 删除】，将鼠标移至分割线段上，黄蓝间隔线就是要删除的线段，单击鼠标左键确定完成删除，如图 1-60 所示。

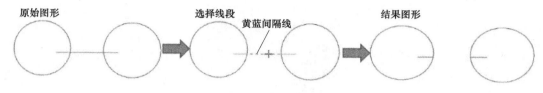

图 1-60 分割 / 删除

6）修剪至点。修剪图形到点或在绘图区中定义的任何位置，如图 1-61 所示。

图 1-61 修剪至点

7）延伸。在操作管理器里输入长度值，可以将图素从靠近选择处的端点修剪或延伸指定的长度，输入的数值为正值，则是延伸图形，输入的数值为负值，则是修剪，如图 1-62 所示。

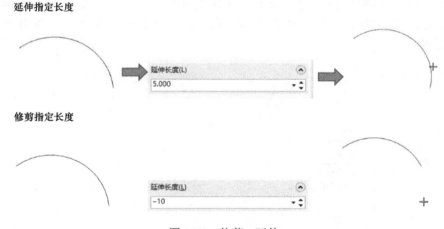

图 1-62 修剪、延伸

（2）打断 用于两个有交点的图素在交点处进行打断。打断与修剪的操作类似，上面介绍的修剪中的 6 种操作方式，同样适用于打断操作，即打断操作也分为【打断一个图素】【打断二个图素】【打断三个图素】【分割打断】【打断至点】等方式。

1.2.6 补正

补正命令可用于将线、圆弧、曲线或曲面线等图素进行偏移。

启动【补正】功能的方法如下：单击选项卡上的【草图】—【修剪】，在功能区内单击【补正】图标，操作管理器中弹出补正相关功能供选择使用，如图 1-63 所示。

图 1-63 【补正】对话框

　　具体操作方法如下：单击该命令后，根据所需在【补正】对话框里设置相应参数，如图 1-64a 所示；根据绘图区左上角提示选择要偏移的图素，如图 1-64b 所示；然后单击要补正一侧，指定补正方向，如图 1-64c 所示；将图素进行偏移，生成图 1-64d 所示补正偏移结果。

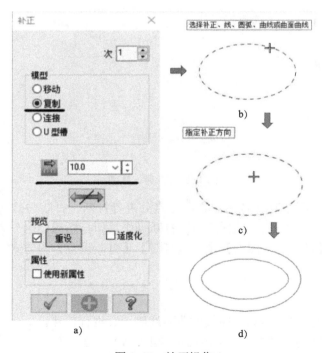

图 1-64　补正操作

➥ 例 1-3

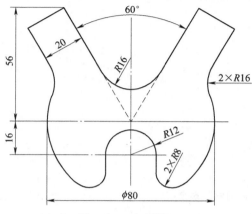

图 1-65   综合练习

步骤如下：

1）单击【连续线】命令，选择【任意线】绘制十字辅助线，尺寸无任何要求，用于辅助找圆心，然后单击【主页】选项卡下的【属性】将辅助线换成中心线，如图 1-66 所示。

2）单击【补正】命令，偏移距离 16 和 56 的辅助线，如图 1-67 所示。

图 1-66   画辅助线   图 1-67   偏移辅助线

3）单击【已知点画圆】，绘制 φ80 和 R12 的圆，如图 1-68 所示。

4）单击【任意线】，绘制 R12 圆弧两边的直线，长度超过 φ80 的圆即可，然后继续画 60° 的两条角度线，长度超过 56 的辅助线即可，如图 1-69 所示。

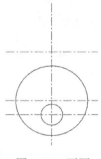 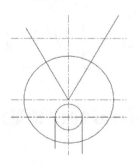

图 1-68   画圆   图 1-69   画线

5）单击【修剪打断延伸】命令，选择【分割/删除】方式，将多余的线段删除，如图1-70所示。

6）单击【补正】命令，偏移两条距离为20的线，如图1-71所示。

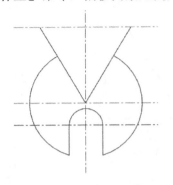

图1-70 修剪删除多余线段   图1-71 偏移线

7）单击【连续线】命令，画连接距离20的斜线，如图1-72所示。

8）单击【倒圆角】命令，绘R8和R16的5个圆角，绘制后将4条辅助中心线删除，用鼠标左键选择后按【Delete】键就可以删除，绘制完成后如图1-73所示。

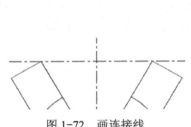 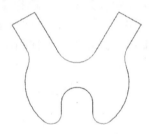

图1-72 画连接线   图1-73 绘制完成结果

拓展练习

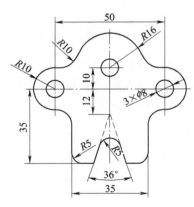 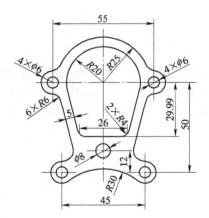

1.3 Mastercam 2017 常见加工类型

1.3.1 面铣

在大多数情况下，面铣是零件加工的第一道工序，通过去除毛坯表面的杂质，获得零件比较光洁的平面。

➘ **例 1-4：面铣加工**

操作步骤如下：

步骤一　准备

单击【F9】，打开【坐标轴显示开关】；按【Alt+F9】，打开【显示指针】；或依次单击选项卡上【视图】—【显示】功能区里面的【显示轴线】【显示指针】，如图 1-74 所示。

步骤二　CAD 建模

1）在选项卡上依次单击【草图】—【矩形】，弹出【矩形】对话框，输入宽度：118、高度：78，勾选【矩形中心点】作为抓点方式，然后选择绘图区中的指针作为矩形的中心点，绘出 118mm×78mm 的矩形。

2）可以通过按住鼠标滚轮移动进行观察，如图 1-75 所示。

 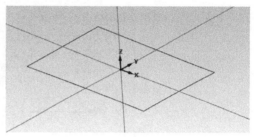

图 1-74　准备　　　　　　　　　　　图 1-75　绘制矩形

步骤三　面铣加工

1）激活刀路功能，依次单击选项卡【机床】—【铣床】—【默认】模式，选项卡弹出【刀路】的选项，单击此选项可以选择各种加工刀路模式，如图 1-76 所示。

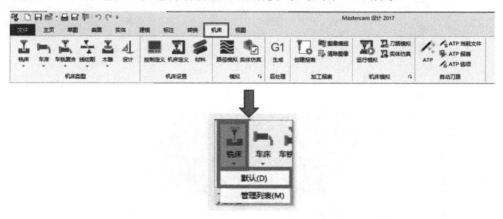

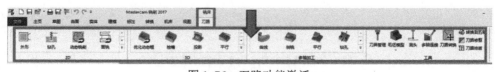

图 1-76　刀路功能激活

2）单击 2D 功能区中的【面铣】图标  ，弹出如图 1-77 所示对话框，提示用户可以给程序命名，输入后单击 ✓ 确定。

3）系统弹出加工轮廓【串连选项】对话框，如图 1-78 所示。单击【串连】后选择刚才绘出的矩形（黄蓝间隔线显示），单击 ✓ 确定，弹出【2D 刀路—平面铣削】对话框，如图 1-79 所示。

图 1-77　程序命名对话框

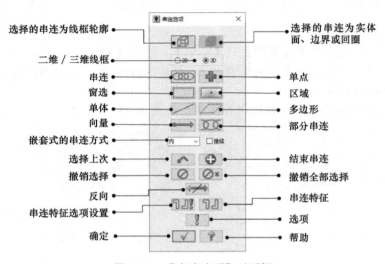

图 1-78　【串连选项】对话框

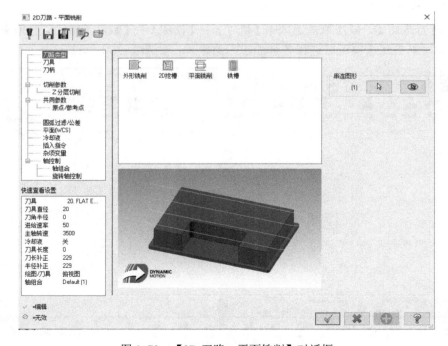

图 1-79　【2D 刀路—平面铣削】对话框

4）单击对话框左边选项中的【刀具】，对话框切换至刀具界面，将鼠标移动到中间空白处，单击鼠标右键选择【创建新刀具】，如图 1-80 所示；系统弹出创建刀具对话框，如图 1-81 所示，选择【平底刀】，单击【下一步】，在刀齿直径中输入 16，单击 ✓ 确定完成新刀具的创建，如图 1-82 所示。

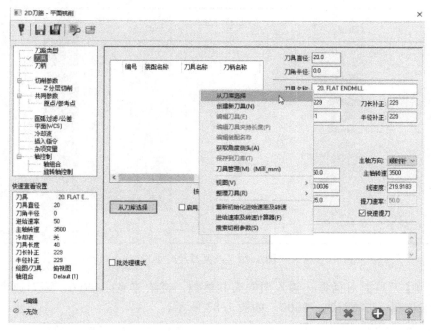

图 1-80　刀具界面

图 1-81　刀具类型选择

27

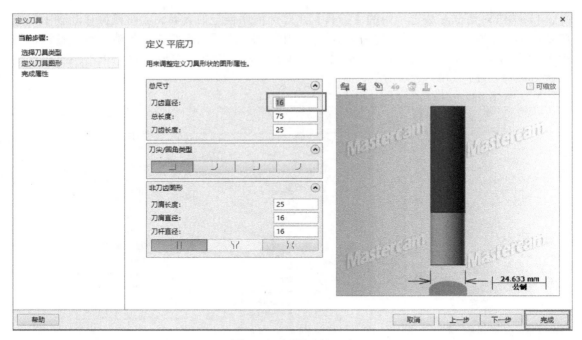

图 1-82　设置刀具尺寸

5）返回【刀具】对话框，输入面铣刀具参数，进给速率：400.0，下刀速率：200.0，提刀速率：2000，主轴转速：2000，如图 1-83 所示。

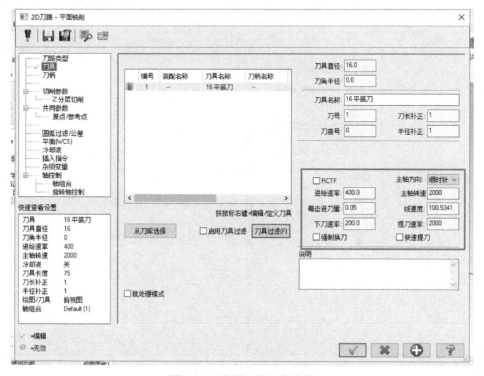

图 1-83　设置刀具切削参数

6）单击对话框左边选项中的【切削参数】，对话框切换至参数设置界面，设置走刀类型为【双向】，底面预留量 0，如图 1-84 所示。

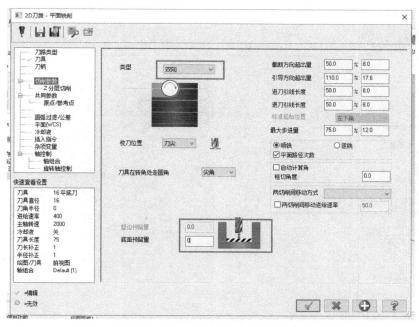

图 1-84　设置切削参数

7）单击对话框左边选项中的【共同参数】，设定参考高度：30.0（绝对坐标）、下刀位置：3.0（增量坐标）、工件表面：0.0（绝对坐标）、深度：−1.0（绝对坐标），如图 1-85 所示。

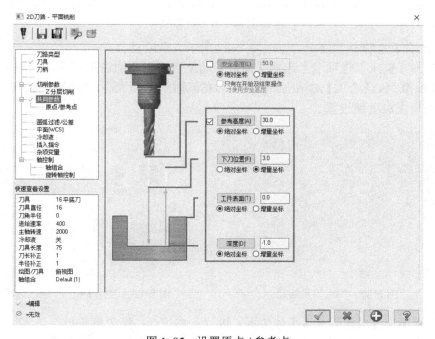

图 1-85　设置原点 / 参考点

29

8）单击对话框左边选项中的【冷却液】，对话框切换至冷却方式设置界面，设定开启冷却液模式【On】，如图 1-86 所示。

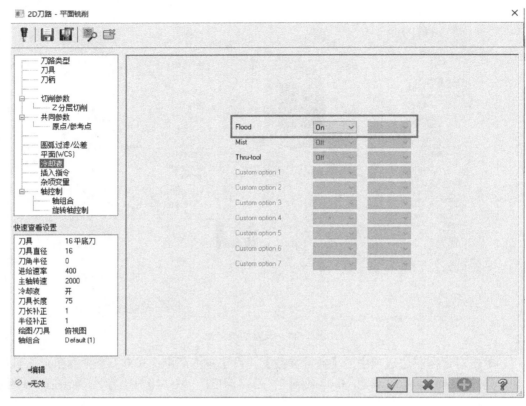

图 1-86　开启冷却液

9）单击右下角的 ✔ 确定，生成图 1-87 所示刀具路径。

10）单击【机床】选项卡，选择【模拟】功能区右下角的箭头图标，如图 1-88 所示。系统弹出【模拟／验证选项】对话框，设置实体仿真时的毛坯大小，设置如图 1-89 所示参数。单击 ✔ 确定完成毛坯设置。

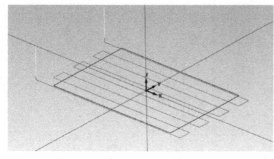

图 1-87　生成刀具路径

图 1-88　选择【模拟／验证选项】功能

11）依次单击【机床】—【实体仿真】进行实体仿真，单击 ▶ 播放，仿真加工过程和结果如图 1-90 所示。单击选项卡上【文件】—【保存】，将本例保存为【面铣 .mcam】文件。

图 1-89　设置实体仿真毛坯尺寸

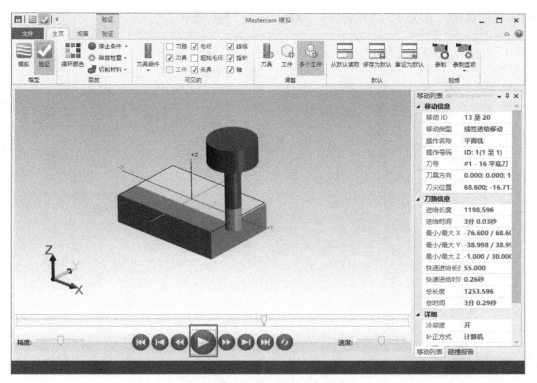

图 1-90　面铣实体切削验证

31

注:

　　本例主要用来说明面铣的过程。刀具的建立也可以选择"从刀库选择"。转速、进给速率也可以在【定义刀具】对话框的【完成属性】选项卡中设定，设定之后同一把刀具用在不同的工序中加工参数无须再设置。【模拟 / 验证】选项也可以直接单击操作管理器上的图标弹出。毛坯的选择一定要以实际测量的毛坯数值为准，毛坯过大或者过小，实体切削验证的效果会不真实。

1.3.2　外形铣削

　　外形铣削主要用于二维轮廓加工。Mastercam 的二维轮廓加工丰富多样，按照外形铣削类型可以分为 2D、2D 倒角、斜插、残料加工等，还可以分为平面多次铣削和 Z 轴分层铣深等几种类型。

➤　例 1-5：外形铣削加工（1）

　　以例 1-4 的图形、刀具和工件设定为准，要求在 120mm×80mm×30mm 的毛坯上铣出尺寸为 118mm×78mm×18mm 的外形，选择 2D 方式，Z 轴分层铣深。

　　操作步骤如下：

　　1）打开保存文件【面铣 .mcam】，将鼠标移动到操作管理器上的【刀具群组 –1】，单击鼠标右键选择【群组】—【重新名称】，将【刀具群组 –1】更改为【D16】。

　　2）单击 2D 功能区中的【外形】图标 ，弹出串连选项对话框，选择【串连】，单击矩形（黄蓝间隔线显示，注意选择轮廓箭头的方向为顺时针），单击 确定，系统弹出外形铣削参数设置对话框。

　　3）单击【刀具】选项，选择直径为 16mm 的平刀，输入进给速率：600.0、下刀速率：300.0、提刀速率：2000.0、主轴转速：2000，如图 1-91 所示。

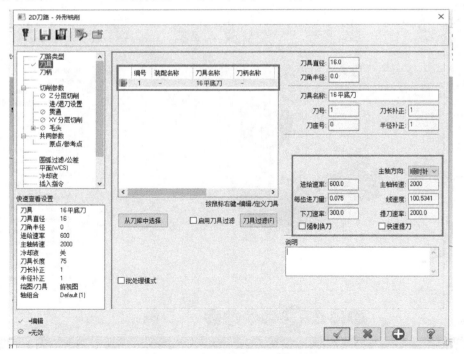

图 1-91　外形铣削刀具参数设置

4）单击对话框左边选项中的【切削参数】，对话框切换至参数设置界面，设置外形铣削方式【2D】，壁边预留量、底面预留量 0.0，如图 1-92 所示。

5）单击对话框左边选项中的【Z 分层切削】，对话框切换至分层设置界面，输入最大粗切步进量：1.0，勾选：不提刀，其余默认，如图 1-93 所示。

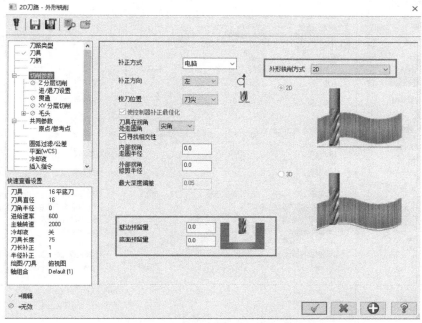

图 1-92　外形铣削切削参数设置

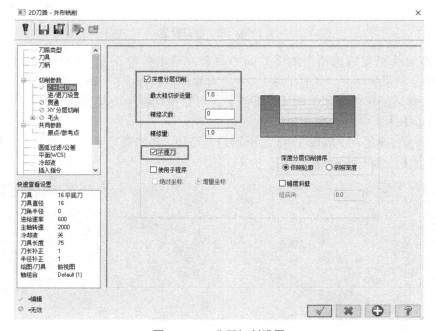

图 1-93　Z 分层切削设置

6）单击对话框左边选项中的【进 / 退刀设置】，对话框切换至进退刀设置界面，去掉【在封闭轮廓中点位置执行进 / 退刀】的勾选，其余默认或根据所需修改，如图 1-94 所示。

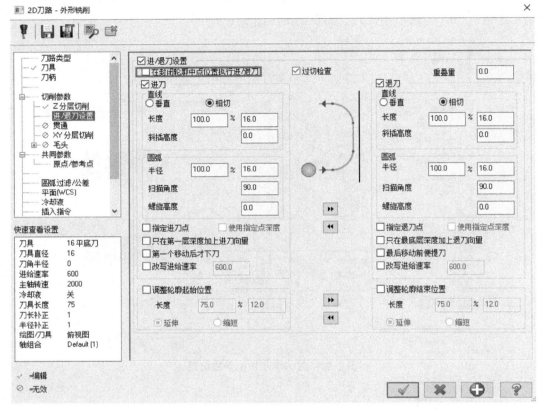

图 1-94　进 / 退刀设置

7）单击对话框左边选项中的【共同参数】，设定参考高度：30.0（绝对坐标）、下刀位置：3.0（增量坐标）、工件表面：0（绝对坐标）、深度：−18（绝对坐标）。

8）单击对话框左边选项中的【冷却液】，对话框切换至冷却方式设置界面，设定开启冷却液模式【On】。

9）单击　✓　确定，生成图 1-95 左所示刀具路径。单击选项卡上【文件】—【另存】，将本例保存为【外形 1.mcam】文件。

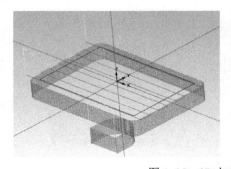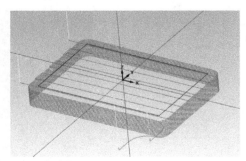

图 1-95　2D 与斜插刀具路径的对比

↘ 例1-6：外形铣削加工（2）

以例1-5的图形、刀具和工件设定为准，要求在120mm×80mm×30mm的毛坯上铣出尺寸为118mm×78mm×18mm的外形，选择螺旋式渐降斜插方式。

操作步骤如下：

1）打开保存文件【外形1.mcam】，在操作管理器的【外形铣削（2D）】上，单击鼠标右键，选择【删除】。

2）单击2D功能区中的【外形】图标 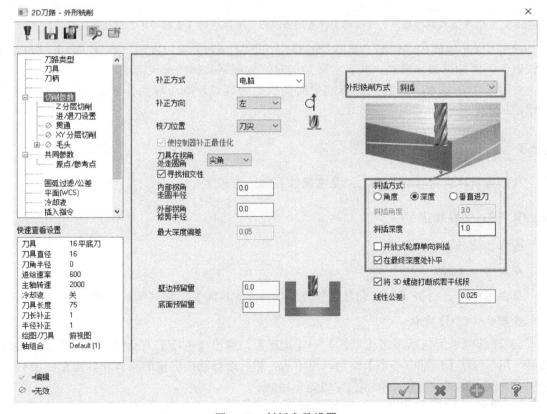，弹出串连选择对话框，选择【串连】，用鼠标单击矩形（黄蓝间隔线显示，注意选择轮廓箭头的方向为顺时针），单击 ✓ 确定，系统弹出外形铣削参数设置对话框。

3）刀具设置与例1-5相同。

4）单击【切削参数】选项，设置外形铣削方式：【斜插】，【斜插方式】项目下，位移方式有角度、深度和垂直进刀三种方式，这里选择【深度】方式，勾选【在最终深度处补平】，斜插深度：1.0，其余默认，如图1-96所示，其余与例1-5相同。

5）单击 ✓ 确定生成图1-95右所示刀具路径。

图 1-96　斜插参数设置

6）单击【机床】—【实体仿真】进行实体仿真，单击 ▶ 播放，仿真加工过程和结果如图1-97所示。单击选项卡上【文件】—【另存】，将本例保存为【外形2.mcam】文件。

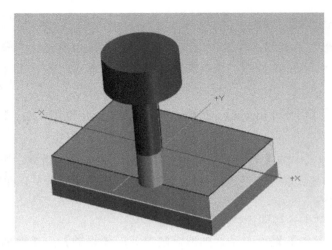

图 1-97　外形铣削实体切削验证

上述两个例子主要用来说明外形铣削的方式。外形铣削在选择轮廓时，要注意顺逆铣之分。如果选择错误，可以单击刀具路径下的【图形】，再单击操作管理器中的【重新计算】图标来改正。

通过 2D 和螺旋式或斜插刀具路径的对比（见图 1-95）可以发现，螺旋式或斜插进给路径较短，因而加工效率要高一些。实际加工时，应根据具体情况灵活选用。

外形铣削中还有一种较为特殊的平面多次铣削方式，既可以当作面铣加工，也可以当作挖槽加工，将在后续例子中讲述。

1.3.3　钻孔加工

在数控铣床上进行钻孔加工，是常见的孔加工方式之一。

↳ 例 1-7：钻孔加工

操作步骤如下：

步骤一　准备

单击【F9】，打开【坐标轴显示开关】；按【Alt+F9】，打开【显示指针】。

步骤二　CAD 建模

1）在选项卡上依次单击【草图】—【矩形】，弹出【矩形】对话框，输入宽度：118，高度：78，勾选【矩形中心点】作为抓点方式，然后选择绘图区中的指针作为矩形的中心点，绘出 118mm×78mm 矩形，单击⊙完成矩形绘制。

2）单击【矩形】命令，绘制辅助定圆心的矩形，输入宽度 80，高度 40，然后选择绘图区中的指针作为矩形的中心点，绘出 80mm×40mm 矩形。单击⊙完成矩形绘制。

3）单击【已知点画圆】，图形模式【手动】，绘图区左上角提示【请输入圆心】，鼠标移动至 80mm×40mm 矩形的其中一个角，单击拾取交点作为圆心，然后在操作管理器中【尺寸】—【半径】中输入：5，绘图区左上角又提示【请输入圆心】，继续拾取另一个角，重复上一个画圆动作，绘出 4 个圆，单击 ⊘ 完成圆的绘制，然后将辅助定圆心 80mm×40mm 矩形删除，结果如图 1-98 所示。

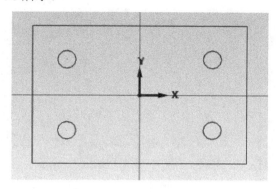

图 1-98　钻孔 CAD 模型

步骤三　钻孔加工

1）单击【机床】—【铣床】—【默认】，弹出【刀路】选项卡，单击 2D 功能区中的【钻孔】图标 钻孔，弹出【输入新 NC 名称】对话框，修改名称后单击 ✓ 确定，弹出【选择钻孔位置】对话框，如图 1-99a 所示。分别移至刚才绘出的 4 个圆的圆心处（圆的轮廓呈黄蓝间隔线显示），单击拾取点，拾取到的点呈白色十字形，如图 1-99b 所示，单击 ✓ 完成选择，弹出钻孔参数设置对话框。

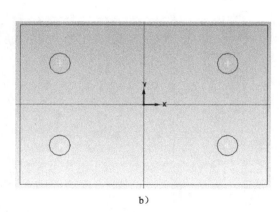

a)　　　　　　　　　　　　　　　　　　b)

图 1-99　钻孔点拾取

a)【选择钻孔位置】对话框　b) 拾取点后显示效果

2）单击【刀具】选项，新建直径为 10mm 的钻头，输入进给速率：50.0，主轴转速：800，如图 1-100 所示。

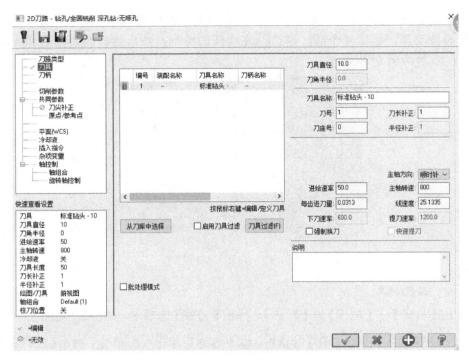

图 1-100　钻孔刀具参数设置

3）单击【切削参数】选项，循环方式选择【深孔啄钻（G83）】、Peck（啄食量）的量设置为 2，其余默认，如图 1-101 所示。

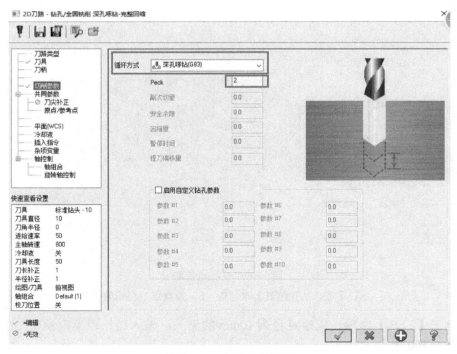

图 1-101　切削参数设置

4）单击【共同参数】选项，设定安全高度：30.0（绝对坐标）、参考高度：3.0（增量坐标）、工件表面：0.0（增量坐标）、深度：-10.0（绝对坐标），如图 1-102 所示。

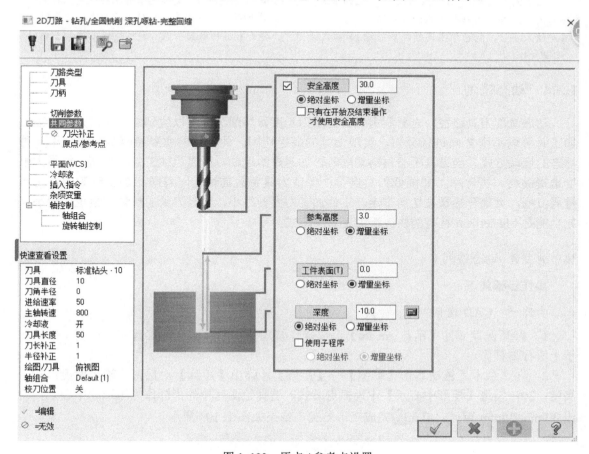

图 1-102　原点 / 参考点设置

5）设置【冷却液】开启后，单击 ✓ 确定生成刀具路径；设置与例 1-4 相同的【模拟 / 验证选项】参数；单击【机床】—【实体仿真】进行实体仿真，单击 ▶ 播放，仿真加工过程和结果如图 1-103 所示。单击选项卡上的【文件】—【保存】，将本例保存为【钻孔 .mcam】文件。

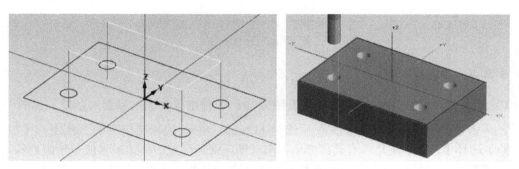

图 1-103　钻孔刀具路径与模拟

注:

上述例子主要用来说明孔的加工。孔的加工首先要注意的是主轴的转速和进给速率的设定，其次是钻孔方式。常用的钻孔方式是深孔啄钻（G83），对于较浅的孔可用深孔钻（G81/G82）。在绘图时，可先输入半径，然后单击【锁定】图标 🔒 将尺寸固定，接着直接拾取圆心点，就可连续多次绘制相同尺寸的圆。

1.3.4 动态铣削

动态铣削刀具路径，充分利用刀具切削刃长度，切削深度可以达到 2 ～ 3 倍刀具直径，加工时可以不用 Z 向进行分刀，实现刀具的高速切削。此刀路的主要特点是：它使用一种动态的运动方式，当刀具不与材料切削时，加速进给运动，所以粗加工效率很高，能最大限度地提高材料去除率，并降低刀具磨损；保证刀具负载的恒定，可防止加工时断刀；由于排屑流畅，大部分热量被切屑带走，工件加工中温升很小，同时刀具的热量积累也比较小。此功能是 Mastercam 特有的快捷粗加工刀路方式。

➘ 例 1-8：动态铣削 1

操作步骤如下：

步骤一　CAD 建模

1）打开保存文件【钻孔 .mcam】，在操作管理器中删除钻孔加工程序，在例 1-7 的例子上进行编程。

2）在选项卡上依次单击【草图】—【矩形】，弹出【矩形】对话框，输入宽度：30、高度：30，勾选【矩形中心点】作为抓点方式，选择绘图区中的指针作为矩形的中心点，绘出 30mm×30mm 矩形，单击 ✅ 完成矩形绘制，结果如图 1-104 所示。

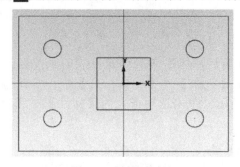

图 1-104　绘图结果

步骤二　动态铣削加工

1）单击 2D 功能区中的【动态铣削】图标 🌀 ，弹出【串连选项】对话框，如图 1-105 所示。单击【加工范围】下面的 ⬚ 后选择 118mm×78mm 的轮廓作为加工范围；【加工区域策略】选择【开放】（允许刀具在加工范围外侧，就是开放的；如果只能在轮廓内部运动，就是封闭的）；鼠标移至【避让范围】下的 ⬚ 后，依次选择 4 个圆和 1 个正方形作为避让（要保留，不能加工）的轮廓；其余默认；单击 ✅ 确定。

图 1-105 【串连选项】对话框

2）系统弹出动态铣削参数设置对话框，单击【刀具】选项，新建一把直径为 10mm 的平底刀，输入进给速率：1000、下刀速率：300、提刀速率：2000、主轴转速：4000，如图 1-106 所示。

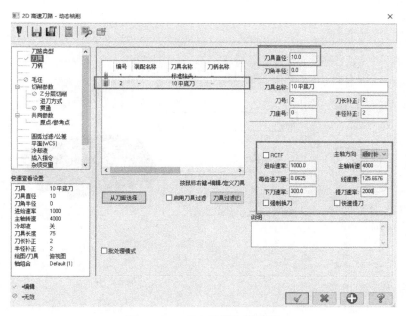

图 1-106 动态铣削参数设置

3）单击【切削参数】选项，设置步进量：10.0%（指刀具直径的 10%），壁边预留量和底面预留量为 0.2，如图 1-107 所示。

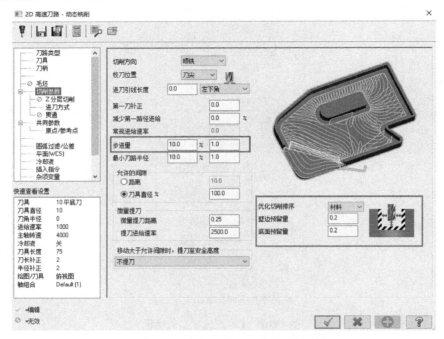

图 1-107　动态铣削切削参数设置

4）单击【进刀方式】选项，设置进刀方式：单一螺旋，螺旋半径：5.0，Z 间距：2.0，进刀角度：2.0，如图 1-108 所示。进刀方式还可以是沿着完整内侧螺旋、沿着轮廓内侧螺旋、轮廓等方式。

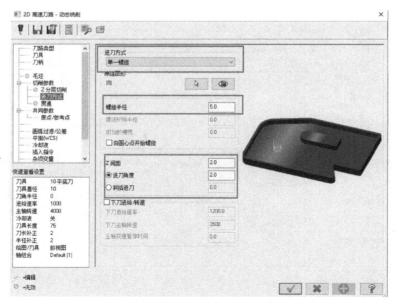

图 1-108　动态铣削进刀设置

5）单击【共同参数】选项，设定参考高度：30.0（绝对坐标）、下刀位置：3.0（增量坐标）、工件表面：0.0（绝对坐标）、深度：−20.0（绝对坐标）。

6）设置开启【冷却液】，其余默认，单击 ✓ 确定，生成图 1-109 所示刀具路径。

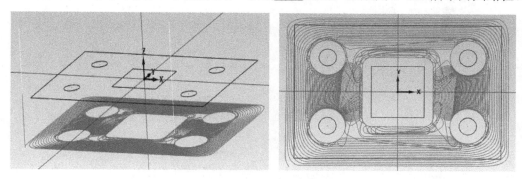

图 1-109 生成动态铣削刀具路径

7）设置与例 1-4 相同的【模拟/验证选项】参数；单击【机床】—【实体仿真】进行实体仿真，单击▶播放，仿真加工结果如图 1-110 所示。单击选项卡上的【文件】—【另存】，将本例保存为【动态铣削 1.mcam】文件。

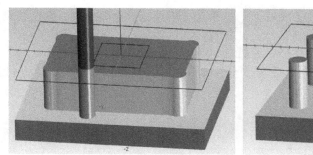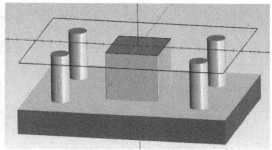

图 1-110 刀具路径模拟结果

➥ 例 1-9：动态铣削 2

以例 1-8 的图形、刀具和工件设定为准，要求 5 个避让轮廓的高度不同，一次性生成粗加工刀路。

操作步骤如下：

步骤一 CAD 建模

1）打开保存文件【动态铣削 1.mcam】，在操作管理器中删除动态铣削加工程序。

2）依次单击【转换】—【平移】，此时绘图区左上角提示 平移/阵列 选择要平移/阵列的图形 ，选择图形左上角的圆（呈黄蓝间隔线显示），单击绘图区上的 结束选择 ，弹出如图 1-111 所示平移对话框，设置勾选：移动、次：1、极坐标 ΔZ：−5，单击 ✓ 完成平移。继续重复【平移】动作，左下角圆向下平移 10mm，右边两个圆向下平移 15mm，完成后如图 1-112 所示。

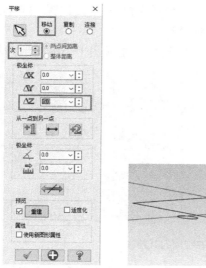

图 1-111 【平移】对话框

图 1-112 平移完成结果

步骤二 动态铣削加工

1）单击 2D 功能区中的【动态铣削】图标 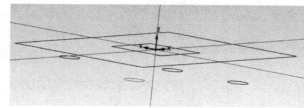，弹出【串连选项】对话框，操作与例 1-8 一致，选择完成后单击 ✓ 确认。

2）系统弹出动态铣削参数设置对话框。设置与例 1-8 一样的参数。

3）单击【Z 分层切削】选项，勾选【深度分层切削】【使用岛屿深度】，岛屿上方预留量：0.2，如图 1-113 所示。

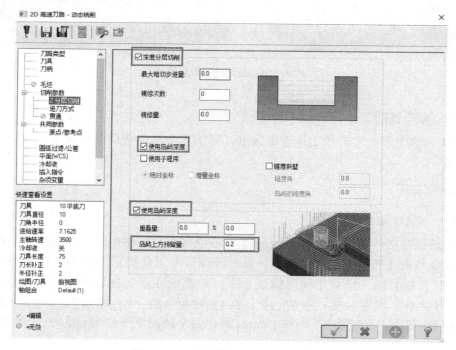

图 1-113 动态铣削 Z 分层切削设置

4）单击 ✅ 确定生成刀具路径；设置与例 1-8 相同的【模拟 / 验证选项】参数；单击【机床】—【实体仿真】进行实体仿真，单击 ▶ 播放，仿真加工过程和结果如图 1-114 所示。单击选项卡上的【文件】—【保存】，将本例保存为【动态铣削 2.mcam】文件。

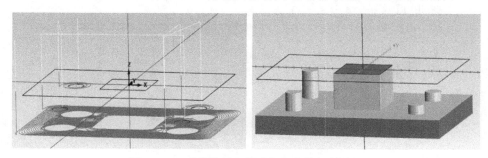

图 1-114　动态铣削刀具路径与实体切削验证

注：

　　本例主要用来说明动态铣削的过程。在设置刀具切削参数时，进给速度尽可能大些。动态铣削是小切削快进给的高速加工方式，常用于粗加工，也可以用于精加工，只需加大步进量即可。当需要一条刀路加工不同高度时，需要在 CAD 建模时将其相对应的图形平移至需要的深度，然后在拾取轮廓后，软件才能自动判断加工深度。

　　动态铣削技术是数控铣削编程技术的最新发展，它可以有效地提高粗加工效率。由于在提高效率的同时，可以使用较小的刀具，并有效延长刀具的使用寿命，合理利用这些新技术可以降低加工成本。

1.3.5　区域加工

　　该加工方法与动态铣削类似，主要用于工件底面的精加工。一般情况下，使用动态铣削粗加工后表面粗糙，需要使用【区域加工】进行精加工。该功能的优点是轨迹生成速度快。

➥　**例 1-10：区域加工**

　　以例 1-8 的图形、刀具和工件设定为准，选择区域加工生成刀具路径，对其底面进行精加工。

　　操作步骤如下：

　　步骤一　CAD 建模

　　打开保存文件【动态铣削 1.mcam】，在其基础上进行区域加工的编程。

　　步骤二　区域加工

　　1）单击 2D 功能区中的【区域】图标 ▣，弹出【串连选项】对话框，操作与例 1-8 一致，加工范围：选择 118mm×78mm 图形，加工区域策略：开放，避让范围：选择 4 个圆和 1 个正方形，单击 ✅ 确认。

　　2）系统弹出区域铣削参数设置对话框。单击【刀具】选项，新建 ϕ10 平底刀，设置转速：2500、进给速率：600、下刀速率：300、提刀速率：2000，其余默认。

3）单击【切削参数】选项，设置 XY 步进量：刀具直径 80.0%，壁边预留量：0.0，底面预留量：0.0，如图 1-115 所示。

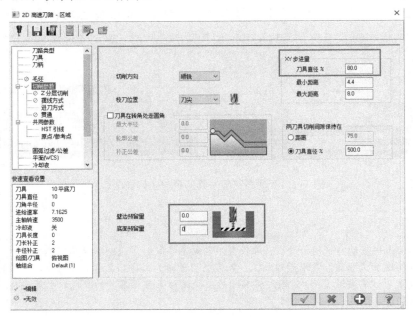

图 1-115　切削参数设置

4）单击【Z 分层切削】选项，不勾选【深度分层切削】，精加工不需要分层切削。

5）单击【进刀方式】选项，选择【斜插进刀】，其余默认。

6）单击【共同参数】选项，设定参考高度：30.0（绝对坐标），进给下刀位置：3.0（增量坐标），工件表面：-19.0（绝对坐标），深度：-20.0（绝对坐标），如图 1-116 所示。

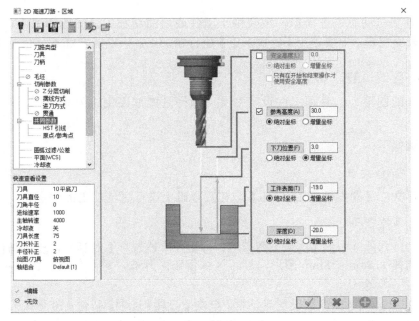

图 1-116　原点 / 参考点设置

7）设置开启【冷却液】，单击 ✓ 确定生成刀具路径；设置与例1-8相同的【模拟/验证选项】参数；单击【机床】—【实体仿真】进行实体仿真，单击 ▶ 播放，仿真加工过程和结果如图 1-117 所示。单击选项卡上的【文件】—【另存】，将本例保存为【区域加工 .mcam】文件。

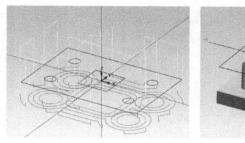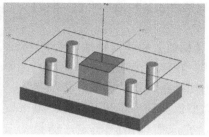

图 1-117　区域加工刀具路径与实体切削验证

注：

本例主要用来说明区域加工的过程。该命令主要用于精加工，所以加工时要注意适当提高转速，在设置共同参数时，工件表面也可以设置成增量坐标，与例子中效果是一样的。

1.3.6　挖槽加工

挖槽加工也称口袋加工，属于层铣粗加工的一种，其作用是去除封闭区域里的材料，主要用于形状简单的二维图形、侧面为直壁或倾斜度一致的封闭区域。

➡ **例 1-11：挖槽加工**

操作步骤如下：

步骤一　准备

单击【F9】，打开【坐标轴显示开关】；按【Alt+F9】，打开【显示指针】。

步骤二　CAD 建模

1）单击选项卡【草图】，单击【矩形】功能下的黑色三角形弹出下拉选项，如图 1-118 所示，单击【多边形】功能，弹出【绘制多边形】对话框，输入边数：5，半径：30.0，其余默认，根据绘图区左上角提示【选择基准点位置】，光标移至绘图区中间指针位置单击确认，绘出多边形，单击 ✓ 完成绘制。

图 1-118　多边形绘制

2）单击【已知点画圆】，弹出对话框，设置模式：手动，尺寸输入半径：7.5，鼠标单击输入尺寸的后面锁头标志 🔒 使其固定 7.5 的尺寸，避免重复输入尺寸。

3）依次选择 5 条边的端点，作 5 个圆，单击 ⊘ 完成画圆。

4）用鼠标选择 5 条线段，按【Delete】删除 5 条边。

5）单击【切弧】—【两物体切弧】，输入半径：19，在绘图区依次选择邻近的两个圆，会出现两条相切的圆弧，将十字光标移动到需要保留的一条圆弧附近，单击绘制圆弧，完成后单击 ⊘ 确定，结果如图 1-119 左图所示。

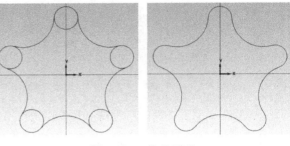

图 1-119　梅花图形

6）单击【修剪打断延伸】—【分割 / 删除】，依次选择要删除的圆弧部分，最终结果如图 1-119 右图所示。

步骤三　挖槽加工

1）单击【机床】—【铣床】—【默认】，弹出【刀路】选项卡，单击 2D 功能区中的【挖槽】图标 🖼，弹出【输入新 NC 名称】对话框，修改名称后单击 ✔ 确认，弹出【串连选项】对话框，单击所画梅花图形（黄蓝间隔线显示，注意选择轮廓箭头的方向），单击 ✔ 完成选择；弹出【2D 刀路—2D 挖槽】参数设置对话框。

2）单击【刀具】选项，新建直径为 10mm 的平底刀，输入进给速率：600，下刀速率：300，提刀速率：2000，主轴转速：2000，如图 1-120 所示。

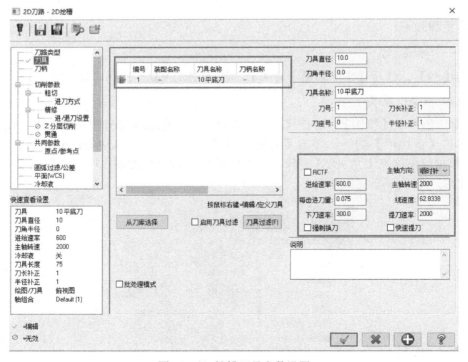

图 1-120　挖槽刀具参数设置

3）单击【切削参数】选项，挖槽加工方式：标准，壁边预留量、底面预留量：0，如图 1-121 所示。

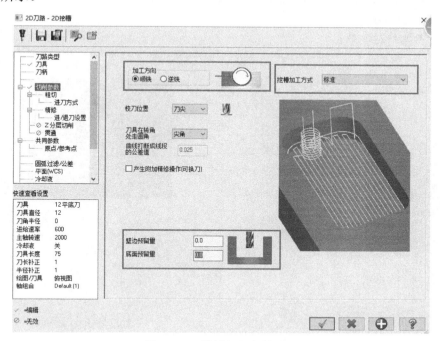

图 1-121　挖槽切削参数设置

4）单击【粗切】选项，选择【等距环切】，输入切削间距 [直径 %]：80，勾选【由内而外环切】，其余默认，如图 1-122 所示。

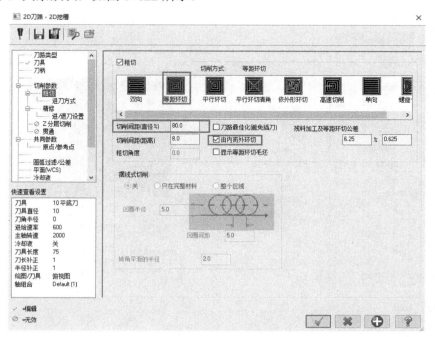

图 1-122　挖槽粗切参数设置

5）单击【进刀方式】选项，选择【螺旋】，输入最小半径：30%，最大半径：70%，Z 间距：1，XY 预留量：10，进刀角度：1，其余默认，如图 1-123 所示。

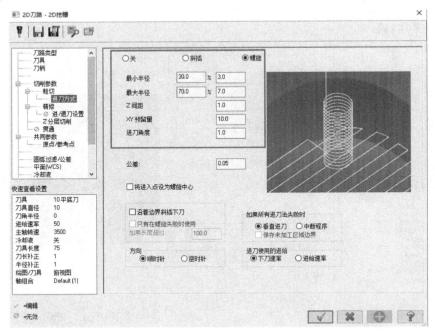

图 1-123   螺旋进刀方式设置

6）也可以采用【斜插】下刀方式，输入最小长度：30%，最大长度：150%，Z 间距：1，XY 预留量：10，进刀角度：1.0，退刀角度：1.0，其余参数默认，如图 1-124 所示。

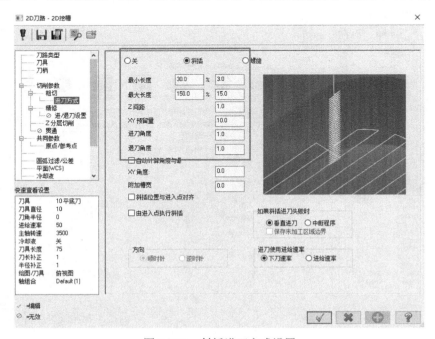

图 1-124   斜插进刀方式设置

7）单击【精修】选项，设置精修次数：1、间距：0.2，勾选【精修外边界】，其余默认，如图 1-125 所示。单击【进 / 退刀设置】选项，不勾选 □进退/刀设置 。

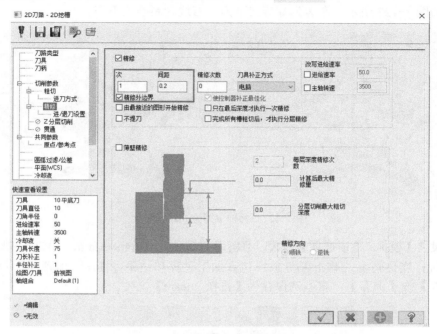

图 1-125　精修设置

8）单击【Z 分层切削】选项，输入最大粗切步进量：0.6、精修次数：1、精修量：0.2，勾选【不提刀】，其余默认，如图 1-126 所示。

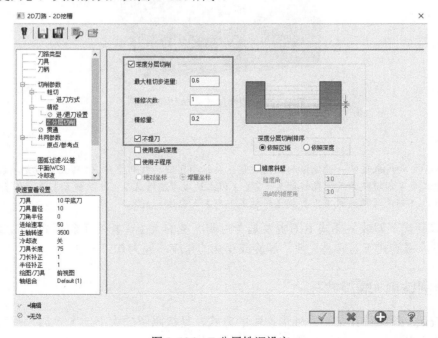

图 1-126　Z 分层铣深设定

9）单击【共同参数】选项，设定参考高度：30.0（绝对坐标），进给下刀位置：3.0（增量坐标），工件表面：0（绝对坐标），深度：-5.0（绝对坐标），单击 ☑ 确认，生成刀具路径。如图1-127所示，左边为螺旋式下刀，右边为斜插式下刀。

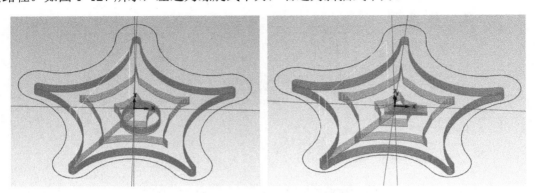

图1-127　两种下刀方式路径对比

10）设置【模拟/验证选项】参数，毛坯为100mm×100mm×30mm；单击【机床】—【实体仿真】进行实体仿真，单击 ▶ 播放，仿真加工过程和结果如图1-128所示。单击选项卡上的【文件】—【保存】，将本例保存为【挖槽.mcam】文件。

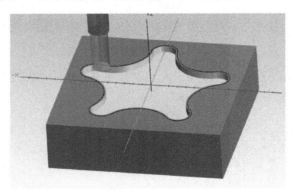

图1-128　挖槽加工实体切削验证

> **注：**
> 上述例子主要用来说明一般挖槽加工的过程。在封闭区域的内部挖槽，4刃立铣刀是不能垂直下刀的，下刀方式多采用螺旋式下刀或斜插式下刀；2刃立铣刀（键槽铣刀）可以垂直下刀，在【粗切参数】选项中，可以不勾选【螺旋式下刀】或【斜插式下刀】，勾选"关"。

采用螺旋式下刀或斜插式下刀主要是看封闭区域的大小。相对于斜插式下刀而言，封闭区域较小时，螺旋式下刀容易失败，螺旋或斜插的角度一般为0.5°～3°。

1.3.7　全圆铣削/螺旋铣孔

全圆铣削/螺旋铣孔是一种外形铣削的方式，是按照圆的大小加工。加工圆孔最好使用全圆铣削/螺旋铣孔，可以简化操作。

➥ 例 1-12：全圆铣削

操作步骤如下：

步骤一 准备

单击【F9】，打开【坐标轴显示开关】；按【Alt+F9】，打开【显示指针】。

步骤二 CAD 建模

依次单击【草图】—【已知点画圆】，弹出【已知点画圆】对话框，输入尺寸半径：
20，移动光标至绘图区捕捉指针作为圆心，单击◎完成 R20 圆的绘制，结果如图 1-129 所示。

步骤三 全圆铣削加工

1）单击【机床】—【铣床】—【默认】，弹出【刀路】选项卡，单
击 2D 功能区中的【全圆铣削】图标 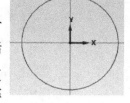，弹出【输入新 NC 名称】对话
框，修改名称后单击 ✓ 确认，弹出【选择钻孔位置】对话框，绘图区
左上角提示 选择点图形,完成时按| ESC| ，拾取 R20 圆心（拾取前光标移至靠
近圆心时，圆的轮廓呈黄蓝间隔线显示），单击 ✓ 确定，弹出【2D 刀
路—全圆铣削】对话框。

图 1-129 绘图结果

2）单击【刀具】选项，新建直径为 12mm 的平底刀，输入进给速率：600.0，下刀速率：
300.0，提刀速率：2000，主轴转速：2000，如图 1-130 所示。

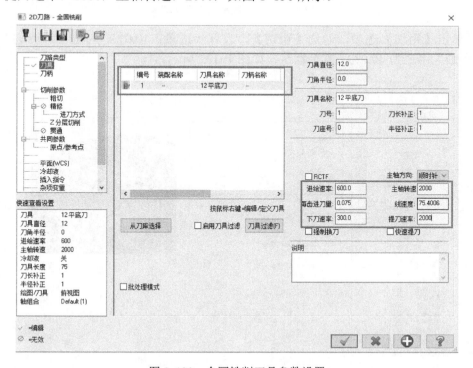

图 1-130 全圆铣削刀具参数设置

3）单击【切削参数】选项，在此界面的右上角就可以看到选择的圆直径是 40.0，设置

壁边预留量和底面预留量为 0.0，如图 1-131 所示。

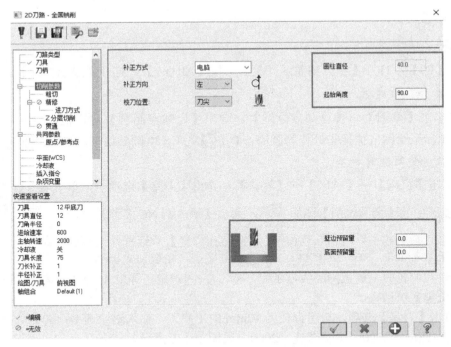

图 1-131　全圆铣削切削参数设置

4）单击【粗切】选项，勾选【粗切】，设置步进量：10.0%，勾选【螺旋进刀】，设置最小和最大半径为 40.0%，其余默认，如图 1-132 所示。

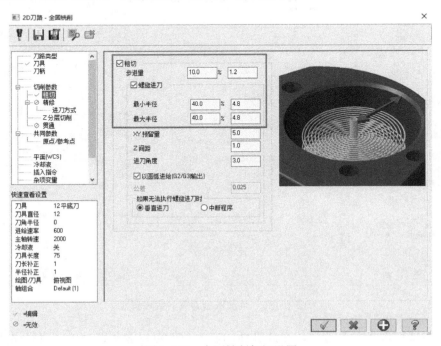

图 1-132　全圆铣削粗切设置

5）单击【共同参数】选项，设定参考高度：30.0（绝对坐标），进给下刀位置：3.0（增量坐标），工件表面：0（绝对坐标），深度：−10.0（绝对坐标），设置开启【冷却液】，其余默认，单击 ✓ 确定，生成图 1-133 所示刀具路径。

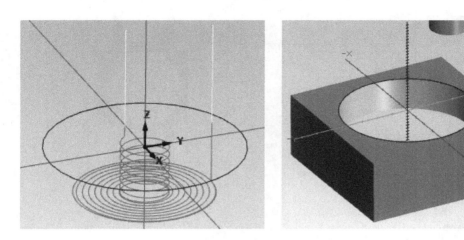

图 1-133　生成全圆铣削刀具路径及模拟结果

6）设置【模拟/验证选项】参数，毛坯设置为50mm×50mm×20mm立方体；单击【机床】—【实体仿真】进行实体仿真，单击 ▶ 播放，仿真加工结果如图 1-133 所示。单击选项卡上的【文件】—【保存】，将本例保存为【全圆铣削 .mcam】文件。

↘ 例 1-13：螺旋铣孔

以例 1-12 的图形、刀具和工件设定为准，使用螺旋铣孔的方式生成刀具路径。

操作步骤如下：

步骤一　CAD 建模

打开保存文件【全圆铣削 .mcam】，在操作管理器中删除全圆铣削刀路。

步骤二　螺旋铣孔加工

1）单击【刀路】选项卡，单击 2D 功能区中的【螺旋铣孔】图标 ，弹出【选择钻孔位置】对话框，绘图区左上角提示 选择点图形，完成时按 ESC ，拾取 R20 圆心（拾取前光标移至靠近圆心时，圆的轮廓呈黄蓝间隔线显示），单击 ✓ 确定。

2）系统弹出螺旋铣孔参数设置对话框。设置与例 1-10 一样的【刀具】【切削参数】【共同参数】等参数。

3）单击【粗/精修】选项，设置粗切间距：1.0、粗切次数：2、粗切步进量：8.0，如图 1-134 所示。

4）单击 ✓ 确定生成刀具路径；设置与例 1-10 相同的【模拟/验证选项】参数；单击【机床】—【实体仿真】进行实体仿真，单击 ▶ 播放，仿真加工过程和结果如图 1-135 所示。单击选项卡上的【文件】—【另存】，将本例保存为【螺旋铣孔 .mcam】文件。

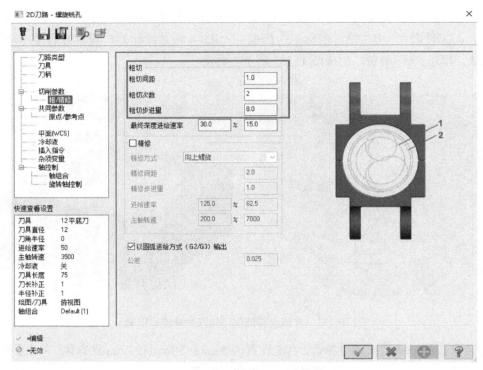

图 1-134 螺旋铣孔粗 / 精修设置

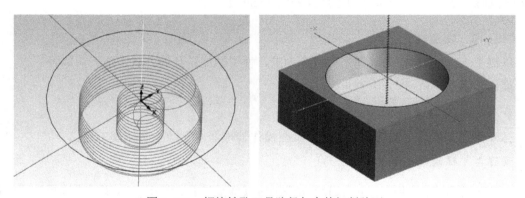

图 1-135 螺旋铣孔刀具路径与实体切削验证

注:

　　本例主要用来说明全圆铣削 / 螺旋铣孔的过程。它属于外形铣削的一种,一般用于铣内圆。当刀具直径与内孔很接近时,进退刀量不好确定,此时用全圆铣削很方便,设圆心为进刀点,设定起始角度及切入切出的角度。也可以设定粗 / 精加工及下刀方式。左右补正可以确认顺逆铣。补正形式有【电脑】【控制器】或【磨损】等。

　　一般情况下,全圆铣削也可以用于挖槽加工,外形铣削加工采用螺旋下刀的方式也类似于全圆铣削加工,区别只是在于全圆铣削是从圆心下刀。全圆铣削一般用于先钻后铣,用于扩孔。

1.3.8 2D 扫描

依照第一条边界（截面外形）沿第二条外形（引导外形）创建 2D 扫描刀路，主要用于斜面、圆弧面等曲面的加工。

↘ **例 1-14：2D 扫描**

操作步骤如下：

步骤一 准备

单击【F9】，打开【坐标轴显示开关】；按【Alt+F9】，打开【显示指针】。

步骤二 CAD 建模

1）在选项卡上依次单击【草图】—【已知点画圆】，弹出【已知点画圆】对话框，输入尺寸半径：25，移动光标至绘图区捕捉指针作为圆心，单击◉完成 R25 圆的绘制，结果如图 1-136a 所示。

2）依次单击选项卡上的【视图】—【前视图】将画图界面切换至前视图的视角，绘制 R10 的截面外形，依次单击【草图】—【连续线】，设置尺寸为 10，并单击🔒锁死尺寸，用鼠标捕捉右边圆的【象限点】，绘制一个直角，如图 1-136b 所示。

3）单击【倒圆角】命令，设置半径：10，选择上一步绘制的两条边，绘制成 R10 圆弧，如图 1-136c 所示。

4）依次单击选项卡上的【视图】—【等视图】，将视角切换至等视图的视角，如图 1-136d 所示。

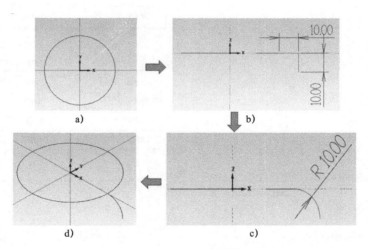

图 1-136 CAD 建模

步骤三 2D 扫描加工

1）单击【机床】—【铣床】—【默认】，弹出【刀路】选项卡，单击 2D 功能区中的【2D 扫描】图标 ▨，弹出【输入新 NC 名称】对话框，修改名称后单击 ✓ 确认，弹出【串连选项】对话框，绘图区左上角提示 扫描:定义 断面外形 ，单击串连模式【 ╱ 单体】，选择

*R*10 的圆弧作为【断面外形】，如图 1-137 所示。

　　2）绘图区左上角又提示 扫描:定义 引导外形 ，选择 *R*25 的圆作为引导外形，如图 1-138 所示。此时绘图区左上角提示 扫描: 串连完毕 ，单击 ✓ 确定。

　　3）绘图区左上角提示 输入引导方向和截面方向的交点 ，选择 *R*10 圆弧与 *R*25 圆的交点，如图 1-139 所示。

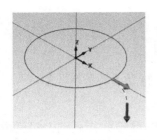 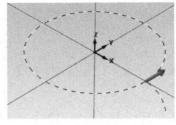 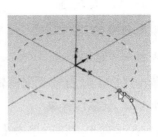

　　　图 1-137　断面外形选择　　　　图 1-138　引导外形选择　　　　图 1-139　交点选择

　　4）弹出【2D 扫描】对话框，进入【刀具参数】界面，创建一把直径为 8mm 的球刀，输入进给速率：1000、下刀速率：300、提刀速率：2000、主轴转速：3000，如图 1-140 所示。

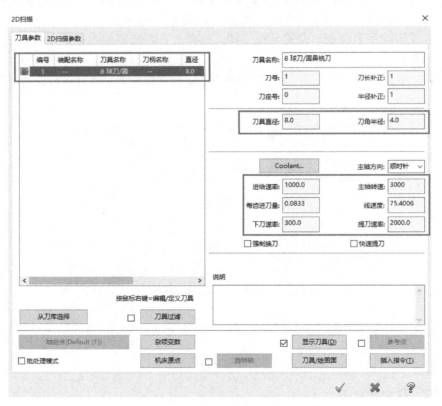

图 1-140　设置刀具参数

　　5）单击对话框上方的【2D 扫描参数】选项，设置截断方向切削量：0.2，预留量：0.0，其余默认，如图 1-141 所示。

6）单击 ✓ 确定生成刀具路径。单击【模拟／验证选项】设置 $\phi70\times30$ 毛坯，如图 1-142 所示。

图 1-141　设置 2D 扫描参数

图 1-142　毛坯设置

7）单击【机床】—【实体仿真】进行实体仿真，单击▶播放，仿真加工过程和结果如图 1-143 所示。单击选项卡上【文件】—【另存】，将本例保存为【2D 扫描加工 .mcam】文件。

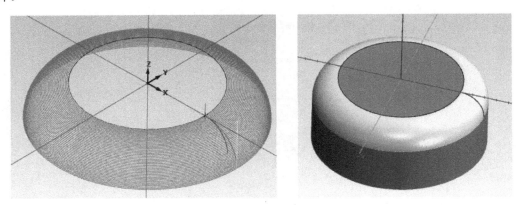

图 1-143　2D 扫描刀具路径与模拟结果

1.3.9　优化动态粗切

动态粗加工刀路以大切深、小步进的方式以稳定的金属去除率进行切削。使用动态刀路可显著缩短加工时间，同时延长刀具寿命，减少机床磨损。它是专门针对复杂型芯型腔加工而设计的。

❧ **例 1-15：优化动态粗切**

操作步骤如下：

步骤一　准备

单击【F9】，打开【坐标轴显示开关】；按【Alt+F9】，打开【显示指针】。

步骤二　CAD 建模

1）在选项卡上依次单击【草图】—【矩形】，弹出【矩形】对话框，输入尺寸宽度：45、高度：45，勾选【矩形中心点】，移动光标至绘图区捕捉指针作为矩形中心点，单击◉完成 45×45 矩形的绘制。

2）单击【倒圆角】，设置圆角半径：10，将矩形 4 个直角倒成圆角，单击◉完成，结果如图 1-144a 所示。

3）在选项卡上依次单击【转换】—【平移】，此时绘图区左上角提示平移/阵列:选择要平移/阵列的图形，选择 45×45 矩形，单击绘图区上的 结束选择，弹出如图 1-144b 所示【平移】对话框，设置勾选：移动、次：1、极坐标 ΔZ：−30，单击 ✓ 完成平移，完成后如图 1-144c 所示。

4）在选项卡上依次单击【实体】—【拉伸】，弹出【串连选项】对话框，选择上一步绘制的矩形，单击 ✓ 确定，弹出【实体拉伸】对话框，设置距离：15，如图 1-145 左图所示；单击【实体拉伸】对话框左上角的【高级】，勾选【拔模】，设置角度：15°，如图 1-145

右图所示。

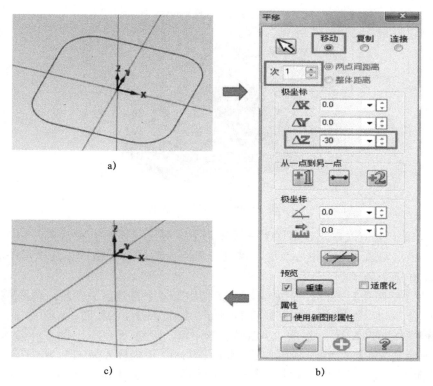

a)

c)

b)

图 1-144 矩形绘制

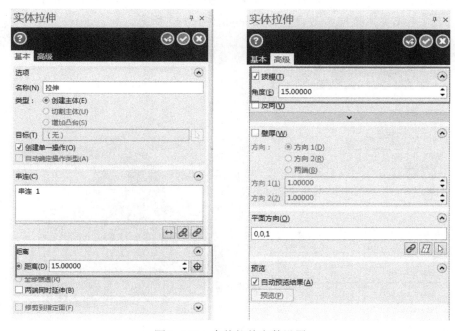

图 1-145 实体拉伸参数设置

61

5）单击 ✅ 完成实体拉伸参数设置，结果如图1-146所示。

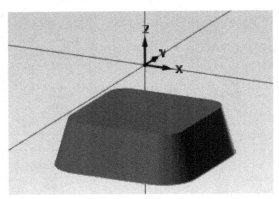

图1-146　实体拉伸结果

6）在选项卡上依次单击【草图】—【矩形】，弹出【矩形】对话框，输入尺寸宽度：20、高度：20，勾选【矩形中心点】，移动光标至绘图区捕捉指针作为矩形中心点，单击 ✅ 完成20×20矩形的绘制。

7）单击【倒圆角】，设置圆角半径：5，将矩形4个直角倒成圆角，单击 ✅ 完成。

8）在选项卡上依次单击【转换】—【平移】，此时绘图区左上角提示 平移/阵列:选择要平移/阵列的图形，选择20×20矩形，单击绘图区上的 结束选择，弹出如图1-144b所示【平移】对话框，设置勾选：移动、次：1、极坐标ΔZ：-15，单击 ✅ 完成平移。

9）在选项卡上依次单击【实体】—【拉伸】，弹出【串连选项】对话框，选择上一步绘制的矩形，单击 ✅ 确定，弹出【实体拉伸】对话框，设置类型：增加凸台、距离：15；单击【实体拉伸】对话框左上角的【高级】选项卡，勾选【拔模】，设置角度：10°；单击 ✅ 完成实体拉伸参数设置，结果如图1-147所示。

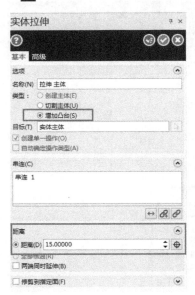

图1-147　增加凸台

10）单击【实体】—【固定半倒圆角】，弹出【实体选择】对话框，此时绘图区左上角提示 选择图形去倒圆角 ，选择凸台最上轮廓边界（呈黄蓝间隔线显示），如图 1-148 所示。

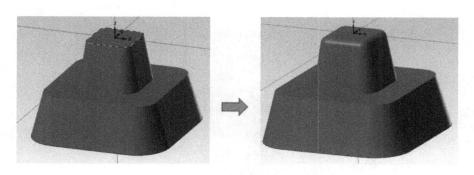

图 1-148　固定半倒圆角轮廓选择

11）单击 ✓ 确定，弹出【固定圆角半径】对话框，设置半径：3，单击 ⊘ 完成实体倒圆角，结果如图 1-148 所示。

12）继续使用【固定圆角半径】倒 *R*4、*R*6 圆角，结果如图 1-149 所示。

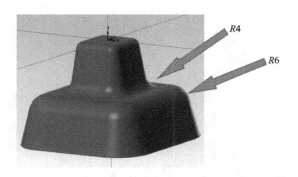

图 1-149　CAD 建模结果

步骤三　优化动态粗切

1）单击【机床】—【铣床】—【默认】，弹出【刀路】选项卡，单击 3D 功能区中的【优化动态粗切】图标 ，弹出【输入新 NC 名称】对话框，修改名称后单击 ✓ 确认，此时绘图区左上角提示 选择加工曲面 ，选择两个拉伸的实体作为加工曲面（选择到的曲面呈黄色状态），如图 1-150 左图所示；选择完成后单击绘图区上方 结束选择 图标结束选择，弹出【刀路曲面选择】对话框，如图 1-150 右图所示。

2）单击 ✓ 确定，弹出【高速曲面刀路 - 优化动态粗切】对话框，进入【刀路类型】界面，设置切削范围：开放，如图 1-151 所示。

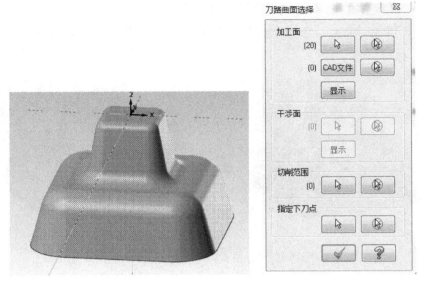

图1-150　加工曲面选择

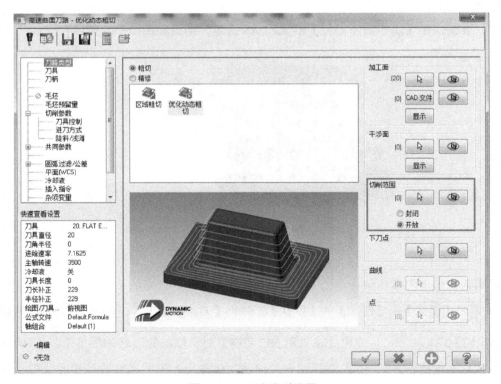

图1-151　刀路类型设置

3）单击【刀具】选项，新建一把直径为10mm的平底刀，输入进给速率：1000，下刀速率：300，提刀速率：2000，主轴转速：4000。

4）单击【毛坯预留量】选项，设置壁边预留量：0.2，底面预留量：0.2，如图1-152所示。

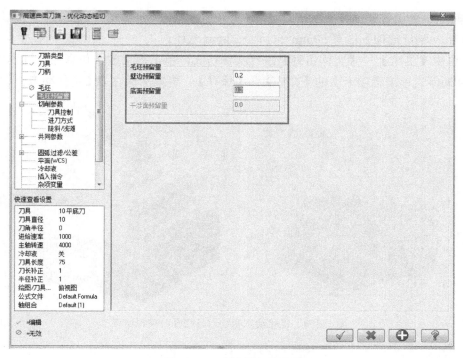

图 1-152　毛坯预留量设置

5）单击【切削参数】选项，设置切削间距：15%，分层深度：30%，其余默认，如图 1-153 所示。

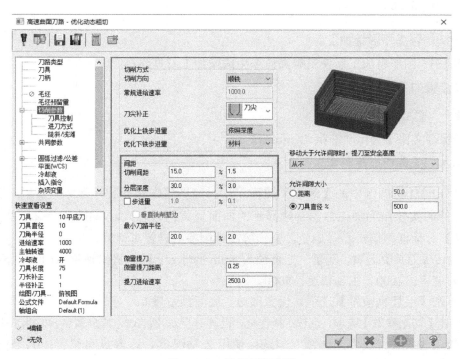

图 1-153　设置切削参数

6）其他参数设置选项按其默认即可，设置开启冷却液后，单击 ☑ 确定生成刀具路径；单击【模拟 / 验证选项】设置 50mm×50mm×50mm 毛坯。

7）单击【机床】—【实体仿真】进行实体仿真，单击 ▶ 播放，仿真加工过程和结果如图 1-154 所示。单击选项卡上的【文件】—【保存】，将本例保存为【优化动态粗切 .mcam】文件。

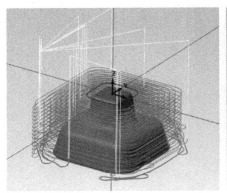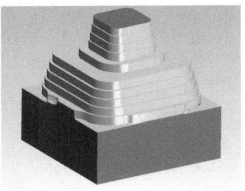

图 1-154　优化动态粗切刀具路径与模拟结果

1.3.10　等高

等高是刀具在恒定 Z 高度层上的加工策略，常用于精修和半精加工，加工角度最适用于 30°～ 90°之间。

↘ **例 1-16：等高外形精加工**

以例 1-15 图形粗加工后使用等高命令生成精加工刀具路径。

操作步骤如下：

步骤一　CAD 建模

打开保存文件【优化动态粗切 .mcam】。

步骤二　等高外形精加工

1）单击 3D 功能区中的【等高】图标 📦，绘图区左上角提示 选择加工曲面，用鼠标选择两个拉伸的实体作为加工曲面（选择到的曲面呈黄色状态），单击 结束选择，弹出【刀路曲面选择】对话框，单击 ☑ 确定，弹出等高铣削参数设置对话框。

2）单击【刀具】选项，新建一把直径为 6mm 的球刀，输入进给速率：1000、下刀速率：300、提刀速率：2000、主轴转速：5000。

3）单击【毛坯预留量】选项，设置壁边、底面预留量 0。

4）单击【切削参数】选项，点选：最佳化，设置分层深度：0.2，其余默认，如图 1-155 所示。

5）单击【陡斜 / 浅滩】选项，勾选：使用 Z 轴深度，设置最高位置：0、最低位置：-30，其余默认，如图 1-156 所示。

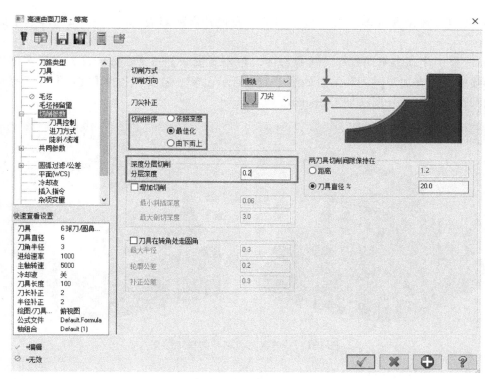

图 1-155　等高切削参数设置

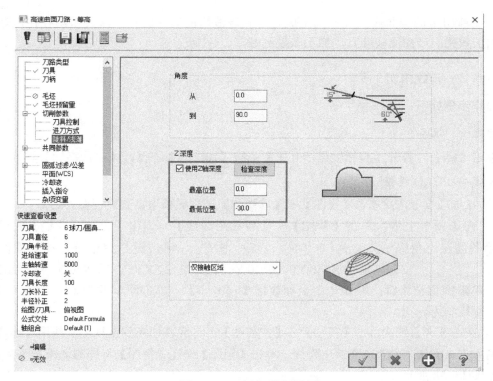

图 1-156　陡斜 / 浅滩设置

6）其他参数设置选项，按其默认即可，设置开启冷却液后，单击  确定生成刀具路径。

7）选择优化动态粗切程序、等高程序，单击【机床】—【实体仿真】进行实体仿真，单击 ▶ 播放，仿真加工过程和结果如图 1-157 所示。单击选项卡上的【文件】—【另存】，将本例保存为【等高外形精加工 .mcam】文件。

图 1-157　等高刀具路径与模拟结果

1.3.11　流线精切

流线精切是沿着曲面流线方向生成光滑和流线型的刀具路径。流线精切往往能获得很好的加工效果。当曲面较陡时，加工质量更好。

➥ 例 1-17：流线精切

操作步骤如下：

步骤一　准备

单击【F9】，打开【坐标轴显示开关】；按【Alt+F9】，打开【显示指针】。

步骤二　CAD 建模

1）在选项卡上依次单击【视图】—【前视图】，将屏幕切换到前视图。

2）在选项卡上依次单击【草图】—【手动画曲线】，弹出【手动画曲线】对话框，此时绘图区左上角提示 选择一点。按 <Enter> 或 <应用> 键完成 ，单击键盘空格键，在绘图区弹出 ，分别输入 X-40 Y0、X-20 Y-5、X0 Y-2、X20 Y-3、X40 Y-5，绘出曲线。例如：单击键盘空格键，输入一个坐标数据【-40，0】，单击回车键确定第一点，再继续同样步骤绘制下一点。

3）在选项卡上依次单击【视图】—【左视图】，将屏幕切换到左视图。使用【连续线】依次输入点 X0 Y0 和 X40 Y0 绘出直线。单击【视图】—【等视图】将屏幕切换到等角视图。结果如图 1-158 所示。

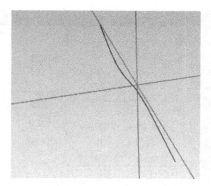

图 1-158　曲线绘制结果

4）依次单击【曲面】—【扫描 ✎扫描 】，弹出【串连选项】对话框，绘图区左上角提示 扫描曲面:定义 截断方向外形 ，选择曲线作为截面，单击 ✓ 确定；绘图区左上角又提示 扫描曲面:定义 引导方向外形 ，选择 40mm 长的直线作为引导线，单击 ✓ 确定；最后单击【扫描曲面】对话框上的 ◎ 完成，绘出扫描曲面。

5）删除引导直线，依次单击【主页】—【删除图形 ✖ 】，单击拾取曲线和直线，单击绘图区上的 ⊘结束选择 完成删除。结果如图 1-159 所示。

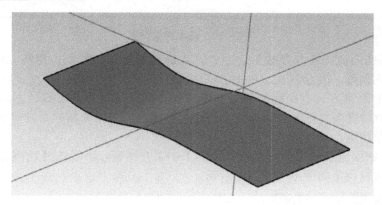

图 1-159　曲面流线 CAD 模型

步骤三　流线精切

1）单击【机床】—【铣床】—【默认】，弹出【刀路】选项卡，单击 3D 功能区中的【流线】图标 ◈ ，弹出【输入新 NC 名称】对话框，修改名称后单击 ✓ 确认，此时绘图区左上角提示 选择加工曲面 ，选择曲面作为加工曲面（选择到的曲面呈黄色状态），选择完成后单击绘图区上方 ⊘结束选择 图标结束选择，弹出【刀路曲面选择】对话框，单击 ✓ 确认，弹出【曲面精修流线】对话框。

2）单击【刀具参数】选项卡，新建一把直径为 10mm 的球刀，输入进给速率：1000，下刀速率：300，提刀速率：2000，主轴转速：4000。

3）单击【曲面参数】选项卡，设定参考高度：30.0（增量坐标），下刀位置：3.0（增量坐标），加工面 / 干涉面预留量：0.0，其余默认，如图 1-160 所示。

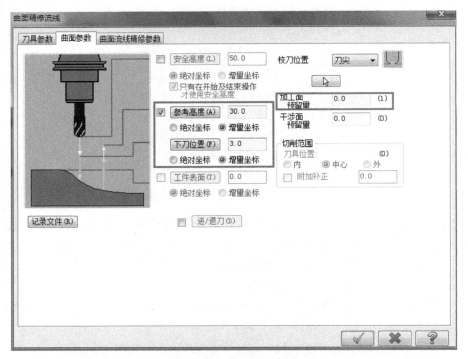

图 1-160　曲面参数设置

4）单击【曲面流线精修参数】选项卡，点选截断方向的控制：距离，输入 0.2，切削方式选择：双向切削，其余默认，单击 ✓ 确定。

截断方向的控制方式有距离和残脊高度两种。距离是指刀具在截断方向的间距按照绝对距离计算；而残脊高度则是在一个给出的误差范围内，根据曲面的不同形状，系统自动计算出不同的间距增量。

5）弹出【曲面流线设置】对话框，如图 1-161 左图所示，单击【切削方向】，此时绘图区上的刀具路径预览如图 1-161 右图所示。

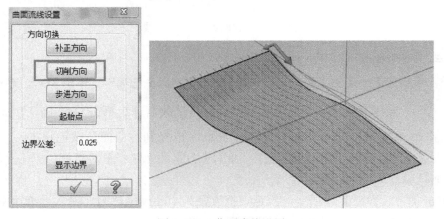

图 1-161　曲面流线设置

6）单击 ✓ 确定生成刀具路径。单击【模拟/验证选项】设置 80mm×40mm×20mm 毛坯，如图 1-162 所示。

图 1-162　毛坯设置

7）单击【机床】—【实体仿真】进行实体仿真，单击▶播放，仿真加工过程和结果如图 1-163 所示。单击选项卡上的【文件】—【保存】，将本例保存为【流线精切 .mcam】文件。

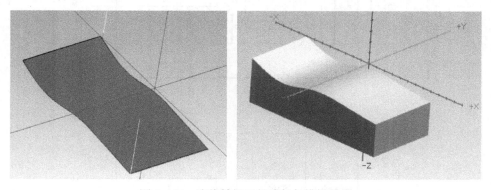

图 1-163　流线精切刀具路径与模拟结果

本 章 小 结

本章主要介绍 Mastercam 2017 数控铣常见的绘图命令和多种常用加工方式，从最简单的一条直线、一条圆弧开始，从基本的面铣、二维轮廓、一般挖槽到曲面的粗、精加工等详细地介绍了常用绘图命令和编程命令的使用及操作方法。本章是后续章节的基础，只有在基本掌握本章所列方法的基础上，才能在实际问题中加以灵活的运用。

第 2 章

中级工考证经典实例

本例是数控铣中级工常见考题，材料为铝，备料尺寸为 100mm×60mm×30mm。
技术要求：
1）以小批量生产条件编程。
2）不准用砂布及锉刀等修饰表面。
3）未注公差尺寸按 GB/T 1804—m。

2.1　零件 1 的工艺分析

读图 2-1 可知，零件 1 形状以二维线框为主，有槽、孔、台阶等结构，无复杂曲面或曲线结构，比较符合二维加工特点。Mastercam 相比于其他 CAM 软件的一大优点是有灵活的二维加工方式，通过加工深度和切削范围的控制来实现加工过程，无须进行曲面或实体的建模。

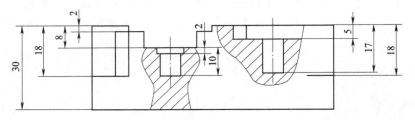

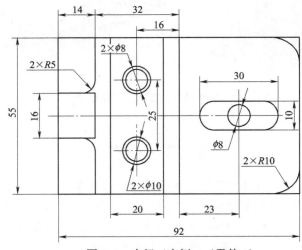

图 2-1　中级工实例一（零件 1）

2.1.1 零件的加工方案

加工工序的划分可以分为 4 种方法：

1. 按零件装夹定位的方式划分工序

由于每个零件的结构形状、用途不同，各表面的精度要求也有所不同，因此加工时定位方式会有差异。一般加工外形时以内孔定位，加工内孔时以外形定位，因而可以根据定位方式的不同来划分工序。

2. 按先粗后精的原则划分工序

为了提高生产效率并保证零件的加工质量，在切削加工中，应先安排粗加工工序，在较短的时间内去除整个零件的大部分余量，然后安排半精加工和精加工。

3. 按刀具集中法划分工序

在一次装夹中，尽可能用一把刀具加工完成所有可加工的部位，然后再换刀加工其他部位。这种划分工序的方法可以减少换刀次数、缩短辅助时间、减小不必要的定位误差。

4. 按加工部位划分工序

一般应先加工平面、定位面，再加工孔；先加工简单的形状，再加工复杂的形状；先加工精度较低的部位，再加工精度较高的部位。

上述原则在制订具体的零件加工方案上有时既统一又相互矛盾，这时候就需要理论与实践相结合，具体问题具体分析。工艺的基本原则是：在保证达到零件精度要求和加工工艺性要求的基础上，尽量减少工序，降低换刀次数，提高劳动生产率和机床使用率。

为了提高劳动生产率，开粗一般多选择大直径刀具，同时还要考虑换刀次数。综合以上因素，工艺方案设定为粗铣和精铣两步进行，粗精之间的余量为 0.2mm。给出一个比较符合实际的加工方案：

1）选用 φ10 四刃立铣刀进行轮廓、台阶和挖槽加工。
2）选用 φ6 两刃键槽铣刀（或 4 刃立铣刀）加工 3 个孔。

注：

普通立铣刀与键槽铣刀的区别：一是齿数不同，键槽铣刀齿数较少，通常为 2～3 齿，而普通立铣刀多为 3～6 齿；二是端面切削刃不同，键槽铣刀的端面切削刃是过心的，具有插钻功能，而普通立铣刀不过心，且其上有中心孔；三是切削角度不同，键槽铣刀前角为 5°、后角为 12°～16°、螺旋角为 12°～30°，普通立铣刀前角为 15°、后角为 14°～18°、螺旋角为 30°～48°。普通立铣刀不能垂直进给，键槽铣刀可以少量地垂直进给，但不宜用于加工较深的孔。

2.1.2 切削参数的设定

切削参数包括主轴转速、进给速度、背吃刀量等，受机床刚性、夹具、工件材料和刀具材料的影响，不同版本的教材给出的参数差异很大。具体计算公式如下：

1. 主轴转速的确定

主轴转速 n（r/min）与铣削速度 v_c（m/min）及铣刀直径 d（mm）的关系为 $n=\dfrac{1000v_c}{\pi d}$，而铣削速度 v_c 与工件和铣刀的材料有关。铣削的速度 v_c 可以通过查找表格获得参考数值，具体可见表 2-1。

表 2-1　铣刀的铣削速度 v_c

（单位：m/min）

工 件 材 料	铣 刀 材 料					
	碳素钢	高速钢	超高速钢	合金钢	碳化钛	碳化钨
铝合金	75～150	180～300	—	240～460	—	300～600
镁合金	—	180～270	—	—	—	150～600
钼合金	—	45～100	—	—	—	120～190
黄铜（软）	12～25	20～25	—	45～75	—	100～180
黄铜	10～20	20～40	—	30～50	—	60～130
灰铸铁（硬）	—	10～15	10～20	18～28	—	45～60
冷硬铸铁	—	—	10～15	12～18	—	30～60
可锻铸铁	10～15	20～30	25～40	35～45	—	75～110
钢（低碳）	10～14	18～28	20～30	—	45～70	—
钢（中碳）	10～15	15～25	18～28	—	40～60	—
钢（高碳）	—	10～15	12～20	—	30～45	—
合金钢	—	—	—	—	35～80	—
合金钢（硬）	—	—	—	—	30～60	—
高速钢	—	—	12～25	—	45～70	—

注：摘自王荣兴主编《加工中心培训教程》，机械工业出版社。

2. 进给速度的确定

进给速度 v_f（mm/min）与铣刀每齿进给量 f_z（mm/z）、铣刀齿数 z、主轴转速 n（r/min）之间的关系是：$v_f=f_z zn$。查表 2-2 可知，当工件材料为铝合金、铣刀材料为高速钢时，铣刀每齿进给量 $f_z=0.05～0.15$mm/z，将 $n=2000～2500$r/min 代入，由此计算可得 $v_f=400～1500$mm/min。

同理，当工件材料为低碳钢、铣刀材料为高速钢时，铣刀每齿进给量 $f_z=0.03～0.18$mm/z，将 $n=600～800$r/min 代入，可算得 $v_f=72～576$mm/min，工程实际中取值 $n=60～200$mm/min，基本符合要求。

表 2-2　铣刀每齿进给量 f_z 推荐值

（单位：mm/z）

工件材料	工件材料硬度 HBW	硬质合金		高速钢	
		面铣刀	立铣刀	面铣刀	立铣刀
低碳钢	150～200	0.2～0.35	0.07～0.12	0.15～0.3	0.03～0.18
中、高碳钢	220～300	0.12～0.25	0.07～0.1	0.1～0.2	0.03～0.15
灰铸铁	180～220	0.2～0.4	0.1～0.16	0.15～0.3	0.05～0.15
可锻铸铁	240～280	0.1～0.3	0.06～0.09	0.1～0.2	0.02～0.08
合金钢	220～280	0.1～0.3	0.05～0.08	0.12～0.2	0.03～0.08
工具钢	36HRC	0.12～0.25	0.04～0.08	0.07～0.12	0.03～0.08
镁、铝合金	95～100	0.15～0.38	0.08～0.14	0.2～0.3	0.05～0.15

注：摘自王荣兴主编《加工中心培训教程》，机械工业出版社。

3. 背吃刀量的确定

背吃刀量 a_p 的选择如图 2-2 所示：当侧吃刀量（步进量）$a_e<d/2$（d 为铣刀直径）时，取 $a_p=（1/3～1/2）d$；当侧吃刀量 $d/2≤a_e<d$ 时，取 $a_p=（1/4～1/3）d$；当侧吃刀量 $a_e=d$（即满刀切削）时，取 $a_p=（1/5～1/4）d$；当机床的刚性较好，且刀具的直径较大时，a_p 可取更大。

按照理论，工件材料为铝合金，铣刀材料为高速钢，采用 4 刃 $\phi8$mm 立铣刀进行轮廓加工时，背吃刀量 $a_p=2～5$mm，实际用 Mastercam 编程加工时，Z 轴最大背吃刀量在 0.6～1mm 之间。

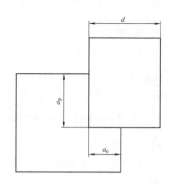

图 2-2　背吃刀量 a_p 示意图

数控铣床进行钻孔加工的工艺参数见表 2-3。

表 2-3　用高速钢钻孔切削用量

工件材料	牌号或硬度	切削用量	钻头直径 /mm			
			1～6	6～12	12～22	22～50
铸铁	160～200HBW	$v_c/$（m/min）	16～24			
		$f/$（mm/r）	0.07～0.12	0.12～0.2	0.2～0.4	0.4～0.8
	200～241HBW	$v_c/$（m/min）	10～18			
		$f/$（mm/r）	0.05～0.1	0.1～0.18	0.18～0.25	0.25～0.4
	300～400HBW	$v_c/$（m/min）	5～12			
		$f/$（mm/r）	0.03～0.08	0.08～0.15	0.15～0.2	0.2～0.3
钢	35钢、45钢	$v_c/$（m/min）	8～25			
		$f/$（mm/r）	0.05～0.1	0.1～0.2	0.2～0.3	0.3～0.45
	15Cr、20Cr	$v_c/$（m/min）	12～30			
		$f/$（mm/r）	0.05～0.1	0.1～0.2	0.2～0.3	0.3～0.45
	合金钢	$v_c/$（m/min）	8～18			
		$f/$（mm/r）	0.03～0.08	0.08～0.15	0.15～0.25	0.25～0.35
铝	纯铝	$v_c/$（m/min）	20～50			
		$f/$（mm/r）	0.03～0.2	0.06～0.5	0.15～0.8	
	铝合金（长切屑）	$v_c/$（m/min）	20～50			
		$f/$（mm/r）	0.05～0.25	0.1～0.6	0.2～1.0	

（续）

工件材料	牌号或硬度	切削用量	钻头直径 /mm			
			1～6	6～12	12～22	22～50
铝	铝合金（短切屑）	v_c/（m/min）	20～50			
		f/（mm/r）	0.03～0.1	0.05～0.15		0.08～0.36
铜	黄铜、青铜	v_c/（m/min）	60～90			
		f/（mm/r）	0.06～0.15	0.15～0.3		0.3～0.75
	硬青铜	v_c/（m/min）	25～45			
		f/（mm/r）	0.05～0.15	0.12～0.25		0.25～0.5

注：摘自韩鸿鸾、张秀玲主编《数控加工技师手册》，机械工业出版社。

按照表 2-3，假设用 ϕ5mm 的高速钢麻花钻加工铝合金材料的工件，可以计算得主轴转速 n=1273 ～ 3184r/min，工程实际中取值为 1000 ～ 1500r/min，进给速度 v_f=38 ～ 318 mm/min，工程实际中取值为 50 ～ 200mm/min。

4. 基于少切削、快进给的切削三要素组合

背吃刀量、主轴转速和进给速度是切削的三大要素。在利用 Mastercam 自动编程加工时，当前企业的实际做法是基于少切削、快进给的切削三要素组合，即背吃刀量小、进给速度快。

常用刀具使用参考值如下（由刀具厂商提供参数，通过实践应用得出的参考值，可根据实际适当加大或减小）：

1）常用硬质合金刀片盘（飞刀盘）见表 2-4。

表 2-4　常用硬质合金刀片盘（飞刀盘）

刀具型号	推荐背吃刀量 /mm	步进量 /mm	推荐转速 /（r/min）	推荐进给速度 /（mm/min）
D80	0.5	60	1200	800～1000
D63	0.5	40	1600	800～1000
D50	0.5	30	1800	800～1200

2）常用粗加工硬质合金刀片（飞刀）见表 2-5。

表 2-5　常用粗加工硬质合金刀片（飞刀）

刀具型号	推荐背吃刀量 /mm	步进量 /mm	推荐转速 /（r/min）	推荐进给速度 /（mm/min）
D25	0.5	18	3500	1800～2800
D20	0.5	14	4000	2000～3000
D16	0.5	10	4000	2000～3000

3）合金钨钢平底刀（45 钢切削参数）见表 2-6～表 2-8。

表 2-6 合金钨钢平底刀粗加工（开槽或铣内腔）

刀 具 型 号	推荐背吃刀量 /mm	步进量 /mm	推荐转速 / (r/min)	推荐进给速度 / (mm/min)
D16	2.5～5	11	1900	400～600
D12	2～4	8	2100	400～600
D10	1.5～3	7	2300	400～600
D8	1.5～2.5	6	3000	400～600
D6	1～2	4	3800	400～600
D5	0.5～1	3.5	4000	300～500
D4	0.5～1	2.5	4200	300～500

表 2-7 合金钨钢平底刀（表面精加工）

刀 具 型 号	推荐背吃刀量 /mm	步进量 /mm	推荐转速 / (r/min)	推荐进给速度 / (mm/min)
D16	≤0.15	15	2800	600～1000
D12	≤0.15	11	3200	600～1000
D10	≤0.15	9	4000	600～1000
D8	≤0.15	7	4300	600～1000
D6	≤0.15	5	4500	400～600
D5	≤0.15	4	4800	400～600
D4	≤0.15	3	5000	400～600

表 2-8 合金钨钢平底刀（侧面精加工）

刀 具 型 号	推荐背吃刀量 /mm	步进量 /mm	推荐转速 / (r/min)	推荐进给速度 / (mm/min)
D16	≤24	≤0.15	2800	600～1000
D12	≤18	≤0.15	3200	600～1000
D10	≤15	≤0.15	4000	600～1000
D8	≤12	≤0.15	4300	600～1000
D6	≤9	≤0.15	4500	400～600
D5	≤7	≤0.15	4800	400～600
D4	≤6	≤0.15	5000	400～600

4）白钢刀（高速钢，主要加工材料为铜和铝合金）见表 2-9、表 2-10。

表 2-9 白钢刀粗加工（开槽或铣内腔）

刀 具 型 号	推荐背吃刀量 /mm	步进量 /mm	推荐转速 / (r/min)	推荐进给速度 / (mm/min)
D20	5～15	14	1200	400～800
D16	4～10	11	1500	400～800
D12	3～8	8	1900	400～800
D10	2～6	7	2100	400～800
D8	2～5	6	2500	400～800
D6	2～4	4	2800	300～600
D5	2～3.5	3.5	3000	300～600
D4	1～2.5	2	3200	300～600

表2-10 白钢刀精加工（表面及侧面）

刀 具 型 号	推荐背吃刀量 /mm	步进量 /mm	推荐转速 /（r/min）	推荐进给速度 /（mm/min）
D20	5 ～ 15	14	1600	300 ～ 600
D16	4 ～ 10	11	1900	300 ～ 600
D12	3 ～ 8	8	2100	300 ～ 600
D10	2 ～ 6	7	2500	300 ～ 600
D8	2 ～ 5	6	2800	300 ～ 600
D6	2 ～ 4	4	3200	200 ～ 400
D5	2 ～ 3.5	3.5	3500	200 ～ 400
D4	1 ～ 2.5	2	3800	200 ～ 400

5）三刃硬质合金平底刀（主要用于铜和铝合金材料的精加工）见表2-11、表2-12。

表2-11 三刃硬质合金平底刀（表面）

刀 具 型 号	推荐背吃刀量 /mm	步进量 /mm	推荐转速 /（r/min）	推荐进给速度 /（mm/min）
D16	≤ 0.15	15	3000	300 ～ 600
D12	≤ 0.15	11	3500	300 ～ 600
D10	≤ 0.15	9	4000	300 ～ 600
D8	≤ 0.15	7	4500	300 ～ 600
D6	≤ 0.15	5	5000	200 ～ 400
D5	≤ 0.15	4	5200	200 ～ 400
D4	≤ 0.15	3	5500	200 ～ 400

表2-12 三刃硬质合金平底刀（侧面）

刀 具 型 号	推荐背吃刀量 /mm	步进量 /mm	推荐转速 /（r/min）	推荐进给速度 /（mm/min）
D16	≤ 24	≤ 0.15	3000	300 ～ 600
D12	≤ 18	≤ 0.15	3500	300 ～ 600
D10	≤ 15	≤ 0.15	4000	300 ～ 600
D8	≤ 12	≤ 0.15	4500	300 ～ 600
D6	≤ 9	≤ 0.15	5000	200 ～ 400
D5	≤ 7	≤ 0.15	5200	200 ～ 400
D4	≤ 6	≤ 0.15	5500	200 ～ 400

6）球刀（主要用于钢料、铜和铝合金的精加工）见表2-13。

表2-13 球刀

刀 具 型 号	推荐进给速度 /（mm/min）	下刀速率 /（mm/min）	步进量 /mm	推荐转速 /（r/min）
D12R6	1200 ～ 2000	600	0.1 ～ 0.3	3000
D10R5	1200 ～ 2000	400	0.1 ～ 0.3	3500
D8R4	1200 ～ 2000	300	0.1 ～ 0.3	4000
D6R3	1200 ～ 2000	200	0.1 ～ 0.3	4500
D4R2	1200 ～ 2000	200	0.1 ～ 0.3	5000

7）钻头（主要用于钢料、铜和铝合金加工）见表 2-14、表 2-15。

表 2-14 麻花钻头

刀具型号	推荐进给速度 /（mm/min）	推荐背吃刀量 /mm	推荐转速 /（r/min）
D12～14	30～80	6～7	500～600
D10～12	30～80	5～6	600～700
D8～10	30～80	4～5	700～1000
D6～8	30～60	3～4	1000～1200
D5～6	30～50	2～3	1200～1500
D4～5	20～40	2～3	1200～1500
D≤4	20～40	≤2	1500～2000

表 2-15 硬质合金钻头

刀具型号	推荐进给速度 /（mm/min）	推荐背吃刀量 /mm	推荐转速 /（r/min）
D12～14	100	5	1200
D10～12	100	5	1350
D8～10	100	4	1500
D6～8	80	3	1750
D5～6	50	3	1850
D4～5	50	3	2000
D≤4	30	2	2500

综合各个版本的教材可知，目前机床的切削参数主要还是靠经验来确定。刀具直径越小，相应主轴转速就越高，推荐背吃刀量和步进量要越小。

不论是切削范围外下刀还是螺旋、斜插式下刀，下刀速率一般设定为进给速度的一半；利用键槽铣刀垂直下刀进入工件表面的下刀速率与钻孔相同。

在采用 Mastercam 2017 编程时，使用动态铣削编程命令时，采用的是大的背吃刀量、小步进量、高转速，在选用切削参数时就要有区别上面的切削参数，具体可参考表 2-16。

表 2-16 动态铣削切削参数（钢材、铝合金）

刀具型号	推荐背吃刀量 /mm	步进量	推荐转速 /（r/min） 钢/铝	推荐进给速度 /（mm/min） 钢/铝
D12	≤1.5D	≤20%	3800/4500	2000
D10	≤1.5D	≤20%	4200/4800	2000
D8	≤1.5D	≤15%	4800/5000	1500
D6	≤1.5D	≤15%	5000/5200	1500

注:

在选择新刀具、新工件材料时，切削参数的确定应该多询问刀具生产厂家，一般厂家都会给出一个参考值。如果没有的话，可以通过在机床上试切加工来获得合理的切削参数。

2.2　零件 1 的 CAD 建模

操作步骤如下：

1）单击【F9】，打开【坐标轴显示开关】；按【Alt+F9】，打开【显示指针】。

2）在选项卡上依次单击【草图】—【矩形】，弹出对话框，输入宽度：92、高度：55，设置勾选【矩形中心点】，鼠标移至绘图区中间指针位置单击确认，绘出 92mm×55mm 矩形，如图 2-3 所示，单击 ✅ 完成矩形的绘制。

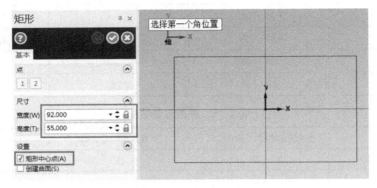

图 2-3　92mm×55mm 矩形

3）单击【倒圆角】弹出对话框，输入半径：10，不勾选【修剪图形】，依次选择要倒圆角的角落，如图 2-4 所示，单击 ✅ 完成倒圆角。

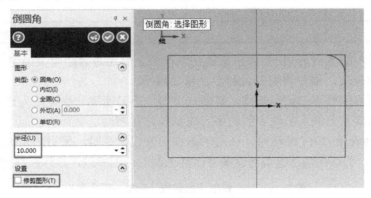

图 2-4　倒 R10 圆角

4）单击【连续线】弹出对话框，分别捕捉矩形左右两条边的中心点，绘制一条水平线用于辅助绘图，如图 2-5 所示，单击 ✅ 完成水平线绘制。

5）单击【补正】弹出对话框，拾取矩形左边线，根据绘图区提示【指定补正方向】选择方向，然后输入：14；再使用同样步骤拾取中间辅助线，输入：8，绘制出尺寸为 16mm 的两条线，如图 2-6 所示，单击 ☑ 完成补正。

6）依次单击选项卡上【转换】—【平移】，绘图区左上角提示 平移/阵列:选择要平移/阵列的图形 ，鼠标左键拾取刚刚补正的 3 条线，单击 结束选择 ，弹出对话框，在【极坐标】的 ΔZ 处输入：-18，如图 2-7 所示，单击 ☑ 完成平移。

7）依次单击选项卡上【草图】—【修剪打断延伸】，选择模式：修剪，方式：分割 / 删除，将多余的线剪掉，单击 ✅ 完成。

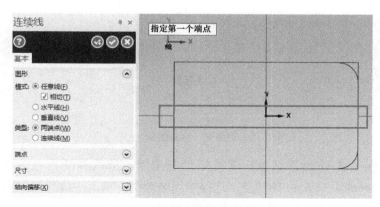

图 2-5　绘制中心辅助线

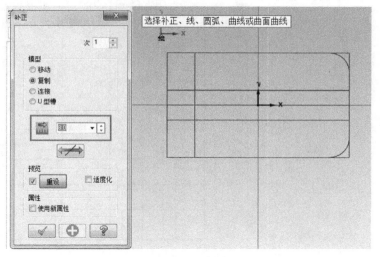

图 2-6　补正操作

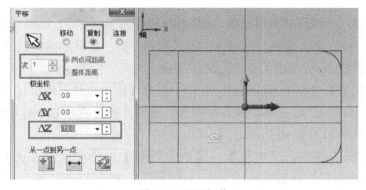

图 2-7　平移操作

81

8）单击【倒圆角】弹出对话框，输入半径：5，勾选【修剪图形】，依次选择要倒圆角的角落，单击◎完成倒圆角，结果如图 2-8 所示。

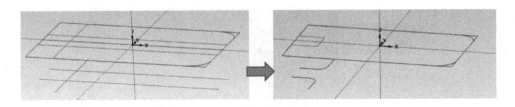

图 2-8   修剪结果

9）单击【补正】弹出对话框，选择矩形左边线，依次补正尺寸为 14mm、20mm、30mm、40mm、46mm、69mm 的线条；选择中间辅助线，输入：12.5，绘制出尺寸为 25mm 的两条线。单击 √ 完成补正，补正结果及尺寸如图 2-9 所示。

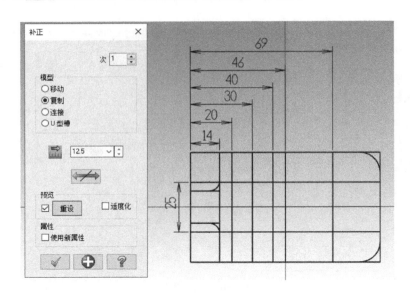

图 2-9   补正结果及尺寸

10）单击【已知点画圆】弹出对话框，选择补正尺寸为 30mm、12.5mm 的线交点作为圆心，分别输入直径 8、10，单击 🔒 将尺寸锁定，各绘制两个圆；用鼠标捕捉尺寸 69mm 与中心辅助线的交点绘制直径 8mm 的圆。单击◎完成画圆。

11）单击【矩形】命令下方的黑色三角形，选择【圆角矩形】弹出对话框，输入宽度：30、高度：10，形状为：圆角形，固定位置为：中点；捕捉右边 ϕ8mm 的圆心，单击 √ 完成矩形绘制，结果如图 2-10 所示。

12）依次单击选项卡上【主页】—【删除图形】，绘图区的左上角提示 选择图形，选择多余的辅助线删除，然后单击绘图区中间 结束选择，删除多余线条。完成图形如图 2-11 所示。

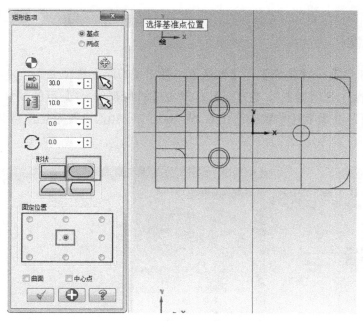

图 2-10　绘制键槽

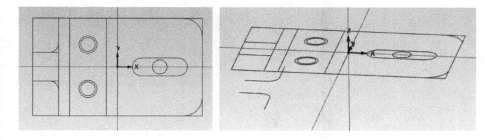

图 2-11　零件 CAD 建模结果

2.3　零件 1CAM 刀具路径的设定

2.3.1　刀具的选择

加工工序主要采用 ϕ10mm 和 ϕ6mm 的 4 刃立铣刀，各工序刀具及切削参数见表 2-17。

表 2-17　各工序刀具及切削参数

序　号	加工部位	刀　具	主轴转速 /（r/min）	进给速度 /（mm/min）	下刀速率 /（mm/min）
1	面铣（精）	ϕ10mm 立铣刀	2500	400	200
2	二维轮廓加工（粗、精）	ϕ10mm 立铣刀	粗 2100，精 2500	粗 600，精 400	粗 300，精 200
3	孔的粗、精加工	ϕ6mm 立铣刀	粗 2800，精 3200	粗 500，精 300	粗 300，精 200

2.3.2 工作设定

1）单击【机床】—【铣床】—【默认】，弹出【刀路】选项卡。

2）单击【操作管理器】—【刀路】，双击【机床群组 -1】下的属性，单击【毛坯设置】弹出对话框，设置毛坯参数 X：100、Y：60、Z：30，设置毛坯原点 Z：1，如图 2-12所示。

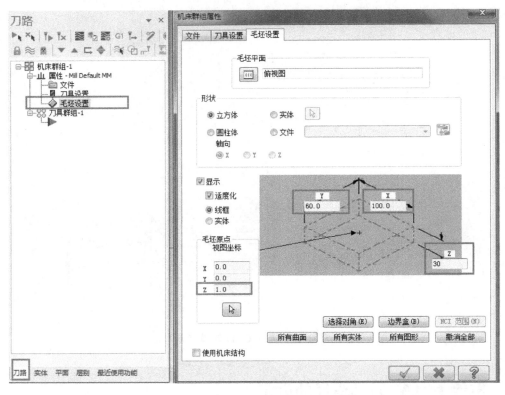

图 2-12　毛坯设置

2.3.3　刀具路径编辑

1. D10 *粗加工*

单击【刀具群组 -1】，鼠标停留在刀具群组 -1 上右击，依次选择【群组】—【重新名称】，如图 2-13 所示，输入刀具群组名称：D10 粗加工。

（1）面铣

1）单击 2D 功能区中的【面铣】图标，弹出如图 2-14 所示对话框，提示用户可以根据自己所需给程序命名，输入后单击 ✓ 确定。

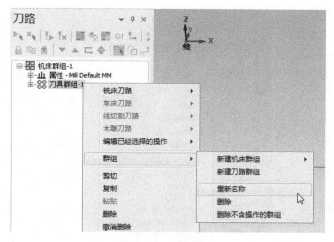

图 2-13　重新名称

图 2-14　程序命名对话框

2）系统弹出加工轮廓串连选项界面，单击【串连】，选择 92mm×55mm 的矩形作为加工轮廓，如图 2-15 所示，单击 ✔ 确定，弹出【面铣】对话框。

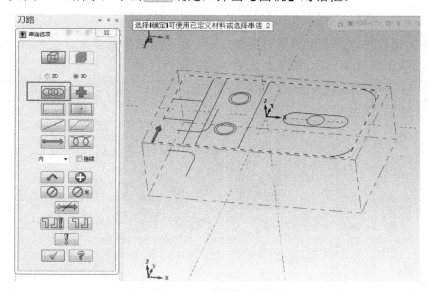

图 2-15　选择加工轮廓

3）单击对话框左边选项中的【刀具】，对话框切换至刀具界面，将鼠标移动到中间空白处；右击，选择【创建新刀具】，弹出创建刀具对话框，选择【平底刀】；单击【下一步】，在刀齿直径中输入 10；单击【下一步】，设置铣刀参数，设置刀具名称：D10 粗刀、进给速率：600、主轴转速：2100、下刀速率：300，如图 2-16 所示，单击 ✔ 确定完成新刀具的创建。

注：

在创建【刀具】时，在该刀具【属性】中设置切削参数后，文档会保存该刀具参数，在以后的加工程序中，相同直径和切削参数的刀具可以直接选用，无须重复设置。

图 2-16 设置刀具参数

4）单击对话框左边选项中的【切削参数】，对话框切换至参数设置界面，设置走刀类型【双向】，底面预留量 0.2，最大步进量 7，如图 2-17 所示。

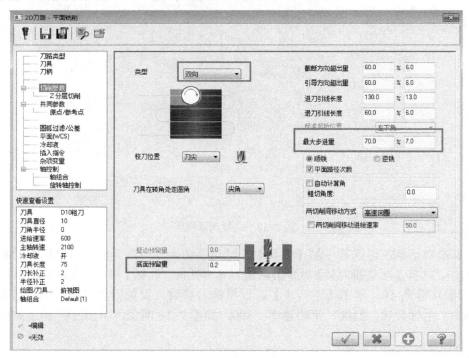

图 2-17 设置切削参数

5）单击对话框左边选项中的【共同参数】，对话框切换至原点/参考点，设定参考高度：30.0，下刀位置：3.0，工件表面：0，深度：0（绝对坐标），其余默认，如图 2-18 所示。

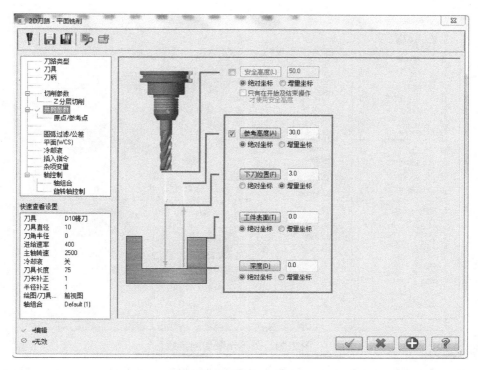

图 2-18　设置原点 / 参考点

6）单击对话框左边选项中的【冷却液】，对话框切换冷却方式设置界面，设定开启冷却液模式【On】。

7）单击右下角的 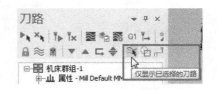 确定，生成图 2-19 所示刀具路径。

8）单击【操作管理器】—【刀路】选项下的【仅显示已选择的刀路】图标，如图 2-20 所示。启动该功能后，选择的程序才会显示该刀具路径，否则自动隐藏，方便后面编程的观察。

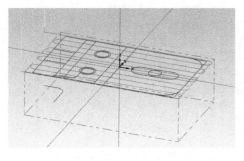

图 2-19　生成刀具路径

图 2-20　设置仅显示已选择的刀路

（2）92mm×55mm 外形轮廓

1）单击 2D 功能区中的【外形】图标 外形，选择【串连】，选择 92mm×55mm 的矩形作为加工轮廓；单击 确定，弹出外形铣削参数设置对话框。

2）单击【刀具】选项，选择【D10 粗刀】。

3）单击【切削参数】选项，设置外形铣削方式【2D】，壁边预留量 0.2，如图 2-21 所示。

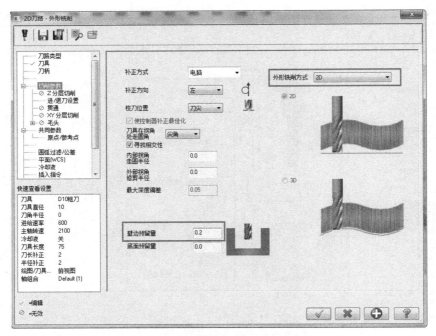

图 2-21　外形铣削切削参数

4）单击【Z 分层切削】选项，勾选【深度分层切削】，输入最大粗切步进量：3，精修量：0，勾选【不提刀】，其余默认，如图 2-22 所示。

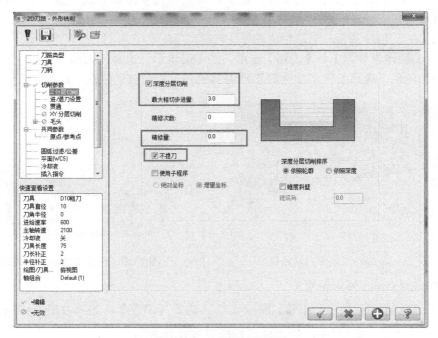

图 2-22　Z 分层切削设置

5）单击【进/退刀设置】选项，不勾选【在封闭轮廓中点位置执行进/退刀】、【过切检查】，进退刀直线设置为：0（只设置圆弧的进退已足够），其余默认或根据用户所需修改，如图 2-23 所示。

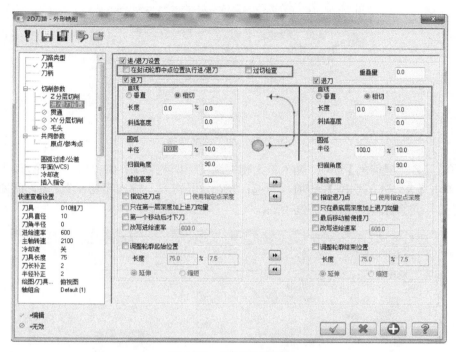

图 2-23　进 / 退刀设置

6）单击【共同参数】选项，设定参考高度：30.0（绝对坐标），进给下刀位置：3.0（增量坐标），工件表面：0.0，深度：-30（绝对坐标）。

7）单击【冷却液】选项，设定开启冷却液模式【On】。

8）单击 ✔ 确定，生成图 2-24 所示刀具路径。

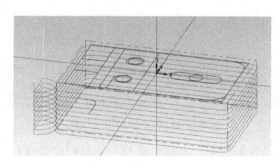

图 2-24　生成的刀具路径

（3）尺寸 14mm 与 16mm、深度 18mm 形成的轮廓

1）单击 2D 功能区中的【外形】图标 ，选择【串连】，依次选择尺寸 14mm 与 16mm 形成的两条轮廓（注意箭头方向为：顺时针），如图 2-25 所示；单击 ✔ 确定，弹出外形铣削参数设置对话框。

2）单击【刀具】选项，选择【D10 粗刀】。

3）单击【切削参数】选项，设置外形铣削方式【2D】，壁边、底面预留量0.2。

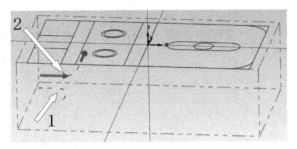

图 2-25　加工轮廓选择

4）单击【Z分层切削】选项，输入最大粗切深度：2，精修量：0，勾选：不提刀，其余默认。

5）单击【XY分层切削】选项，勾选：XY分层切削，输入粗切次数：2，间距：5，勾选：不提刀，其余默认，如图2-26所示。

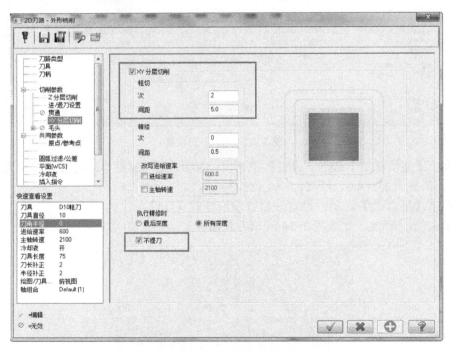

图 2-26　XY分层切削设置

6）单击【进/退刀设置】选项，直接默认与上一道程序设置相同。

注：

Mastercam编程比较智能化，新建同一种刀具路径会延续上一道程序的设置。

7）单击【共同参数】选项，设定参考高度：30.0（绝对坐标），进给下刀位置：3.0（增量坐标），工件表面：0.0，深度：-18（绝对坐标）。

8）单击 确定，生成图2-27所示刀具路径。

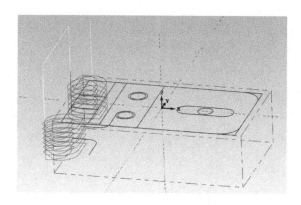

图 2-27 生成刀具路径

（4）两个 $R10\text{mm}$ 圆弧

1）单击 2D 功能区中的【外形】图标 ，选择【单体】，依次选择两个 $R10\text{mm}$ 圆弧（注意箭头方向为：顺时针）；单击 确定，弹出外形铣削参数设置对话框。

2）单击【刀具】选项，选择【D10 粗刀】。

3）【切削参数】、【进 / 退刀设置】选项，直接默认与上一道程序一致。

4）单击【Z 分层切削】选项，输入最大粗切深度：3，其余默认。

5）单击【XY 分层切削】选项，不勾选【XY 分层切削】。

6）单击【共同参数】选项，设定参考高度：30.0（绝对坐标），进给下刀位置：3.0（增量坐标），工件表面：0.0，深度：−18（绝对坐标）。

7）单击 确定，生成图 2-28 所示刀具路径。

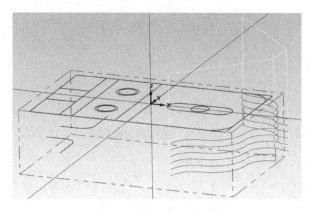

图 2-28 生成的刀具路径

（5）宽度 20mm、深度 8mm 的槽

1）单击 2D 功能区中的【外形】图标 ，选择【单体】，依次选择 20mm 的两条边（注意箭头方向为：顺时针），如图 2-29 所示；单击 确定，弹出外形铣削参数设置对话框。

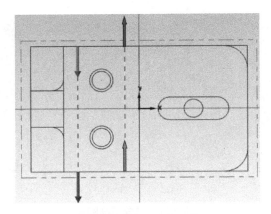

图 2-29　加工轮廓选择

2）单击【刀具】选项，选择【D10 粗刀】。

3）单击【Z 分层切削】选项，输入最大粗切深度：2，其余默认。

4）单击【进 / 退刀设置】选项，进 / 退刀直线长度设置为：10，圆弧长度：0。

5）单击【共同参数】选项，设定参考高度：30.0（绝对坐标），进给下刀位置：3.0（增量坐标），工件表面：0.0，深度：-8（绝对坐标）。

6）单击 ✔ 确定，生成图 2-30 所示刀具路径。

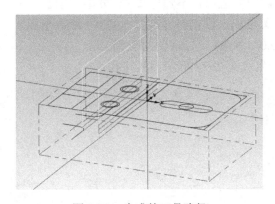

图 2-30　生成的刀具路径

（6）宽度为 32mm，深度为 2mm 的槽

1）单击 2D 功能区中的【外形】图标 📷，选择【串连】，依次选择 32mm 的两条边和 16mm 与 14mm 形成边（注意箭头方向为：顺时针），如图 2-31 所示；单击 ✔ 确定，弹出外形铣削参数设置对话框。

2）单击【刀具】选项，选择【D10 粗刀】。

3）【切削参数】、【Z 分层切削】、【进 / 退刀设置】选项，默认与上一道程序设置相同。

4）单击【共同参数】选项，设定参考高度：30.0（绝对坐标），进给下刀位置：3.0（增量坐标），工件表面：0.0，深度：-2（绝对坐标）。

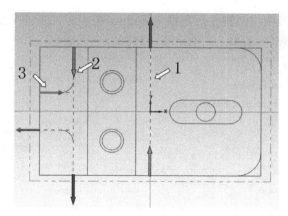

图 2-31　加工轮廓选择

5）单击 确定，生成图 2-32 所示刀具路径。

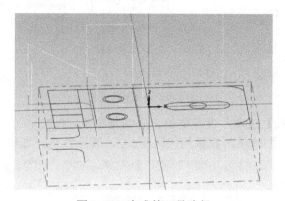

图 2-32　生成的刀具路径

2．D6 粗加工

单击【机床群组-1】，用鼠标在机床群组-1 上右击，依次选择【群组】—【新建刀路群组】，输入刀具群组名称：D6 粗加工，完成新群组的创建，如图 2-33 所示。

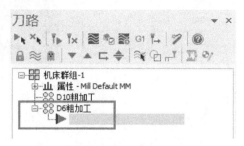

图 2-33　创建新的刀具群组

（1）2×ϕ10mm 圆

1）单击 2D 功能区中的【螺旋铣孔】图标 ，弹出对话框，选择 ，依次选择 ϕ10mm 圆心，单击 确定，弹出螺旋铣孔参数设置对话框。

2）单击【刀具】选项，创建一把直径为 6mm、用于粗加工的平底刀。设置刀具属性，名称：D6 粗刀、进给速率：500、主轴转速：2800、下刀速率：300，如图 2-34 所示。

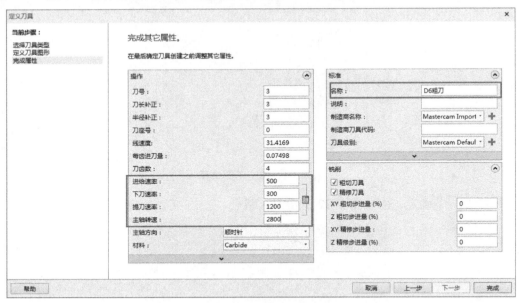

图 2-34　创建新刀具

3）单击【切削参数】选项，设置壁边、底面预留量：0.2。

4）单击【粗 / 精修】选项，设置粗切间距：2，其余默认，如图 2-35 所示。

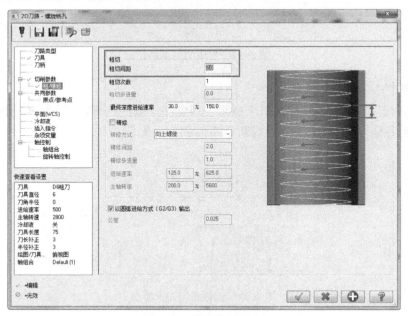

图 2-35　设置粗切间距

5）单击【共同参数】选项，设定参考高度：30.0（绝对坐标），进给下刀位置：3.0（增量坐标），工件表面：-8（绝对坐标），深度：-10（绝对坐标）。

6）单击【冷却液】选项，设定开启冷却液模式【On】。

7）单击 ✅ 确定，生成图 2-36 所示刀具路径。

（2）2×φ8mm 圆

1）单击 2D 功能区中的【螺旋铣孔】图标，弹出对话框，单击 选择图形 ，依次选择 φ8mm 圆，单击绘图区中间 结束选择 完成选择，再单击对话框上 ✅ 确定，弹出螺旋铣孔参数设置对话框。

2）【刀具】、【切削参数】、【冷却液】选项参数设置默认与上一道程序的设置一样。

3）单击【粗 / 精修】选项，设置粗切间距：1，其余默认。

4）单击【共同参数】选项，设定参考高度：30.0（绝对坐标），进给下刀位置：3.0（增量坐标），工件表面：–10（绝对坐标），深度：–18（绝对坐标）。

5）单击 ✅ 确定，生成图 2-37 所示刀具路径。

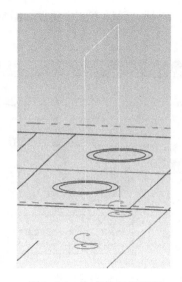

图 2-36　生成的刀具路径

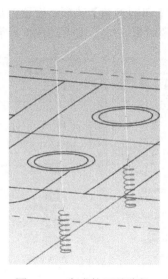

图 2-37　生成的刀具路径

（3）φ8mm 深度 17mm 的圆

1）单击 2D 功能区中的【螺旋铣孔】图标，弹出对话框，单击 ，选择 φ8mm 圆心，单击对话框上 ✅ 确定，弹出螺旋铣孔参数设置对话框。

2）单击【共同参数】选项，设定参考高度：30.0（绝对坐标），进给下刀位置：3.0（增量坐标），工件表面：0（绝对坐标），深度：–17（绝对坐标）。

3）单击 ✅ 确定，生成图 2-38 所示刀具路径。

（4）30mm×10mm 键槽

1）单击 2D 功能区中的【外形】图标，弹出对话框，选择【串连】，选择 30mm×10mm 键槽（注意内轮廓逆时针为顺铣），如图 2-39 所示；单击对话框上 ✅ 确定，弹出外形铣削对话框。

2）单击【刀具】选项，选择【D6 粗刀】。

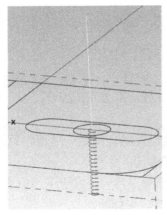

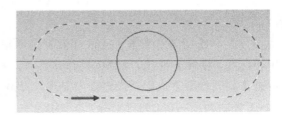

图 2-38　生成的刀具路径　　　　　　图 2-39　加工轮廓拾取

3）单击【切削参数】选项，设置外形铣削方式：斜插，斜插方式：角度，斜插角度：2.0，壁边、底面预留量：0.2，如图 2-40 所示。

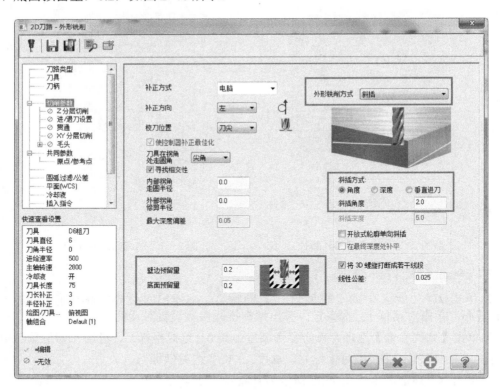

图 2-40　切削参数设置

4）不勾选【Z 分层切削】、【进 / 退刀设置】。

5）单击【共同参数】选项，设定参考高度：30.0（绝对坐标），进给下刀位置：3.0（增量坐标），工件表面：0.0，深度：-5（绝对坐标）。

6）单击  确定，生成图 2-41 所示刀具路径。

图 2-41　生成的刀具路径

3．D10 精加工

单击【机床群组-1】，用鼠标在机床群组-1上右击，依次选择【群组】—【新建刀路群组】，输入刀具群组名称：D10 精加工，完成新群组的创建。

1）选择【D10 粗加工】刀具群组下所有刀路，然后右击选择【复制】。

2）选择【D10 精加工】刀具群组，鼠标右键选择【粘贴】，将直径 10mm 的铣刀粗加工刀路复制到精加工群组下。

3）单击复制的【11- 平面铣】下的【参数】进行参数修改，单击【刀具】选项，创建一把直径为 10mm，用于精加工的平底刀。设置刀具属性，名称：D10 精刀，进给速率：400，主轴转速：2500，下刀速率：200，如图 2-42 所示。单击【切削参数】选项，底面预留量：0。其余默认和粗加工一样。

4）修改后单击操作管理器上的 ，对刚才修改刀具路径重新计算。

图 2-42　创建 D10 精刀

5）单击复制的【12- 外形铣削】下的【参数】进行参数修改，刀具选择：D10 精刀，切削参数：壁边，底面预留量：0，深度分层铣削：15。

6）其余默认和粗加工一样。

7）修改后单击操作管理器上的 ，对刚才修改刀具路径重新计算。

8）用同样方式修改其余 4 条刀路【13、14、15、16- 外形铣削】，刀具选择：D10 精刀，切削参数：壁边，底面预留量：0，Z 分层铣削：不勾选【深度分层铣削】。

9）单击操作管理器上的 🔁，对刚才修改的每一条刀具路径重新计算，计算结果如图 2-43 所示。

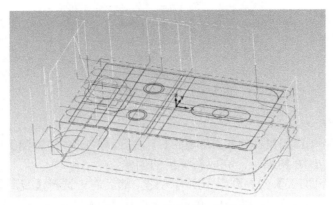

图 2-43　D10 精加工刀具路径

4．D6 精加工

1）用同样的方式新建【D6 精加工】刀具群组，将【D6 粗加工】的刀路复制到新建的群组下。

2）单击修改【17- 螺旋铣孔】，单击【刀具】选项，创建一把直径为 6mm、用于精加工的平底刀。设置刀具属性，名称：D6 精刀，进给速率：300，主轴转速：3200，下刀速率：200。

3）刀具选择：D6 精刀，切削参数：壁边，底面预留量：0，粗 / 精修：5，其余默认和粗加工一样。

4）修改后单击操作管理器上的 🔁，对刚才修改的刀具路径重新计算。

5）用同样方式修改【18、19- 螺旋铣孔】两条刀路。

6）单击修改【20- 外形铣削（斜插）】，刀具选择：D6 精刀，斜插角度：4，壁边、底面预留量：0，其余默认和粗加工一样。

7）单击操作管理器上的 🔁，对刚才修改的每一条刀具路径重新进行计算，计算结果如图 2-44 所示。

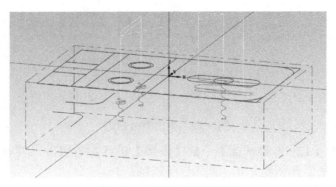

图 2-44　D6 精加工刀具路径

5．实体仿真

1）单击操作管理器上的【机床群组】，选中所有的刀具路径。

2）单击【机床】—【实体仿真】进行实体仿真，单击 ▶ 播放，仿真加工过程和结果如图 2-45 所示。

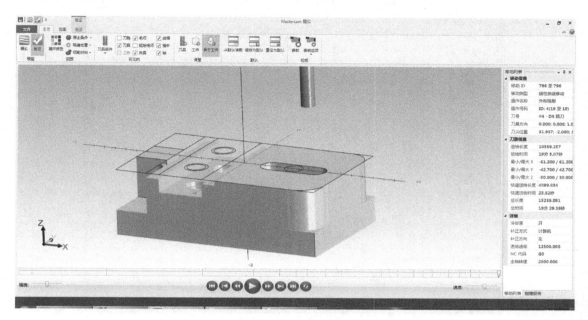

图 2-45　仿真结果

6. 保存

单击选项卡上【文件】—【保存】，将本例保存为【中级工实例一 .mcam】文档。

注：

本例主要应用了刀具集中法和先粗后精法划分工序，在粗、精加工之间保留测量环节，方便精加工时调整 XY 和 Z 向的预留量，最大限度地消除对刀误差和刀具制造误差。

实际加工中，尺寸的控制未必能像编程一样理想化，在实际加工中精加工之前会多一次半精加工，它与精加工的区别在于"切削参数设置时，壁边、底面预留量设置为 0.1"，然后通过测量之后，再根据实际所得到的尺寸设置壁边、底面预留量。

2.3.4　程序的后处理

通过编程命令生成了刀具轨迹，这时需要把刀具轨迹转变成指定数控机床能执行的数控程序，然后采用通信的方式或 DNC 方式输入数控机床的数控系统，才能进行零件的数控加工。Mastercam 2017 在进行后处理前，需要对机床进行设置，才能生成适合不同系统的机床加工代码。

1. 控制定义

1）依次单击【机床】—【控制定义】，弹出控制定义的对话框，如图 2-46 所示。

2）单击 【后处理】，弹出控制定义自定义后处理编辑列表，单击 【增加文件】 选择相应后处理文件【802D.pst】，如图 2-47 所示；单击 ✓ 确定，返回控制定义对话框。

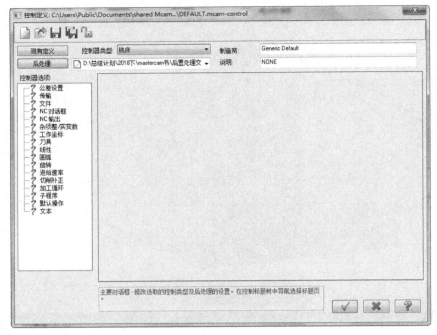

图 2-46　控制定义对话框

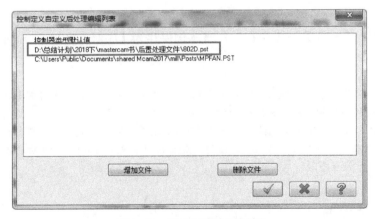

图 2-47　后处理列表对话框

3）检查【后处理】后面是否为上步所增加的后处理文件。如果是，直接单击对话框左上角 💾 保存，如图 2-48 所示；如果不是，则单击后面的黑色三角符号，选择所增加的后处理文件后再单击 💾 保存。

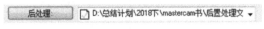

图 2-48　选择后处理文件

4）单击 ✓ 确定，关闭对话框。

2. 机床定义

1）依次单击【机床】—【机床定义】，弹出机床定义文件警告的提示对话框，单击 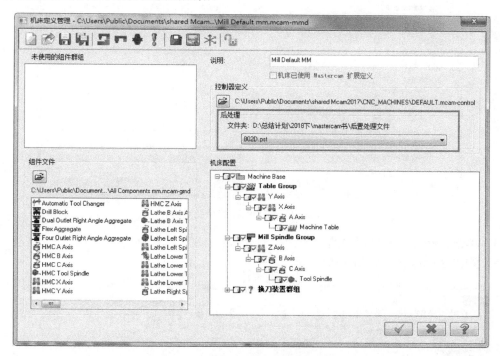确定，弹出【机床定义管理】对话框。

2）检查后处理文件是否为所选择的文档【802D.pst】，如图 2-49 所示；如果不是，则单击右边黑色三角符号选择正确的文档。

图 2-49　检查是否选择正确后处理文件

3）单击对话框左上角保存。

4）单击 确定，关闭对话框。

3. 后处理程序

1）选择操作管理器中【D10 粗加工】的刀具群组，依次单击【机床】—【G1 生成】（或单击操作管理器中的后处理快捷图标 G1），弹出【后处理程序】对话框。

2）单击 确定，弹出输出部分 NCI 文件的提示，如图 2-50 所示，提示是否后处理全部操作，单击【否】。

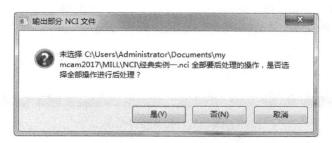

图 2-50　提示输出部分 NCI 文件

3）系统弹出保存路径选择对话框。选择保存位置，然后在【文件名】处修改保存名称为【D10cjg】，如图 2-51 所示。

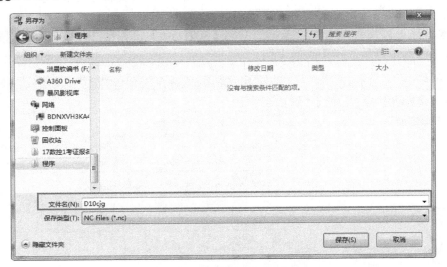

图 2-51　修改保存路径及名称

4）单击 保存(S) ，完成程序的生成。

5）弹出生成程序，如图 2-52 所示。

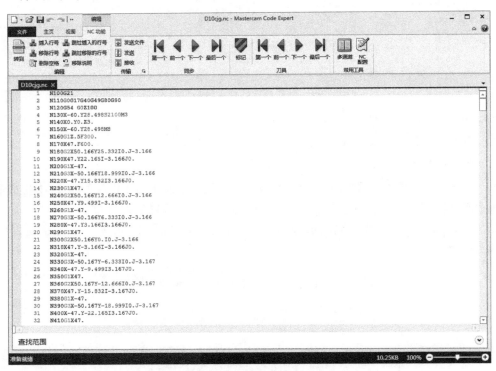

图 2-52　生成程序结果

同理，将同一个群组的所有操作执行后处理，分别保存为 D10jjg.nc、D6cjg.nc、D6jjg.nc。

2.4 SINUMERIK 802D 数控铣床加工的基本操作

2.4.1 SINUMERIK 802D 面板操作

V600 型 SINUMERIK 802D 数控铣床是南通科技集团开发的中档数控机床，具有刚性较好、切削功率较大的特点。机床采用全封闭罩防护，气动换刀，快速方便，主要构件刚度高，床身立柱、床鞍均为封闭式框架结构，如图 2-53 所示。主要规格参数为：

工作台面尺寸：	800mm×400mm
三向最大行程（X/Y/Z）：	610mm/410mm/510mm
主轴转速范围：	60 ~ 6000r/min
快速移动进给速度：	15000mm/min
定位精度：	±0.01mm
重复定位精度：	±0.005mm
机床净重：	4000kg
外形尺寸：	2200mm×2316mm×2396mm

图 2-53　V600 型 SINUMERIK 802D 数控铣床

SINUMERIK 802D 数控系统面板分为 3 个区，分别是 CNC 操作面板区、机床控制面板区（包含控制器接通与断开）和屏幕显示区，如图 2-54 所示。

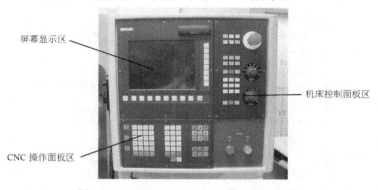

图 2-54　SINUMERIK 802D 数控系统面板

CNC 操作面板如图 2-55 所示，各按键功能见表 2-18。

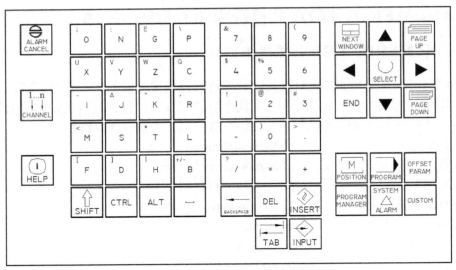

图 2-55　SINUMERIK 802D CNC 操作面板

表 2-18　SINUMERIK 802D CNC 操作面板各按键功能说明

按　键	功能说明	按　键	功能说明
ALARM CANCEL	报警应答键	PROGRAM	程序操作区域键
1...n CHANNEL	通道转换键	OFFSET PARAM	参数操作区域键
HELP	信息键	PROGRAM MANAGER	程序管理操作区域键
SHIFT	上档键	SYSTEM ALARM	报警/系统操作区域键
CTRL	控制键	CUSTOM　NEXT WINDOW	未使用
ALT	ALT 键	PAGE UP　PAGE DOWN	翻页键
⎵	空格键		
BACKSPACE	退格键	▲　◀ ▶　▼	光标键
DEL	删除键		
INSERT	插入键	SELECT	选择/转换键
TAB	制表键	END	至程序最后
INPUT	回车/输入键	A J　W Z	字母键（上档键转换对应小字符）
M POSITION	加工操作区域键	) 0　(9	数字键（上档键转换对应小字符）

104

SINUMERIK 802D 机床控制面板如图 2-56 所示，各按键功能见表 2-19。

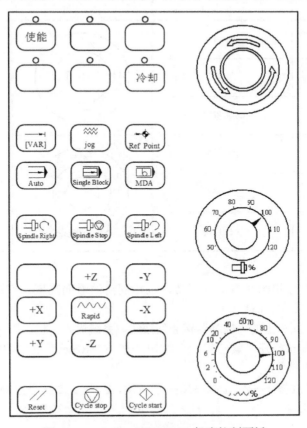

图 2-56 SINUMERIK 802D 机床控制面板

表 2-19 SINUMERIK 802D 机床控制面板各按键功能说明

按　键	功能说明	按　键	功能说明
Reset	复位	+Z　-Z	Z 轴点动
Cycle stop	循环停止	+Y　-Y	Y 轴点动
Cycle start	循环启动	+X　-X	X 轴点动
使能　冷却	用户定义，使能和切削液启动	Rapid	快速运动叠加
[VAR]	增量选择		紧急停止
jog	手动方式		
Ref Point	回零		

（续）

按　键	功能说明	按　键	功能说明
Auto	自动方式		主轴速度修调
Single Block	单步		主轴速度修调
MDA	手动数据输入		主轴速度修调
Spindle Right	主轴正转		进给速度修调
Spindle Stop	主轴停止		进给速度修调
Spinde Left	主轴反转		进给速度修调

开机操作步骤：

1）检查机床各部分初始状态是否正常，包括润滑油液面高度、气压表等。

2）打开机床右侧的电气总开关。

3）按下机床控制面板上的"控制器接通"按钮，系统进入自检，约 3min 后进入开机界面。

4）按箭头提示方向旋开"紧急停止"按钮，按下"Reset"复位按钮。

5）按下"使能"按钮。

6）回参考点：依次按下 +Z、+Y、+X 三个按钮，Z、Y、X 三个方向分别回零，出现⏀符号，表示各轴回零完成。

注：

回零一定要先从 Z 轴开始，先抬起 Z 轴，避免撞刀。

2.4.2　零件的装夹

操作步骤如下：

1）按下"jog"按钮，进入手动运行方式，同时按下"Rapid"快速叠加按钮和"-Z"按钮，让主轴快速移动到合适高度，方便装刀；同理，按下"Rapid"和"-Y"按钮；按下"Rapid"和"-X"按钮，让机床工作台快速移动到中间位置，也可以使用手轮（手摇脉冲发生器）来操作。

2）钳口校正：本例采用机用平口钳装夹。机用平口钳适用于安装中小尺寸和形状规则的工件，它是一种通用夹具，安装平口钳时必须先将底面和工作台面擦干净，利用百分表校正钳口，使钳口与相应的坐标轴平行，以保证铣削的加工精度。先松开平口钳底座刻度盘的旋转调整螺母，通过百分表在 X 轴方向反复移动，来调整机用平口钳 X 轴方向的水平，调整好以后拧紧螺母，如图 2-57 右图所示。

3）工件装夹：数控铣床加工的工件多数为毛坯或半成品，利用平口钳装夹的工件尺寸一般不超过钳口的宽度，所加工的部位不得与钳口发生干涉。平口钳校正好后，把工件放入钳口内，并在工件的下面垫上比工件窄、厚度适当且加工精度较高的等高垫块，然后把工件夹紧。为了使工件紧密地靠在垫块上，应用铜棒或橡皮锤轻轻地敲击工件，直到用手不能轻易推动等高垫块，最后再将工件夹紧在平口钳内。工件应当紧固在钳口靠近中间的位置，装夹高度以铣削尺寸高出钳口平面 3 ～ 5mm 为宜。用平口钳装夹表面粗糙度值较大的工件时，应在两钳口与工件表面之间垫一层铜片，以免损坏钳口，并能增加接触面积。对于高度方向尺寸较大的工件，不需要加等高垫块而直接装入平口钳，如图 2-57 左图所示。

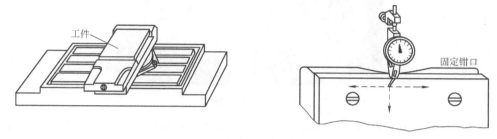

图 2-57　机用平口钳的校正与工件装夹

2.4.3　刀柄上刀具的拆装

数控铣床 / 加工中心上用的立铣刀大多采用弹簧夹套装夹方式安装在刀柄上的，刀柄由主柄部、弹簧夹套、夹紧螺母组成，如图 2-58 所示。

图 2-58　刀柄结构

1. 铣刀的安装

1）准备铣刀安装需要专用的拆刀架与扳手、刀柄、铣刀及相应的弹簧夹，如图 2-59 所示。

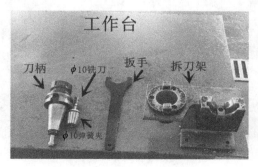

图 2-59　拆装刀准备

2）把刀柄的夹紧螺母分开，分成主柄部与夹紧螺母，然后用干净的抹布将内外螺纹的位置擦干净，防止铁屑沾在上面影响夹紧力与精度，如图 2-60 所示。

图 2-60　清洁螺纹

3）把弹簧夹套安装在夹紧螺母里，安装时，将弹簧夹倾斜一定角度，然后用力按下去，直至整个弹簧夹卡到夹紧螺母上，如图 2-61 所示。

图 2-61　安装弹簧夹

4）将刀具放进弹簧夹套里，安装时要注意刀具装夹不能太长，一般装到退刀槽的位置（或者装刀长度必须大于零件加工深度 5 ～ 10mm），如图 2-62 所示。

图 2-62　安装铣刀

5）将上一步完成的夹紧螺母放到与主刀柄配合的位置上，先用手将螺母拧紧（顺时针为紧，逆时针为松），如图 2-63 所示。

图 2-63　螺母预紧

6）用手拧紧后，还不能达到夹紧的要求，需使用扳手将其再拧紧；拧紧时将刀柄横放到拆刀架上，左手扶住刀柄主体与夹紧螺母之间，预防用力过程打滑刮伤自己；右手用力往下按，注意使用的力度要适当，如图 2-64 所示。

图 2-64　锁紧铣刀

7）至此完成刀具刀柄部分的安装。

2. 铣刀的拆卸

1）拆卸时将刀柄放到拆刀架垂直的卡位，并将刀柄卡好位置；然后将扳手卡到夹紧螺母上的卡槽中，左手扶住扳手的头部，右手轻轻拍打扳手的尾部，注意力度不要太大，且在拍打时注意防止打滑，如图 2-65 所示。

图 2-65　松开锁紧螺母

2）使用扳手拧松之后，可以将整个刀柄拿出来，用手拧开分离主体与夹紧螺母，最后再将刀具、弹簧夹分开；用手拧松夹紧螺母时要注意防止刀具掉下来摔坏刀尖，如图 2-66 所示。

图 2-66   分开刀具、弹簧夹

3）最后将刀柄、弹簧夹清洁干净。

2.4.4   对刀与换刀

1. *对刀*

在数控铣削加工中，对刀是一个重要的环节。对刀的目的是通过刀具或对刀工具确定工件坐标系与机床坐标系之间的空间位置关系，并通过对刀数据来实现 G54 的设定。它是数控加工中最重要的操作内容，其准确性将直接影响零件的加工精度。

常见的对刀方法有试切法、寻边器对刀法、机内对刀仪对刀法、自动对刀法等。本例主要讲述 SINUMERIK 802D 系统的试切法对刀。试切法是指直接用正在旋转的铣刀进行对刀，通过手轮移动工作台或主轴，使得旋转的刀具与工件的前后、左右及工件的上表面做极微量的接触切削，能够听到切削或刮擦声，分别记下刀具所在位置，对这些坐标值进行一定的计算，来设定工件坐标系 G54。G54 一般都设定为工件几何中心的上表面。

1）按下机床控制面板的"Spindle Right"键，使主轴以 500r/min 的速度正转，按下屏幕右侧软键，切换到机床坐标系（MCS），利用手轮快速移动工作台和主轴，让刀具靠近工件的左侧，目测刀尖低于工件表面 3 ~ 5mm，改用微调操作，让刀具慢慢接触到工件左侧，直到听到轻微切削或者刮擦声，同时可以看到有少量切屑出现，如图 2-67 左图所示，记此时的 X 轴坐标为 X1。

2）按下 CNC 操作面板"OFFSET PARAM"键，将屏幕切换到"参数设定界面"，将光标移动到 G54 的 X 栏，同时按下 CNC 操作面板的"SHIFT"键和"="键，调出 SIEMENS 系统自带的计算器，输入此时的机床坐标系数值 -344、944，此时 X1=-344、944，如图 2-67 右图所示。

图 2-67　X 轴左边对刀

3）利用手轮抬起刀具至工件上表面之上，快速移动工作台和主轴，让刀具靠近工件右侧，与步骤 1）相同，改用微调操作，让刀具慢慢接触到工件右侧，直到听到轻微切削或者刮擦声，同时可以看到有少量切屑出现，如图 2-68 左图所示，记此时的 X 轴坐标为 X2，此时 X2=−244、303。

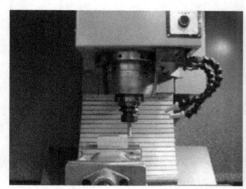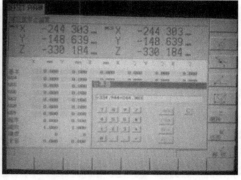

图 2-68　X 轴右边对刀

4）由理论计算得知，工件坐标系原点在机床坐标系中的 X 坐标值为（X1+X2）/2，在屏幕上直接输入 −244、303，如图 2-68 右图所示，按下机床 CNC 操作面板上的"INPUT"键，计算出 X1+X2 的值，再按 "/"、"2" 键，求得（X1+X2）/2，按下 "INPUT" 得出（X1+X2）/2=−289、6235，如图 2-69 左图所示。

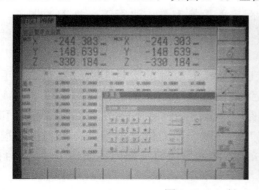

图 2-69　X 轴 G54 坐标的计算值

5）按下屏幕右侧的软键"接收"，X轴方向的中点坐标数值自动抄入到G54的X轴空白栏。按下屏幕右侧的软键"返回"，退出计算器，如图2-69右图所示。

6）Y轴方向对刀与X轴一样，所不同的是光标应移动到G54的Y栏，这样当按下"接收"键的时候数值才抄入到G54的Y轴空白栏。

7）Z轴方向对刀，利用手轮快速移动主轴，让刀具靠近工件的表面，目测快要接触到时改用微调操作，让刀具慢慢接触到工件表面，直到听到轻微切削或者刮擦声，同时可以看到有少量切屑出现，如图2-70左图所示，记此时的Z轴坐标为Z1。不需调用计算器，直接将此时机床坐标系（MCS）下的Z轴数值填入G54的Z轴空白栏，按下"INPUT"即可，如图2-70右图所示。

图2-70 Z轴对刀

8）对刀验证：按下机床控制面板的"MDA"键，进入MDA方式，输入如下程序：

G54 G1 X0Y0 F500

Z10

按下"Cycle Start"循环启动键，将坐标系切换到WCS工件坐标系，观察主轴是否移动到零点的正上方Z=10处，目测G54零点是否正确。

注：

　　由于每个操作者对微量切削的感觉程度不同，所以试切法对刀精度并不高。这种方法主要应用在要求不高或者没有寻边器的场合。

2. 换刀

在用数控铣床加工时，一把刀加工结束后需要更换刀具，进行下一把刀的加工。刀具在加工过程中出现"断刀"，也需要更换刀具。换刀后由于每把刀的装刀长短不一，就需要重新对刀。

一般来讲，在对第一把刀进行对刀时，工件坐标系G54的Z轴零点设定在工件毛坯上表面。此时，用刀杆测量出工件毛坯上表面到某个基准平面（如平口钳的钳口平面或机床工作台平面）的距离h。h在整个加工过程中是一个固定值，并不随加工表面的铣削而改变。第一把刀加工完后，卸下刀具，换上第二把刀，以同一把刀杆来测量第二把刀在基准平面时的Z轴机床坐标系的数值，然后向上移动h，就能够保证第二把刀仍旧在工件坐标系G54的Z=0平面上，如图2-71所示。

需要注意的是：①h一般在第一把刀对刀时进行测量，以后无论工件上表面毛坯是否被铣削掉，均不影响后续刀具的换刀和对刀。②第一把刀需对 X、Y、Z 方向进行对刀，后续刀具则只需 Z 向重新设定即可，X、Y 方向不必重新对刀。

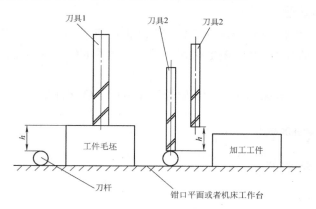

图 2-71　换刀示意图

具体操作步骤如下：

1）用第一把刀 ϕ10 立铣刀加工时，G54 的 Z=-358.167，第一把刀加工完以后，先不拆下，随便找一把刀假设直径为 ϕ8，用这把刀的刀杆过渡，将刀杆放在平口钳的钳口位置来回滚动，用手轮的 Z 向来调整第一把刀 ϕ10 刀的高度，让 ϕ10 刀的刀尖刚好能够通过 ϕ8 刀的刀杆，记下此时 Z 轴的机床坐标系（MCS）的读数 Z'，假设 Z'=-374.332。

2）同时按下 CNC 操作面板的"SHIFT"键和"="键，调出计算器，计算此时 h=Z-Z'=-358.167-（-374.332）=16.165，此值在以后所有的换刀过程中不变。

3）换上第二把刀 ϕ6 立铣刀，同样用这把 ϕ8 的刀杆过渡，将刀杆放在平口钳的钳口位置来回滚动，用手轮的 Z 向来调整第二把刀 ϕ6 立铣刀的高度，让 ϕ6 立铣刀的刀尖刚好能够通过 ϕ8 刀的刀杆，记下此时 Z 轴机床坐标系（MCS）的读数 Z"，假设 Z"=-357.769。

4）按下 CNC 操作面板的"offset param"键，将画面切换到参数设定界面，将光标放到 G54 的 Z 处，同时按下 CNC 操作面板的"SHIFT"键和"="键，调出计算器，输入数值并且计算，按下屏幕右侧软键"接收"，设定换刀后的 Z 向坐标值，如图 2-72 所示。

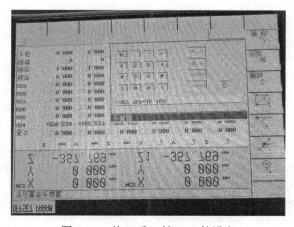

图 2-72　换刀后 Z 轴 G54 的设定

2.4.5 程序的录入

程序录入前的预处理

通过前面 2.3 节可知，Mastercam 2017 版自带有西门子的后处理文件 802d.PST，与 Mastercam 9.1 版后处理文件 802d.PST 略有不同，生成的 NC 文件的文件头有些细微的差别，需要做一些修改。

以 D10cjg.nc 为例，Mastercam 2017 后处理生成的 NC 文件如下：

```
N100G21
N110G0G17G40G49G80G90
N120G54 G0Z100
N130X-60.Y28.498S2100M3
N140X0.Y0.Z3.
N150X-60.Y28.498M8
N160G1Z.2F300.
N170X47.F600.
N180G2X50.166Y25.332I0.J-3.166
N190X47.Y22.165I-3.166J0.
N200G1X-47.
N210G3X-50.166Y18.999I0.J-3.166
…
```

为了适应 802D 系统的数控铣床，必须将 N100～N160 语句做一些修改，修改好的程序如下：

```
%_n_D10cjg_mpf
;$path=/_n_mpf_dir
N100 G54
N110G71
N120G0G17G40G90
N130M08
N140G0Z150
N150G0G90X-61.2Y-37.5S2100M3
N160Z3.
N170G1Z.2F300.
N180G3X-51.2Y-27.5I0.J10.F600.
N190G1Y27.5
N200G2X-46.Y32.7I5.2J0.
N210G1X46.
…
```

> **注:**
>
> 对比上述两段程序的阴影部分，在 N100～N160 语句有些不同，主要原因是 2017 版的后处理 NC 文件对西门子 828D、840D 等系统支持效果较好，9.1 版的后处理对西门子 802D 系统支持效果较好，两者有些不兼容。对于版本比较老的 802D 系统，2017 版后处理并不好用，只能人工修改前面几行的程序，以便于移植。当然，Mastercam 2017 后处理文件是可以定制的，可以生成你希望的 NC 代码。有兴趣的读者可参考机械工业出版社出版、陶圣霞编著的《Mastercam 后处理入门及应用实例精析》一书。

程序录入的操作步骤如下：

1）打开与机床相连的计算机，确保机床的 RS232 接口与计算机连接完好。双击桌面图标 ，启动 SINUMERIK 802D 传输程序，如图 2-73 所示。

图 2-73　SINUMERIK 802D 传输程序界面

2）机床方：按下机床 CNC 操作面板的"PROGRAM"程序操作区域键或者"PROGRAM MANAGER"程序管理操作区域键，进入程序管理操作界面，如图 2-74 所示。按下软键"读入"，机床准备接收数据。程序管理操作界面各软键功能见表 2-20。程序控制和程序段搜索功能见表 2-21。

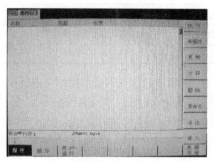

图 2-74　程序管理操作界面

表 2-20　程序管理操作界面各软键功能表

软　键	功　能
程序	显示程序目录
执行	选择待执行的程序，在下次按数控启动键时启动该程序
新程序	新建一个程序
复制	把所选择的程序复制到另一个程序中
打开	打开待加工的程序
删除	删除所选程序
重命名	重命名所选程序
读出	通过 RS232 接口把程序从机床传回计算机
读入	通过 RS232 接口把程序从计算机传至机床
循环 / 用户循环	显示 SIEMENS 标准循环目录，可以进行交互式编程

表 2-21 程序控制和程序段搜索功能表

程序控制	显示用于选择程序控制的方式，如程序测试、程序跳跃等
程序测试（PRT）	测试程序，所有轴锁定
空运行进给（DRY）	进给轴以空运行速度运行，此时进给编程参数无效
有条件停止（M01）	程序执行到 M01 时停止运行
跳过（SKP）	跳过有"/"程序段，不执行该段程序
单一程序段（SBL）	程序按单段执行
ROV 有效	快速修调键对快速进给有效
程序段搜索	查找程序中任意一段
计算轮廓	程序段搜索，计算照常进行
启动搜索	程序段搜索，直至程序段终点位置
不带计算	程序段搜索，不进行计算
搜索断点	光标定位到中断点所在的主程序段，在子程序中自动设定搜索目标
搜索	提供"行查找"和"文本查找"
模拟	显示刀具轨迹
程序修正	修改错误程序，所有修改被立即存储。一般用于正在执行的程序
G 功能	显示有效的 G 功能
辅助功能	显示有效的辅助功能和 M 功能
轴进给	显示轴进给窗口
程序顺序	从 7 段程序转到 3 段程序
MCS/WCS 相对坐标	选择机床坐标系、工件坐标系或者相对坐标系
外部程序	通过 RS232 接口以 DNC 方式加工

3）计算机方：在 SINUMERIK 802D 传输程序对话框里，单击"Send Data"，选择所要传输的程序，如图 2-75 所示，这里选择文件 D10cjg.nc。单击"打开"，程序将会发送至机床。传输完毕后按下软键"停止"，如图 2-76 所示。此时可以在程序管理界面看到该文件，如图 2-77 所示。

图 2-75 选择传输的程序文件

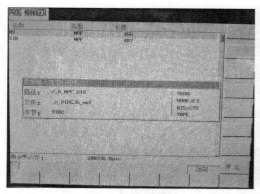 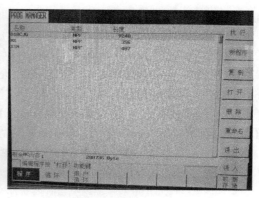

图 2-76 程序传输完毕 　　　　　　　　　图 2-77 程序 D10cjg

2.4.6 机床模拟仿真

操作步骤如下:

1) 用光标键选择该文件 D10cjg, 按下软键 "执行", 按下机床 CNC 操作面板的 "POSITION" 加工操作区域键, 切换到加工操作界面, 按下机床控制面板的 "AUTO" 自动方式键, 进入待自动加工状态。

2) 按下屏幕下方软键 "程序控制", 分别按下屏幕右侧软键 "程序测试" "空运行进给", 屏幕上方的 PRT、DRY 变亮, 如图 2-78 所示。

3) 按下机床控制面板的 "Cycle Start" 循环启动键, 进入模拟运行, 按下屏幕下方的软键 "模拟", 此时机床的所有轴均被锁定。可以观看程序的运行状态和刀具路径轨迹, 如图 2-79 示。如果想停止, 直接按下机床控制面板的 "Reset" 键复位即可。

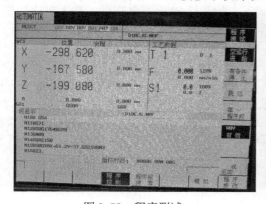 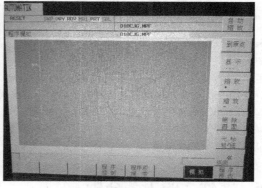

图 2-78 程序测试 　　　　　　　　　图 2-79 模拟运行刀具路径轨迹

2.4.7 零件的加工

完成零件的装夹、对刀和模拟运行后, 就可以正式进行加工了。在模拟仿真的基础上, 再次按下 "程序控制" 软键里面的 "程序测试" 和 "空运行进给", 取消 "程序测试" 和 "空运行进给"。

操作步骤如下:

1) 按下软键 "单一程序段", 打开 "单段", SBL 灯亮, 或者按下机床控制面板 "Single

Block"键。

2）将机床控制面板的"进给速度修调"旋钮旋到 10% 以下。

3）按下"Cycle Start"循环启动键，开始加工。首件试切时一定要注意刀具切入工件瞬间的情况，发现异常应立即按下"Cycle Stop"循环停止键，然后用"Reset"键复位。在"jog"方式下用手轮或机床控制面板的"+Z"键抬起 Z 轴，找出问题，重新设定 G54 或重新编程。若没有问题，可以再次按下"Single Block"键取消"单段"，将"进给速度修调"旋钮旋到正常值 100%，按下"Cycle Start"循环启动键继续加工，如图 2-80 所示。

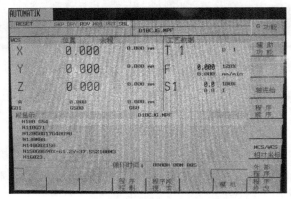

图 2-80　自动方式运行

4）采用刀具集中法划分工序，将每一把刀的粗、精加工工序安排在一起，方便一次对刀后完成该刀具的全部加工，在该刀具的最后一道精加工工序之前安排测量环节，及时调整 XY 或 Z 方向的预留量，该预留量对该刀具以后的所有精加工都是一样的；然后换刀，开始第二把刀的加工，直至所有程序加工完毕。

5）机床关机：按下"jog"键，在手动模式下，抬起 Z 轴至安全高度，按下机床控制面板"紧急停止"按钮，按下控制器"断开"，关闭机床侧面总电源。

注:

细心的读者可以发现，本例有 D10 粗、D10 精、D6 粗、D6 精 4 把刀。只需要 D10 和 D6 两把刀不就可以了吗？这里稍做解释，从刀具管理的角度来说，只有 2 把直径分别为 D10 和 D6 的刀就可以了。从工艺的角度来讲，由于开粗的刀具加工余量较大，磨损较快，粗、精刀具分开，可以避免刀具磨损带来的加工误差。在中职学校的教学过程中，相同直径的粗精加工的刀具是分开的，这种加工工艺，有利于中职学生理解教学内容。

2.5　零件2的工艺分析

本例是数控铣中级工常见考题，材料为铝，备料尺寸为 85mm×85mm×35mm。

技术要求：

1）以小批量生产条件编程。

2）不准用砂布及锉刀等修饰表面。

3）未注公差尺寸按 GB/T 1804—m。

读图 2-81 可知，有轮廓、凹槽、通孔、台阶等结构，工件两面都需要进行加工。形状相对简单，但精度要求高，有对称度、垂直度的要求。其中反面有 1mm 的薄壁，相对难加工，加工时容易产生变形，处理不好可能会导致其尺寸及表面粗糙度难以达到要求。

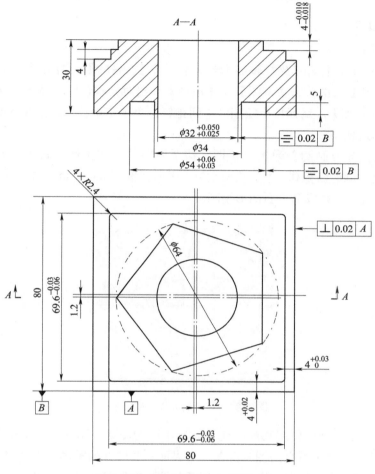

图 2-81　中级工实例二（零件 2）

该零件首先加工带凹槽的面，该面相对简单，加工后表面平整，再将其作为反面夹持面，以夹持面为精基准加工另一面。加工的时候，按刀具集中法划分工序，在一次装夹中，尽可能用一把刀具加工完成所有加工的部位，然后再换刀加工其他部位。具体加工方案：

第一面：

1）选用 ϕ16mm 四刃立铣刀进行表面、轮廓和圆孔加工。

2）选用 ϕ8mm 两刃键槽铣刀（或 4 刃立铣刀）加工凹槽。

第二面：

选用 ϕ16mm 四刃立铣刀进行表面和台阶加工。

注：

　　在刀具选择时，尽量减少刀具数量，使同一把刀完成大部分的加工，且尽可能优先选择大的刀具直径，以提高加工效率。

2.6 零件2的CAD建模

操作步骤如下：

（1）第一面：

1）单击【F9】，打开【坐标轴显示开关】；按【Alt+F9】，打开【显示指针】。

2）在选项卡上依次单击【草图】—【矩形】弹出对话框，输入宽度：80、高度80，设置勾选【矩形中心点】，鼠标移至绘图区中间指针位置单击确认，绘出80mm×80mm矩形，单击◉完成矩形的绘制。

3）单击【已知点画圆】弹出对话框，移至绘图区中间指针位置单击确认，输入直径32；单击◉确定并创建新操作，继续拾取指针，再分别输入直径：34和54。单击◉完成画圆。结果如图2-82所示，完成第一面图形绘制。

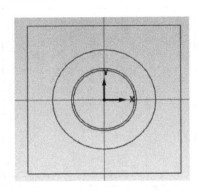

图2-82 第一面零件CAD结果

（2）设置图层 使用图层功能，便于区别不同的图素。相同面或类型放在同一图层，随时关闭和打开，不至于所有的图素都在一个界面，要选择的时候分不清楚。编程时，可以将不相干的层暂时关闭（设置不可见），打开要编程的层进行编程。可以给工作带来极大的便利，以及提高工作效率，减轻眼睛疲劳。

1）单击操作管理器下方的【层别】，操作管理器界面切换至图层界面，如图2-83所示。如果操作管理器下方没有【层别】这个选项，可以通过单击【视图】—【层别】打开层别在操作管理器上的选项。

2）单击层别界面左上角的➕图标，创建新的图层【2】，分别给层1和2加上名称便于区分，结果如图2-84所示。

3）鼠标点一下图层序号，绿色✔则会跟着在这一图层，表示我们当前在使用的图层。

4）在【高亮】选项上有×符号的图层，它的图素会显示在软件的绘图区域，无此符号的则不会显示出来。比如我们想要层1的图素显示出来，则在层1的【高亮】位置一栏单击一下鼠标即可。可以多选。

5）现将层1隐藏，将图层切换至层2，结果如图2-84所示，绘制第二面的图形。

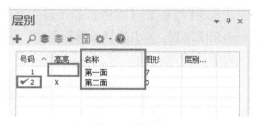

图 2-83 层别界面   图 2-84 设置图层

（3）第二面

1）在选项卡上单击【矩形】，弹出对话框，输入宽度：80、高度 80，设置勾选【矩形中心点】，移至绘图区中间指针位置单击确认，绘出 80mm×80mm 矩形，单击 ⊘ 完成矩形的绘制。

2）单击【补正】弹出对话框，输入距离：4，拾取右边线和下边线，进行补正；完成后单击 ⊕ 确定，继续创建补正；输入距离：69.6，拾取上一步骤补正的线，进行补正，结果如图 2-85 所示，单击 ✓ 完成补正。

3）单击【倒圆角】弹出对话框，输入半径：2.4，勾选【修剪图形】，依次选择 4 个要倒圆角的角落，单击 ⊘ 完成倒圆角，结果如图 2-85 所示。

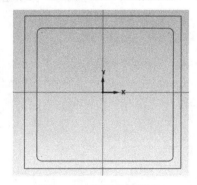

图 2-85 矩形与倒圆角

4）单击【矩形】命令下的黑色三角符号，显示下拉菜单，选择【多边形】，输入边数：5、半径：32，点选：外圆；移至绘图区中间指针位置单击确认，单击 ✓ 完成五边形绘制，如图 2-86 所示。

121

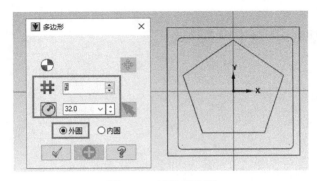

图 2-86　五边形绘图

5）依次单击【转换】—【旋转】，绘图区左上角提示 旋转:选择要旋转的图形 ，拾取五边形所有边，单击 结束选择 完成选择，弹出旋转设置对话框；点选：移动、设置旋转角度：90，如图 2-87 所示，单击 ✓ 完成旋转。

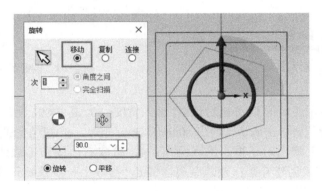

图 2-87　五边形旋转

6）单击【平移】命令，绘图区左上角提示 平移/阵列:选择要平移/阵列的图形 ，拾取五边形的所有边，单击 结束选择 完成选择，弹出平移设置对话框；点选：移动，输入极坐标数值：ΔX 1.2 和 ΔY −1.2，如图 2-88 所示，单击 ✓ 完成平移。

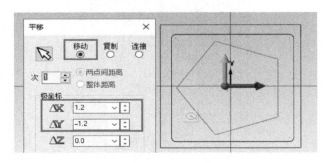

图 2-88　五边形平移

7）完成图形如图 2-89 所示。

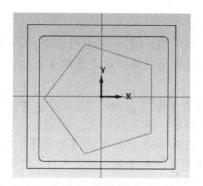

图 2-89　第二面零件 CAD 结果

2.7　零件 2CAM 刀具路径的设定

2.7.1　刀具的选择

加工工序主要采用ϕ16mm 和ϕ8mm 的 4 刃立铣刀,各工序加工内容及切削参数见表 2-22。

表 2-22　各工序刀具及切削参数

序　号	加 工 部 位	刀　具	主轴转速 /（r/min）	进给速度 /（mm/min）	下刀速率 /（mm/min）
第一面					
1	面铣（精）	ϕ16 立铣刀	1900	400	200
2	二维轮廓加工（粗、精）	ϕ16 立铣刀	粗 1500，精 1900	粗 600，精 400	粗 300，精 200
3	ϕ32 通孔（粗、精）	ϕ16 立铣刀	粗 1500，精 1900	粗 600，精 400	粗 300，精 200
4	凹槽（粗、精）	ϕ8 立铣刀	粗 2500，精 2800	粗 800，精 300	粗 300，精 200
第二面					
1	面铣（精）	ϕ16 立铣刀	1900	400	200
2	二维轮廓加工（粗、精）	ϕ16 立铣刀	粗 1500，精 1900	粗 600，精 400	粗 300，精 200

2.7.2　工作设定

1）单击【机床】—【铣床】—【默认】,弹出【刀路】选项卡。

2）单击【操作管理器】—【刀路】,选择【机床群组 -1】,然后右击,依次选择【群组】—【重新名称】,输入机床群组名称:第一面。

3）双击【第一面】下的属性,单击【毛坯设置】弹出对话框,设置毛坯参数 X：85、Y：85、Z：35,设置毛坯原点 Z：1。

2.7.3　刀具路径编辑

第一面:

单击【层别】选项,隐藏 2 号图层,显示 1 号图层。

1. D16 粗加工

依次单击【刀路】—【刀具群组 -1】，鼠标停留在刀具群组 -1 上右击，依次选择【群组】—【重新名称】，输入刀具群组名称：D16 粗加工。

（1）面铣

1）单击【2D 功能区】中的【面铣】图标 ，弹出【输入新 NC 名称】对话框，提示用户可以根据自己所需给程序命名，输入后单击 ✅ 确定。

2）系统弹出加工轮廓串连选项界面，单击【串连】，选择 80mm×80mm 的矩形作为加工轮廓，单击 ✅ 确定，弹出【面铣】对话框。

3）单击【刀具】选项，将鼠标移动到中间空白处，右击，选择【创建新刀具】，弹出创建刀具对话框，选择【平底刀】；单击【下一步】，在刀齿直径中输入 16；单击【下一步】，设置铣刀参数，设置刀具名称：D16 粗刀、进给速率：600、主轴转速：1500、下刀速率：300。单击 ✅ 确定完成新刀具的创建。

4）单击【切削参数】选项，设置走刀类型【双向】，底面预留量 0.2，最大步进量 11。

5）单击【共同参数】选项，设定参考高度：30.0（绝对坐标），进给下刀位置：3.0（增量坐标），工件表面：0.0，深度：0（绝对坐标）。

6）单击【冷却液】选项，设定开启冷却液模式【On】。

7）单击右下角的 ✅ 确定，生成图 2-90 所示刀具路径。

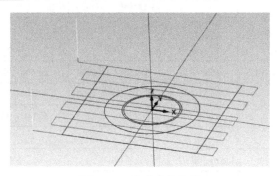

图 2-90　生成刀具路径

8）单击【操作管理器】—【刀路】选项下的【仅显示已选择的刀路】，自动隐藏刀具路径，方便后面编程的观察。

（2）80mm×80mm 外形轮廓

1）单击【2D 功能区】中的【外形】图标 ，选择【串连】，选择 80mm×80mm 的矩形作为加工轮廓（注意箭头为顺时针方向）；单击 ✅ 确定，弹出外形铣削参数设置对话框。

2）单击【刀具】选项，选择【D16 粗刀】

3）单击【切削参数】选项，设置外形铣削方式【2D】，壁边预留量 0.2。

4）单击【Z 分层切削】选项，勾选深度分层切削，输入最大粗切深度：5，精修量：0，勾选：不提刀，其余默认。

5）单击【进 / 退刀设置】选项，不勾选：在封闭轮廓中点位置执行进 / 退刀、过切检查，进 / 退刀直线设置为：0，将其余默认或根据需要修改。

6）单击【共同参数】选项，设定参考高度：30.0（绝对坐标），进给下刀位置：3.0（增

量坐标），工件表面：0.0，深度：–23（绝对坐标）。

7）单击【冷却液】选项，设定开启冷却液模式【On】。

8）单击 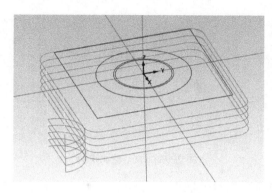 确定，生成图 2-91 所示刀具路径。

图 2-91　生成的刀具路径

（3）φ32mm 通孔

1）单击【2D 功能区】中的【螺旋铣孔】图标 ，弹出对话框，单击 选择图形 ，选择 φ32mm 的圆，单击 结束选择 ，单击对话框上的 ✓ 完成选择；弹出螺旋铣孔参数设置对话框。

2）单击【刀具】选项，选择【D16 粗刀】。

3）单击【切削参数】选项，设置壁边预留量 0.2，底边预留量 0。

4）单击【粗 / 精修】选项，设置粗切间距：3，其余默认。

5）单击【共同参数】选项，设定参考高度：30.0（绝对坐标），进给下刀位置：3.0（增量坐标），工件表面：0，深度：–31（绝对坐标）。

6）单击【冷却液】选项，设定开启冷却液模式【On】。

7）单击 ✓ 确定，生成图 2-92 所示刀具路径。

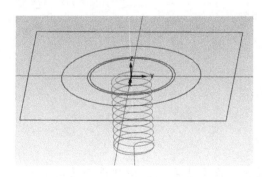

图 2-92　生成的刀具路径

2. D8 *粗加工*

用鼠标在机床群组【第一面】上右击，依次选择【群组】—【新建刀路群组】，输入刀具群组名称：D8 粗加工，完成新群组的创建。

1）单击 2D 功能区中的【外形】图标 ，选择【串连】，依次选择 φ34mm 与 φ54mm 圆（注意箭头方向，内外轮廓箭头应是相反的），如图 2-93 所示；单击 ✓ 确定，弹出外形铣削参数设置对话框。

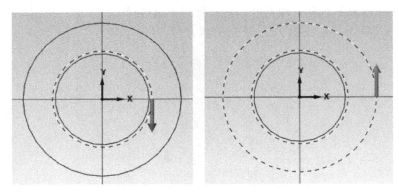

图 2-93　加工轮廓选择

2）单击【刀具】选项，创建一把直径为 8mm、用于粗加工的平底刀。设置刀具属性，名称：D8 粗刀、进给速率：800、主轴转速：2500、下刀速率：300。单击【完成】确定。

3）单击【切削参数】选项，设置外形铣削方式：斜插，斜插方式：角度 2，勾选：在最终深度处补平，壁边、底面预留量 0.2。

4）不勾选【Z 分层切削】、【进 / 退刀设置】。

5）单击【共同参数】选项，设定参考高度：30.0（绝对坐标），进给下刀位置：3.0（增量坐标），工件表面：0.0，深度：−5（绝对坐标）。

6）单击 ✅ 确定，生成图 2-94 所示刀具路径。

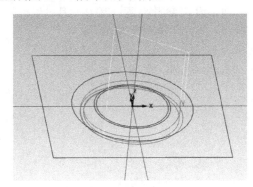

图 2-94　生成刀具路径

3. D16 精加工

用鼠标在机床群组【第一面】上右击，依次选择【群组】—【新建刀路群组】，输入刀具群组名称：D16 精加工，完成新刀路群组的创建。

1）选择【D16 粗加工】刀具群组下所有刀路，然后右击选择【复制】。

2）选择【D16 精加工】刀具群组，然后右击，选择【粘贴】，将直径 16mm 的铣刀粗加工刀路复制到精加工群组下。

3）单击复制的【5- 平面铣】下的【参数】进行参数修改，单击【刀具】选项，创建一把直径为 16mm、用于精加工的平底刀。设置刀具属性，名称：D16 精刀、进给速率：

400、主轴转速：1900、下刀速率：200，单击【切削参数】选项，底面预留量：0。其余默认和粗加工一样。

4）修改后单击操作管理器上的 按钮，对刚才修改的刀具路径重新计算。

5）单击复制的【6- 外形铣削】下的【参数】进行参数修改，刀具选择：D16 精刀；切削参数：壁边、底面预留量 0，深度分层铣削：12。

6）其余默认和粗加工一样，单击 确定。

7）修改后单击操作管理器上的 按钮，对刚才修改的刀具路径重新计算。结果如图 2-95 所示。

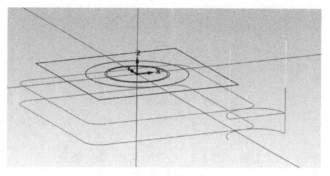

图 2-95 生成刀具路径

8）单击复制的【7- 螺旋铣孔】下的【参数】进行参数修改，刀具选择：D16 精刀；切削参数：壁边预留量 -0.019、底面预留量 0，粗 / 精修：粗切间距 10。

9）其余默认和粗加工一样，单击 确定。

10）修改后单击操作管理器上的 按钮，对刚才修改的刀具路径重新计算。结果如图 2-96 所示。

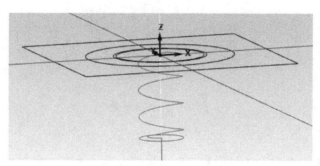

图 2-96 生成刀具路径

4. D8 精加工

1）同样，创建以【D8 精加工】命名的新刀路群组。

2）复制【D8 粗加工】群组下的刀路至【D8 精加工】群组下。

3）单击修改【8- 外形铣削（斜插）】参数；单击【刀具】选项，创建一把直径为 8mm、用于精加工的平底刀。设置刀具属性，名称：D8 精刀、进给速率：300、主轴转速：2800、下刀速率：200，完成创建。

4）修改切削参数：斜插角度 5°，壁边预留量 −0.0225，底面预留量 0，其余默认和粗加工一样。

5）单击操作管理器上的 按钮重新计算。计算结果如图 2-97 所示。

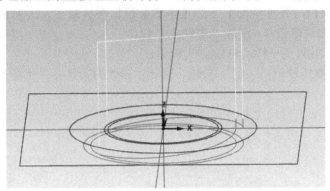

图 2-97　D10 精加工刀具路径

5．实体仿真

1）单击操作管理器上的【第一面】，选中所有的刀具路径。

2）单击【机床】—【实体仿真】进行实体仿真，单击 播放，仿真加工过程和结果如图 2-98 所示。

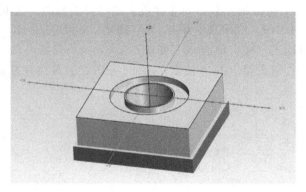

图 2-98　仿真结果

6．保存

单击选项卡上【文件】—【保存】，将本例保存为【中级工实例二 .mcam】文档。

第二面：

1）单击【层别】选项，隐藏 1 号图层，显示 2 号图层。

2）将鼠标移至【操作管理器】—【刀路】选项空白位置，右击，依次选择【群组】—【新建机床群组】—【铣床】，弹出【机床群组属性】对话框，直接单击 确定。

3）选择【机床群组 −1】，然后右击，依次选择【群组】—【重新名称】，输入机床群组名称：第二面，如图 2-99 所示。

4）双击【第二面】下的属性，单击【毛坯设置】弹出对话框，设置毛坯参数 X：85、Y：85、Z：35，设置毛坯原点 Z：1。

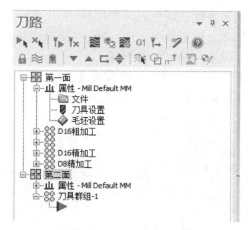

图 2-99　创建新的机床群组

7. D16 粗加工

依次单击【刀路】—【刀具群组-1】，鼠标停留在刀具群组-1 上右击，依次选择【群组】—【重新名称】，输入刀具群组名称：D16 粗加工（2）。

（1）面铣

1）单击 2D 功能区中的【面铣】图标 ，弹出【输入新 NC 名称】对话框，提示用户可以根据自己所需给程序命名，输入后单击 确定。

2）弹出加工轮廓串连选项界面，单击【串连】，选择 80mm×80mm 的矩形作为加工轮廓，单击 确定，弹出【面铣】对话框。

3）单击【刀具】选项，创建一把直径为 16mm，用于粗加工的平底刀。设置刀具属性，名称：D16 粗刀、进给速率：600、主轴转速：1500、下刀速率：300。单击 确定完成新刀具的创建。

4）单击【切削参数】选项，设置走刀类型【双向】，底面预留量 0.2，最大步进量 11。

5）单击【共同参数】选项，设定参考高度：30.0（绝对坐标），进给下刀位置：3.0（增量坐标），工件表面：0.0，深度：0（绝对坐标）。

6）单击【冷却液】选项，设定开启冷却液模式【On】。

7）单击右下角的 确定，生成图 2-100 所示刀具路径。

8）单击【操作管理器】—【刀路】选项下的【仅显示已选择的刀路】，自动隐藏刀具路径，方便后面编程的观察。

（2）69.6mm×69.6mm 外形轮廓

1）单击 2D 功能区中的【外形】图标 ，选择【串连】，选择 69.6mm×69.6mm 的矩形作为加工轮廓（注意箭头为顺时针方向）；单击 确定，弹出外形铣削参数设置对话框。

2）单击【刀具】选项，选择【D16 粗刀】。

3）单击【切削参数】选项，设置外形铣削方式【2D】，壁边、底面预留量 0.2。

4）单击【Z 分层切削】选项，勾选深度分层切削，输入最大粗切深度：4，精修量：0，勾选：不提刀，其余默认。

5）单击【进/退刀设置】选项，不勾选：在封闭轮廓中点位置执行进/退刀、过切检查，

进 / 退刀直线设置为：0，将其余默认或根据所需修改。

6）单击【共同参数】选项，设定参考高度：30.0（绝对坐标），进给下刀位置：3.0（增量坐标），工件表面：0.0，深度：–8（绝对坐标）。

7）单击【冷却液】选项，设定开启冷却液模式【On】。

8）单击 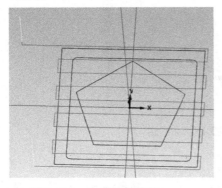确定，生成图 2-101 所示刀具路径。

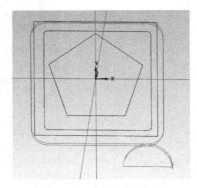

图 2-100　生成刀具路径　　　　　图 2-101　生成的刀具路径

（3）五边形

1）单击 2D 功能区中的【外形】图标，选择【串连】，选择五边形作为加工轮廓；单击 ✔ 确定，弹出外形铣削参数设置对话框。

2）单击【刀具】选项，选择【D16 粗刀】。

3）单击【Z 分层切削】选项，不勾选【深度分层切削】。

4）单击【XY 分层切削】，勾选【XY 分层切削】，设置粗切次数：2，间距：10，如图 2-102 所示。

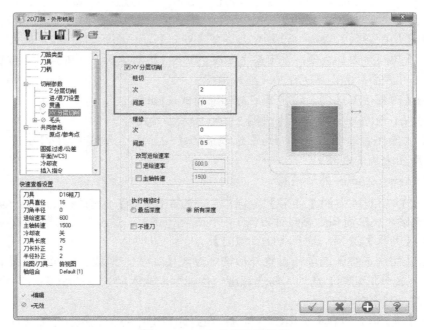

图 2-102　XY 分层切削设置

5）单击【共同参数】选项，设定参考高度：30.0（绝对坐标），进给下刀位置：3.0（增量坐标），工件表面：0.0，深度：-4（绝对坐标）。

6）单击 ✔ 确定，生成图 2-103 所示刀具路径。

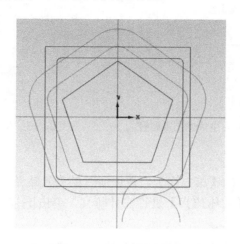

图 2-103　生成的刀具路径

8．D16 *精加工*

用鼠标在机床群组【第二面】上右击，依次选择【群组】—【新建刀路群组】，输入刀具群组名称：D16 精加工（2），完成新刀路群组的创建。

1）复制【D16 粗加工（2）】群组下的所有刀路至【D16 精加工（2）】群组下。

2）单击复制的【12- 平面铣】下的【参数】进行参数修改，单击【刀具】选项，创建一把直径为 16mm、用于精加工的平底刀。设置刀具属性，名称：D16 精刀、进给速率：400、主轴转速：1900、下刀速率：200，单击【切削参数】选项，底面预留量：0。其余默认和粗加工一样。

3）修改后单击操作管理器上的图标 ，对刚才修改的刀具路径重新计算。

4）单击修改【13- 外形铣削】进行参数修改，刀具选择：D16 精刀；切削参数：壁边预留量 -0.0225、底面预留量 0；不勾选【深度分层铣削】。

5）其余默认和粗加工一样，单击 ✔ 确定。

6）修改后单击操作管理器上的图标 ，对刚才修改刀具路径重新计算。结果如图 2-104 所示。

7）单击修改【14- 外形铣削】进行参数修改，刀具选择：D16 精刀；切削参数：壁边预留量 0、底面预留量 0.014；不勾选【深度分层铣削】。

8）其余默认和粗加工一样，单击 ✔ 确定。

9）修改后单击操作管理器上的图标 ，对刚才修改刀具路径重新计算。结果如图 2-105 所示。

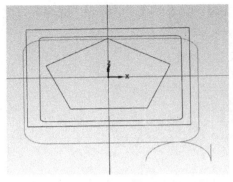
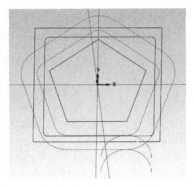

图 2-104　生成的刀具路径　　　　　图 2-105　生成的刀具路径

9. 实体仿真

1）单击操作管理器上的【第二面】，选中所有的刀具路径。

2）单击【机床】—【实体仿真】进行实体仿真，单击▶播放，仿真加工过程和结果如图 2-106 所示。

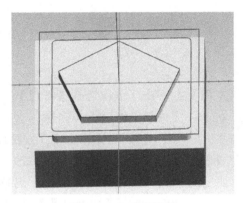

图 2-106　仿真结果

10. 保存

单击选项卡上【文件】—【保存】。

> **注：**
>
> 在精加工时，切削参数壁边、底面要根据图样上所标注公差进行设置；根据图样公差要求，为避免加工尺寸超差成废品，非配合件加工尺寸误差取中间值。

本 章 小 结

本章通过两个简单的例子，介绍了利用 SINUMERIK 802D 数控铣床从编程到加工的全过程，包括 CAD 建模、Mastercam 刀具路径的编辑和零件的加工。

刀具路径的编辑从来都没有一个固定的模式，每个人都有自己的思路和不同的方法。本例采取了几个比较有特点的工艺方法，供大家参考。

1）不建立实体，全部采用二维轮廓加工。

2）同一把刀的粗、精加工之间留有余量，保留测量环节，方便精加工时及时补正。

对于多数模型特征为二维线框的零件，Mastercam 的加工方式灵活而多变，有面铣、轮廓铣、挖槽，还提供渐降斜插、平面多次铣削等方式，能够满足绝大多数情况下零件的加工并保证精度，无须实体建模，这是相比于其他 CAM 软件（如 UG）的一大优势和特色。

本章还介绍了 SINUMERIK 802D 数控铣床面板的基本操作，如钳口的校正、零件的装夹、对刀和换刀、程序的录入、模拟仿真加工和零件的自动加工等。这些都是一个数控加工人员必须熟练掌握的。复杂的对刀、异常情况的处理和零件精度的保证在后续章节里介绍。

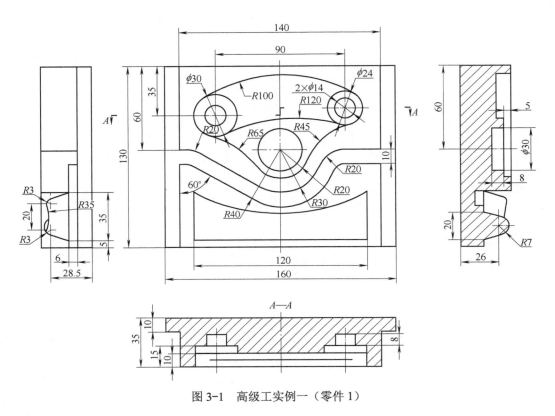

图 3-1　高级工实例一（零件 1）

本例是数控铣高级工常见考题，材料为铝，备料尺寸为 160mm×130mm×35mm。

技术要求：

1）以小批量生产条件编程。

2）不准用砂布及锉刀等修饰表面。

3）未注公差尺寸按 GB/T 1804—m。

3.1　零件 1 的工艺分析

该零件形状较为复杂，不易读懂，主要特征有二维轮廓、孔及沉孔、扫掠面等，属于典型的用 Mastercam 加工的零件，需进行曲面或实体的建模。

刀具的选择要综合考虑各种情况来定，一般选择大刀粗加工，小刀清除剩余预留，尽可能用少型号的刀完成所有精加工，刀具的半径一般小于曲面的曲率或圆角的半径，或者略小于最窄通过尺寸。本例最窄的 U 型槽，通过尺寸为 10mm，且最大下刀直径不大于 15mm，否则曲面部分深度无法加工到位，如图 3-2 所示。直径在 10 ～ 15mm 之间的刀具虽然能够加工曲面到位，但是也无法加工 U 型槽，还得换一次刀。综合考虑效率和换刀次数，粗加工选择 ϕ12mm 平刀，再使用 ϕ8mm 平刀加工宽度 10mm 的沟槽和 2 个 ϕ14mm 圆，精加工选择 ϕ8mm 平刀完成所有加工，曲面部分可以采用 ϕ6R3mm 球刀加工。

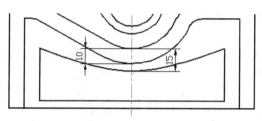

图 3-2　零件工艺分析

各工序加工内容及切削参数见表 3-1。

表 3-1　各工序加工内容及切削参数

序　　号	加 工 部 位	刀　　具	主轴转速 /（r/min)	进给速度 /（mm/min)
1	二维轮廓粗、曲面粗加工	ϕ12mm 立铣刀	动态铣削：3800 非动态铣削：1900	动态铣削：2000 非动态铣削：600
2	宽度 10mm 的沟槽、2×ϕ14mm 圆	ϕ8mm 立铣刀	粗：2500，精：2800	粗：600，精：400
3	扫掠曲面的精加工	ϕ6R3mm 球刀	3500	2000

3.2　零件 1 的 CAD 建模

3.2.1　二维造型

操作步骤如下：

1）单击【F9】，打开【坐标轴显示开关】；按【Alt+F9】，打开【显示指针】。

2）在选项卡上依次单击【草图】—【矩形】弹出对话框，输入宽度：140、高度 130，设置勾选【矩形中心点】，鼠标移至绘图区中间指针位置单击确认，绘出 140mm×130mm 矩形，单击◎完成矩形的绘制。

3）单击【已知点画圆】弹出对话框；输入直径 30，按回车键确定数值的输入；接着按键盘空格键弹出数值输入对话框，输入圆心坐标值【0，5】，按回车键确定；单击◎确定并创建新操作。再使用相同的方式，分别以圆心【0，5】作圆 ϕ60；以圆心【-45，30】作圆 ϕ30、ϕ14；以圆心【45，35】作圆 ϕ24、ϕ14。最后单击◎完成画圆。

4）单击【切弧】弹出对话框，选择模式：两物体切弧，分别设定切弧半径为 *R*100 和 *R*120；分别单击 *ϕ*30、*ϕ*24 的圆，此时绘图区左上角提示 选择所需圆角 ，鼠标左键选择需要保留的圆弧。最后单击 ⊘ 完成切弧。完成后如图 3-3 左所示。

5）单击【连续线】弹出对话框，鼠标移至 *ϕ*60 左下位置，单击指定第一端点，输入角度：150°，线长：100，选择切点上半部分作为保留部分，单击 ⊘ 确定并创建新操作。

6）分别按空格键，输入 -70，5、70，5，绘制一条水平线，单击 ⊘ 完成连续线绘制。

7）单击【修剪打断延伸】弹出对话框，选择模式：修剪，方式：分割／删除，将 *ϕ*30、*ϕ*24、*ϕ*60 的圆、直线多余的线段剪掉，单击 ⊘ 完成。

8）单击【倒圆角】弹出对话框，输入半径：20，依次选择要倒圆角的两个角落，单击 ⊘ 完成倒圆角，完成后如图 3-3 右所示。

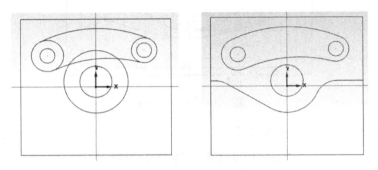

图 3-3　步骤 4）～ 8）图形

9）单击【补正】下方黑色三角符号，选择【串连补正】，弹出【串连选项】对话框；选择【 ◯◯ 部分串连】，图形选择图 3-4 左所示，单击 ✓ 完成线条拾取，弹出串连补正对话框，输入距离：10，点选：复制，其余默认；单击 ✓ 确定，完成后图形如图 3-4 右所示。

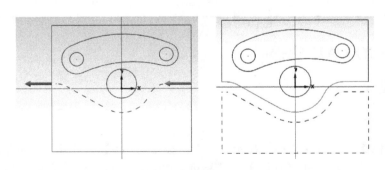

图 3-4　步骤 9）图形

10）单击【修剪打断延伸】命令，选择模式：修剪，方式：分割／删除，修剪补正线两边多余线段。结果如图 3-4 右所示。

11）依次单击选项卡上【转换】—【平移】，选择图 3-4 右的虚线部分，单击 结束选择 ，弹出对话框；点选：移动，在【极坐标】的 Z 处输入：-19，单击 ✓ 完成平移。结果如图 3-5 所示。

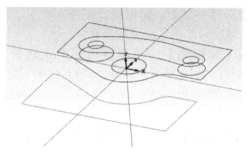

图 3-5　步骤 11）平移结果

12）依次单击【视图】—【俯视图】，将屏幕视图切换到俯视图；单击绘图区下方【状态栏】的 Z: 0.00000 输入新的作图深度 –10，单击旁边的 3D 图标将绘图平面切换成 2D；使用【已知点画圆】命令分别抓取 2 个 $\phi14$ 圆心作圆 $\phi30$ 和 $\phi24$。结果如图 3-5 所示。

13）单击【平移】命令，选择修剪完成的 R100、R120、$\phi30$ 和 $\phi24$ 形成的封闭线段，点选：复制，在【极坐标】的 Z 处输入：–5，单击 ✓ 完成平移。

14）设定新的作图深度 Z=0，单击【已知点画圆】命令，抓取图形中部 $\phi30$ 圆心作 R20 圆。

15）单击【切弧】命令，选择模式：两物体切弧，分别设定切弧半径为 R65、R45，鼠标左键捕捉 R20 与 $\phi30$、R20 与 $\phi24$，完成圆弧绘制。

16）单击【修剪打断延伸】命令，选择模式：修剪，方式：分割／删除，修剪边多余线段。修剪成如图 3-6 左所示图形。

17）单击【视图】—【右视图】将屏幕视图切换到右视图；设定新的作图深度 Z=–60；使用【已知点画圆】命令分别以 X–52.5Y–6.5、X–32.5Y–6.5 为圆心作圆 $\phi6$。

18）单击【连续线】命令，绘图区左上角提示 指定第一个端点，选择刚才的圆，提示 指定第二个端点，分别输入 X–60Y–19、X–25Y–19，作出切线；单击 ⊚ 确定并创建新操作，鼠标拾取刚刚指定的 2 个第二端点绘制连接线，使其成为封闭轮廓，单击 ⊙ 完成。

19）单击【切弧】弹出对话框，选择模式：两物体切弧，设定切弧半径为 R35，分别切两个 $\phi6$ 的圆。修剪多余线段，完成后图形如图 3-6 右上所示。

20）设定新的作图深度 Z=0，使用【已知点画圆】命令，以 X–50Y–9 为圆心作 R7 圆，使用【连续线】命令单击，选择刚才的圆，分别输入 X–60Y–19、X–40Y–19，作出切线，单击 ⊙ 完成。完成后图形如图 3-6 右下所示。

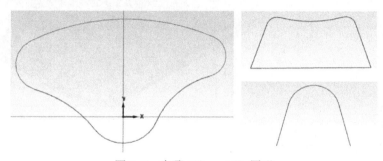

图 3-6　步骤 15）～ 20）图形

21）依次单击【转换】—【平移】，图形选择图 3-6 右上，单击 结束选择，点选：复制，在【极坐标】的 Z 处输入：120，单击 ✓ 完成平移。

22）单击【视图】—【俯视图】，将屏幕视图切换到俯视图；设定新的作图深度 Z=-35，单击【矩形】命令，输入宽度：160、高度 130，设置勾选【矩形中心点】，鼠标移至绘图区中间指针位置单击确认，绘出 160mm×130mm 矩形，单击 ⊘ 完成矩形的绘制。

23）单击【视图】—【等视图】，完成后的图形如图 3-7 所示。

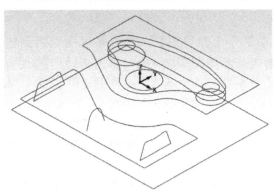

图 3-7　完成图形

3.2.2　实体及曲面建模

操作步骤如下：

1）依次单击【实体】—【 拉伸】，弹出串连选项对话框，选择【 串连】，图形选择 160mm×130mm 矩形，单击 ✓ 确定；在操作管理器上弹出【实体拉伸】对话框，输入距离：10，注意拉伸方向为向上，如图 3-8 所示，单击 ◎ 完成拉伸并创建新操作。

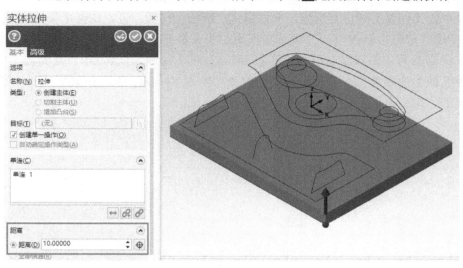

图 3-8　步骤 1）实体挤出的设定

2）选择图 3-4 右图上半部分的外轮廓部分，单击 ✓ 确定，弹出【实体拉伸】对话框，点选：增加凸台，输入距离：25，注意方向向下，可以通过单击 ⬌ 切换方向。单击 ◉ 完成拉伸并创建新操作。

3）选择 Z=0 平面的 $\phi30$ 的圆，如图 3-9 左图所示，单击 ✓ 确定；点选：切割主体，输入距离：13，方向向下，单击 ◉ 完成拉伸并创建新操作。

4）选择图 3-6 左边的图形，单击 ✓ 确定；点选：切割主体，输入距离：5，方向向下，单击 ◉ 完成拉伸并创建新操作。

5）选择 Z=-5 平面的 $\phi30$、$\phi24$、$R100$、$R120$ 圆弧线段，如图 3-9 右图所示，单击 ✓ 确定；点选：切割主体，输入距离：5，方向向下，单击 ◉ 完成拉伸并创建新操作。

6）选择 Z=-10 平面的 $\phi30$、$\phi24$ 的圆，单击 ✓ 确定；点选：切割主体，输入距离：5，方向向下，单击 ◉ 完成拉伸并创建新操作。

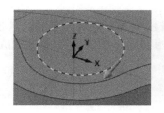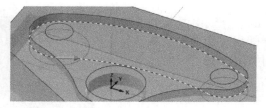

图 3-9　步骤 3）、5）线段选择

7）选择 Z=0 平面两个 $\phi14$ 的圆，单击 ✓ 确定；点选：切割主体，输入距离：23，方向向下，单击 ◉ 完成拉伸并创建新操作。

8）选择二维造型步骤 11）平移到 Z-19 的图形，单击 ✓ 确定；点选：增加凸台，输入距离：6，方向向下，单击 ◉ 完成所有拉伸。结果如图 3-10 所示。

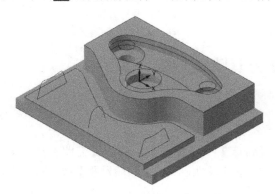

图 3-10　实体建模效果

9）依次单击【曲面】—【 ⬦ 扫描 】，弹出串连选项对话框，点选【 ◯◯ 部分串连】绘图区左上角提示【选择第一个图形】，依次选择图 3-11 左所示图形，方向由左向右，单击 ✓ 确定；绘图区左上角提示 扫描曲面 定义 引导方向外形 ；点选【 ╱ 单体】，图形选择图 3-11 右所示图形，单击 ✓ 确定；弹出【扫描曲面】对话框，直接单击 ◉ 确定，完成扫描面的绘制。

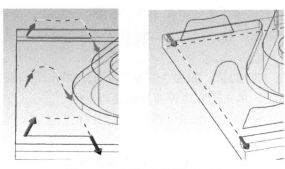

图 3-11　步骤 9）的图形选择

10）单击【 平面修剪】命令，弹出串连选项对话框，点选【串连】，图形选择二维造型时的步骤 19）的两个图形，单击 确定，弹出对话框，直接单击 确定，完成封闭平面。

11）单击【 由曲面生成实体】命令，选择步骤 8）、9）生成的曲面，单击 ，操作管理器弹出【由曲面生成实体】对话框，点选原始曲面：删除，单击 完成实体生成。最终效果图如图 3-12 所示。

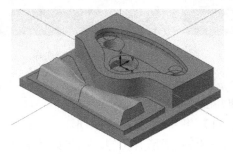

图 3-12　最终效果图

3.3　零件的 CAM 刀具路径编辑

操作步骤如下：

1. 工作设定

1）单击【机床】—【铣床】—【默认】，弹出【刀路】选项卡。

2）双击【机床群组 -1】下的属性，单击【毛坯设置】弹出对话框，设置毛坯参数 X：160、Y：130、Z：35，设置毛坯原点 Z：1。

2. D12 粗加工

单击操作管理器上【刀具群组 -1】，鼠标停留在刀具群组 -1 上右击，依次选择【群组】—【重新名称】，输入刀具群组名称：D12 粗加工。

（1）Z-19 台阶

1）单击 2D 功能区中的【动态铣削】图标 ，弹出【输入新 NC 名称】对话框，提示用户可以根据自己所需给程序命名，输入后单击 确定。

2）弹出加工轮廓串连选项界面，单击加工范围下的 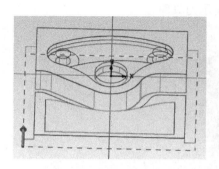 图标，选择 160mm×130mm 的矩形作为加工范围，如图 3-13 左所示，单击 ✓ 确定，回到串连选项对话框，点选加工区域策略：开放。

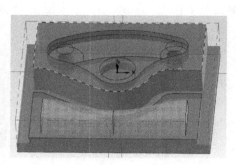

图 3-13　加工轮廓选择

3）点选避让范围下的 ▷ 图标，选择图 3-13 右所示轮廓；绘图区左上角提示 选择 2D HST 避让串连 2 ，继续选择下个避让轮廓，单击串连选项对话框上的【 实体】图标，点选：2D、连接边界，如图 3-14 左所示；依次选择图 3-14 右所示实体边界，单击 ✓ 完成选择，回到串连选项对话框；单击 ✓ 确定，弹出切削参数设置对话框。

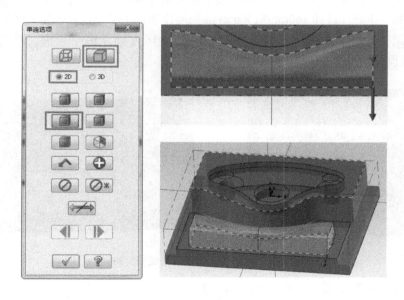

图 3-14　实体轮廓选择

4）单击【刀具】选项，将鼠标移动到中间空白处右击，选择【创建新刀具】，弹出创建刀具对话框，选择【平底刀】；单击【下一步】，在刀齿直径中输入 12；单击【下一步】，设置铣刀参数，设置刀具名称：D12 粗刀、进给速率：2000、主轴转速：3800、下刀速率：600；单击【完成】完成新刀具的创建。

5）单击【切削参数】选项，设置步进量：20%，壁边、底边预留量：0.2。

6）单击【共同参数】选项，设定参考高度：30.0（绝对坐标），进给下刀位置：3.0（增量坐标），工件表面：0.0，深度：−19（绝对坐标）。

7）单击【冷却液】选项，设定开启冷却液模式【On】。

8）单击右下角的 ✓ 确定，生成图 3-15 所示刀具路径。

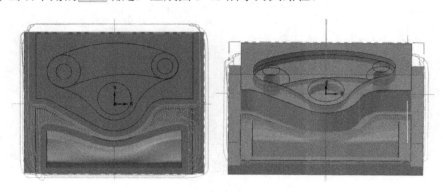

图 3-15　生成刀具路径

9）单击【仅显示已选择的刀路】。

（2）Z-25 台阶

1）单击【动态铣削】图标，弹出加工轮廓串连选项界面，单击加工范围下的 图标，点选：线框、串连；选择 160mm×130mm 的矩形作为加工范围，点选加工区域策略：开放。

2）点选避让范围下的 图标，分别选择图 3-16 左所示两个轮廓；单击 ✓ 确定，弹出切削参数设置对话框。

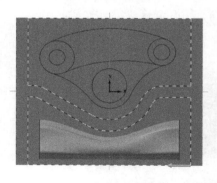 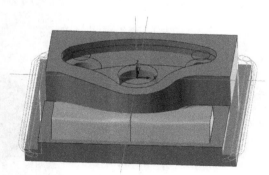

图 3-16　避让轮廓选择及生成刀具路径

3）单击【刀具】选项，选择【D12 粗刀】。

4）单击【共同参数】选项，设定参考高度：30.0（绝对坐标），进给下刀位置：3.0（增量坐标），工件表面：0.0，深度：−25（绝对坐标）。

5）单击右下角的 ✓ 确定，生成图 3-16 右所示刀具路径。

（3）Z-5 凹槽

1）单击 2D 功能区中的【挖槽】图标 ，弹出加工轮廓串连选项界面，选择图 3-17 左所示图形作为加工范围，单击 ✓ 确定；弹出切削参数设置对话框。

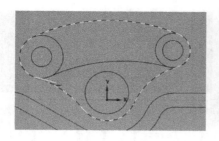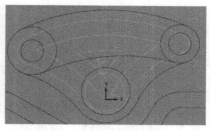

图 3-17　加工轮廓选择及生成刀具路径

2）单击【刀具】选项，选择【D12 粗刀】，在原刀具参数上修改切削参数，设置为进给速率：600、主轴转速：1900、下刀速率：300，如图 3-18 所示。

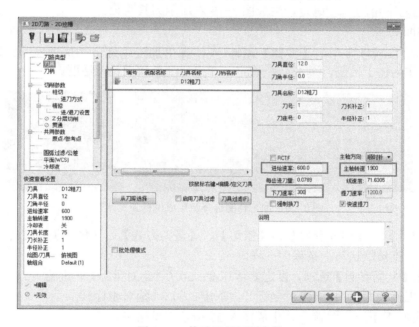

图 3-18　修改刀具切削参数

3）单击【切削参数】选项，设置壁边、底边预留量：0.2。

4）单击【粗切】选项，点选：平行环切，设置切削行距：80%。

5）单击【进刀方式】选项，设置 Z 间距：2，其余默认。

6）单击【精修】选项，不勾选：精修。

7）单击【共同参数】选项，设定参考高度：30.0（绝对坐标），进给下刀位置：3.0（增量坐标），工件表面：0.0，深度：−5（绝对坐标）。

8）单击【冷却液】选项，设定开启冷却液模式【On】。

9）单击右下角的 ✔ 确定，生成图 3-17 右所示刀具路径。

（4）Z−10 凹槽

1）单击 2D 功能区中的【挖槽】图标 ，弹出加工轮廓串连选项界面，选择图 3-19 左所示图形作为加工范围，单击 ✔ 确定；弹出切削参数设置对话框。

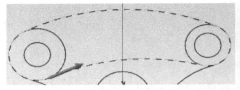

图 3-19   加工轮廓选择及生成刀具路径

2）【刀具】、【切削参数】、【粗切】、【进刀方式】、【精修】、【冷却液】选项，不需要修改，直接默认与上条程序一样。

3）单击【共同参数】选项，设定参考高度：30.0（绝对坐标），进给下刀位置：3.0（增量坐标），工件表面：-5（绝对坐标），深度：-10（绝对坐标）。

4）单击右下角的 ✓ 确定，生成图 3-19 右所示刀具路径。

（5）ϕ30mm 圆

1）单击 2D 功能区中的【挖槽】图标 ，弹出加工轮廓串连选项界面，选择图 3-20 左所示图形作为加工范围，单击 ✓ 确定；弹出切削参数设置对话框。

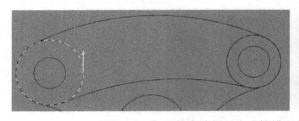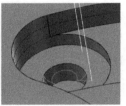

图 3-20   加工轮廓选择及生成挖槽刀具路径

2）【刀具】、【切削参数】、【粗切】、【进刀方式】、【精修】、【冷却液】选项，不需要修改，直接默认与上条程序一样。

3）单击【共同参数】选项，设定参考高度：30.0（绝对坐标），进给下刀位置：3.0（增量坐标），工件表面：-10（绝对坐标），深度：-15（绝对坐标）。

4）单击右下角的 ✓ 确定，生成图 3-22 所示刀具路径。

（6）ϕ24mm 圆

1）单击 2D 功能区中的【挖槽】图标 ，弹出加工轮廓串连选项界面，选择图 3-21 左所示图形作为加工范围，单击 ✓ 确定，弹出切削参数设置对话框。

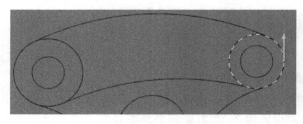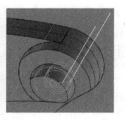

图 3-21   加工轮廓选择及生成挖槽刀具路径

2）单击【进刀方式】选项，设置最小半径：3，其余默认。

3）单击【共同参数】选项，设定参考高度：30.0（绝对坐标），进给下刀位置：3.0（增

量坐标），工件表面：-10（绝对坐标），深度：-15（绝对坐标）。

4）单击右下角的 ✓ 确定，生成图 3-21 右所示刀具路径。

（7）深度为 8mm 的 ϕ30mm 圆

1）单击 2D 功能区中的【挖槽】图标 ⊡，弹出加工轮廓串连选项界面，选择图 3-22 左所示图形作为加工范围，单击 ✓ 确定，弹出切削参数设置对话框。

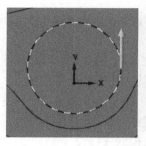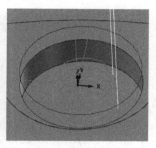

图 3-22　加工轮廓选择及生成挖槽刀具路径

2）单击【共同参数】选项，设定参考高度：30.0（绝对坐标），进给下刀位置：3.0（增量坐标），工件表面：-5 绝对坐标），深度：-13（绝对坐标）。

3）单击右下角的 ✓ 确定，生成图 3-22 右所示刀具路径。

3. D8 粗加工

单击【机床群组 -1】，鼠标停留在机床群组 -1 上右击，依次选择【群组】—【新建刀路群组】，输入刀具群组名称：D8 粗加工；完成新群组的创建。

（1）2×ϕ14mm 圆

1）单击【2D 功能区】中的【螺旋铣孔】图标 ⊞，弹出对话框，单击 选择图形，依次选择 ϕ14mm 圆的轮廓，单击 ◉结束选择，单击对话框 ✓ 确定，弹出螺旋铣孔参数设置对话框。

2）单击【刀具】选项，创建一把直径为 8mm、用于粗加工的平底刀。设置刀具属性，名称：D8 粗刀、进给速率：600、主轴转速：2500、下刀速率：300。

3）单击【切削参数】选项，设置壁边、底面预留量 0.2。

4）单击【粗 / 精修】选项，设置粗切间距：2，其余默认。

5）单击【共同参数】选项，设定参考高度：30.0（绝对坐标），进给下刀位置：3.0（增量坐标），工件表面：-15（绝对坐标），深度：-23（绝对坐标）。

6）单击【冷却液】选项，设定开启冷却液模式【On】。

7）单击 ✓ 确定，生成刀具路径。

（2）宽度 10mm 的槽

1）单击 2D 功能区中的【外形】图标 ⊞，选择【部分串连】，选择图 3-23 所示轮廓，单击 ✓ 确定；弹出外形铣削参数设置对话框。

2）单击【刀具】选项，选择【D8 粗刀】。

3）单击【切削参数】选项，设置外形铣削方式【2D】，壁边、底面预留量 0.2。

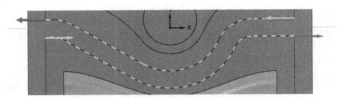

图 3-23   加工轮廓选择

4）单击【Z 分层切削】选项，勾选深度分层切削，输入最大粗切深度：2，精修量：0，其余默认。

5）单击【进 / 退刀设置】选项，不勾选：在封闭轮廓中点位置执行进 / 退刀、过切检查，进 / 退刀设置直线为：8，圆弧为：0，将其余默认或根据所需修改。

6）单击【共同参数】选项，设定参考高度：30.0（绝对坐标），进给下刀位置：3.0（增量坐标），工件表面：−19（绝对坐标），深度：−25（绝对坐标）。

7）单击【冷却液】选项，设定开启冷却液模式【On】。

8）单击 ✅ 确定，生成图 3-24 所示刀具路径。

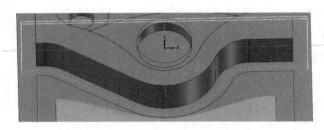

图 3-24   生成刀具路径

（3）曲面粗加工

1）依次单击【曲面】—【由实体生成曲面】，单击实体上的曲面生成单独的曲面，用于编程时的选择，如图 3-25 所示。

图 3-25   由实体生成曲面

2）单击 3D 功能区中的【等高】图标 🔲 ，绘图区左上角提示 选择加工曲面 ，单击拾取上一步生成的曲面，单击 🔘 结束选择 ，弹出刀路曲面选择对话框，加工曲面显示【1】，说明拾取了一个加工曲面，如图 3-26 所示，单击 ✅ 确定，弹出等高铣削参数设置对话框。

3）单击【刀具】选项，选择【D8 粗刀】。

4）单击【毛坯预留量】选项，设置壁边、底面预留量 0.2。

5）单击【切削参数】选项，点选：最佳化；分层深度：1，其余默认。

6）单击【陡斜 / 浅滩】选项，勾选：使用 Z 轴深度，设置最高位置：0，最低位置 −18.8，如图 3-27 所示，其余默认。

 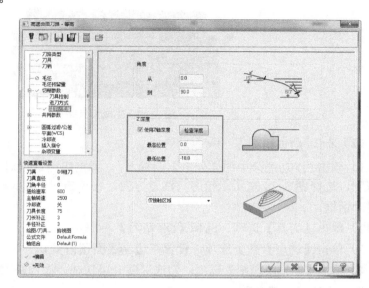

图 3-26　刀路曲面选择对话框　　　　图 3-27　陡斜 / 浅滩参数设置

7）单击【冷却液】选项，设定开启冷却液模式【On】。

8）单击 ✓ 确定，生成图 3-28 所示刀具路径。

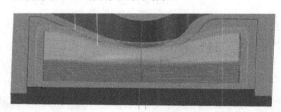

图 3-28　生成刀具路径

4. D8 精加工

单击【机床群组 -1】，鼠标停留在机床群组 -1 上右击，依次选择【群组】—【新建刀路群组】，输入刀具群组名称：D8 精加工；完成新群组的创建。

（1）面铣

1）单击 2D 功能区中的【面铣】图标 ，弹出加工轮廓串连选项界面，单击【串连】，选择图 3-11 右所示轮廓作为加工轮廓，单击 ✓ 确定，弹出【面铣】对话框。

2）单击【刀具】选项，创建一把直径为 8mm 的平底刀。设置刀具属性，名称：D8 精刀、进给速率：400、主轴转速：2800、下刀速率：200。

3）单击【切削参数】选项，设置走刀类型【双向】，底面预留量 0，最大步进量 6。

4）单击【共同参数】选项，设定参考高度：30.0（绝对坐标），进给下刀位置：3.0（增量坐标），工件表面：0.0，深度：0（绝对坐标）。

5）单击【冷却液】选项，设定开启冷却液模式【On】。

6）单击右下角的 ✓ 确定，生成图 3-29 所示刀具路径。

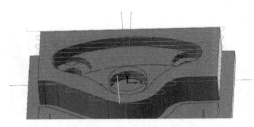

图 3-29　生成刀具路径

（2）Z-25 凸台精加工 -1

1）单击 2D 功能区中的【外形】图标 ，弹出串连选项对话框，点选【部分串连】图标 ，选择图 3-30 左所示轮廓（注意方向），单击对话框 确定，弹出外形铣削参数设置对话框。

2）单击【刀具】选项，选择【D8 精刀】。

3）单击【切削参数】选项，设置壁边、底面预留量 0。

4）单击【Z 分层切削】选项，勾选深度分层切削，输入最大粗切深度：13，精修量：0，不勾选：不提刀，其余默认。

5）单击【进 / 退刀设置】选项，不勾选：在封闭轮廓中点位置执行进 / 退刀、过切检查，进 / 退刀设置直线为：8，圆弧为：0，将其余默认或根据所需修改。

6）单击【共同参数】选项，设定参考高度：30.0（绝对坐标），进给下刀位置：3.0（增量坐标），工件表面：0（绝对坐标），深度：-25（绝对坐标）。

7）单击 确定，生成图 3-30 右所示刀具路径。

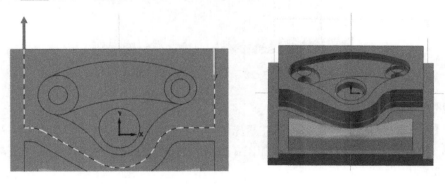

图 3-30　加工轮廓选择及生成外形刀具路径

（3）Z-25 凸台精加工 -2

1）单击【外形】图标 ，弹出串连选项对话框，点选【部分串连】图标 ，选择图 3-31 左所示轮廓，单击对话框 确定，弹出外形铣削参数设置对话框。

2）单击【刀具】选项，选择【D8 精刀】。

3）单击【Z 分层切削】选项，不勾选【深度分层切削】。

4）单击【共同参数】选项，设定参考高度：30.0（绝对坐标），进给下刀位置：3.0（增量坐标），工件表面：-19（绝对坐标），深度：-25（绝对坐标）。

5）单击 ✅ 确定，生成图 3-31 右所示刀具路径。

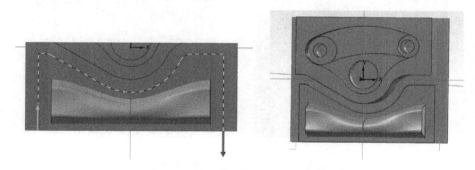

图 3-31 加工轮廓选择及生成外形刀具路径

（4）Z-25 深度清余量

1）单击【外形】图标 ，弹出串连选项对话框，依次单击【实体】图标 —【2D】—【边界】图标 ，选择图 3-32 左所示两条轮廓，单击对话框 ✅ 确定，弹出外形铣削参数设置对话框。

2）单击【刀具】选项，选择【D8 精刀】。

3）单击【切削参数】选项，设置补正方式：关（ 补正方式 _____关_____ ▾ ）。

4）单击【共同参数】选项，设定参考高度：30.0（绝对坐标），进给下刀位置：3.0（增量坐标），工件表面：-24（绝对坐标），深度：-25（绝对坐标）。

5）单击 ✅ 确定，生成图 3-32 右所示刀具路径。

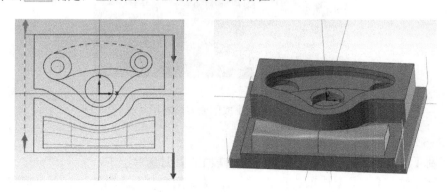

图 3-32 加工轮廓选择及生成外形刀具路径

（5）Z-19 平面精加工

1）单击 2D 功能区中的【区域】图标 ，弹出串连选项对话框，单击【加工范围】下的图标 ，选择图 3-33 左所示轮廓作为加工范围，单击 ✅ 确定，点选加工区域策略：开放；单击【避让范围】下的图标 ，弹出对话框，依次单击【实体】—【2D】—【连接边界】，选择图 3-33 右所示两个封闭轮廓作为避让范围（选完一个封闭轮廓后，需单击空格键才能继续选择下一条轮廓），单击 ✅ 确定；再单击 ✅ 确定，弹出区域加工参数设置对话框。

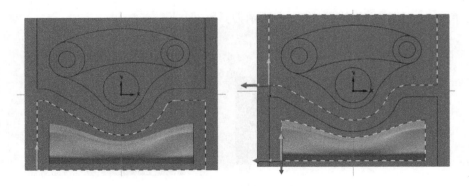

图 3-33   加工轮廓及避让轮廓选择

2）单击【刀具】选项，选择【D8 精刀】。

3）单击【切削参数】选项，设置 XY 步进量：80%，壁边、底面预留量 0。

4）单击【共同参数】选项，设定参考高度：30.0（绝对坐标），进给下刀位置：3.0（增量坐标），工件表面：−18（绝对坐标），深度：−19（绝对坐标）。

5）单击【冷却液】选项，设定开启冷却液模式【On】。

6）单击 ✅ 确定，生成图 3-34 所示刀具路径。

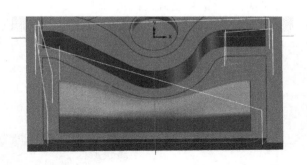

图 3-34   生成区域刀具路径

（6）Z-5 凹槽精加工

1）复制【3-2D 挖槽（标准）】到【D8 精加工】刀具群组下。

2）修改参数；【刀具】选项选择 D8 精刀；【切削参数】选项壁边、底面预留量 0；【共同参数】工件表面：−4（绝对坐标）。

3）单击 ✅ 确定，单击操作管理器上的图标 ▶ 重新计算，生成图 3-35 左图所示刀具路径。

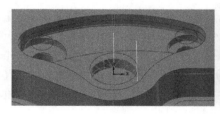

图 3-35   生成刀具路径

（7）Z-10 凹槽精加工

1）复制【4-2D 挖槽（标准）】到【D8 精加工】刀具群组下。

2）修改参数；【刀具】选项选择 D8 精刀；【切削参数】选项壁边、底面预留量 0；【共同参数】工件表面：-9（绝对坐标）。

3）单击 ✔ 确定，单击操作管理器上的 重新计算，生成图 3-35 右所示刀具路径。

（8）φ30mm 圆精加工

1）复制【5-2D 挖槽（标准）】到【D8 精加工】刀具群组下。

2）修改参数；【刀具】选项选择 D8 精刀；【切削参数】选项壁边、底面预留量 0；【共同参数】工件表面：-14（绝对坐标）。

3）单击 ✔ 确定，单击操作管理器上的 重新计算，生成图 3-36 左图所示刀具路径。

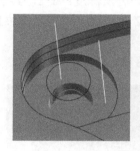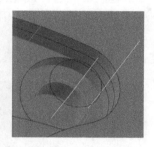

图 3-36　生成刀具路径

（9）φ24mm 圆精加工

1）复制【6-2D 挖槽（标准）】到【D8 精加工】刀具群组下。

2）修改参数；【刀具】选项选择 D8 精刀；【切削参数】选项壁边、底面预留量 0；【共同参数】工件表面：-14（绝对坐标）。

3）单击 ✔ 确定，单击操作管理器上的 重新计算，生成图 3-36 右所示刀具路径。

（10）深度为 8mm 的 φ30mm 圆精加工

1）复制【7-2D 挖槽（标准）】到【D8 精加工】刀具群组下。

2）修改参数；【刀具】选项选择 D8 精刀；【切削参数】选项壁边、底面预留量 0；【共同参数】工件表面：-12（绝对坐标）。

3）单击 ✔ 确定，单击操作管理器上的 重新计算，生成图 3-37 左所示刀具路径。

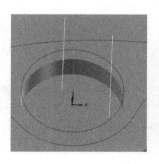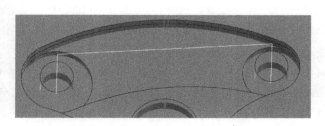

图 3-37　生成刀具路径

（11）2×φ14mm 圆为精加工

1）复制【8- 螺旋铣孔】到【D8 精加工】刀具群组下。

2）修改参数；【刀具】选项选择 D8 精刀；【切削参数】选项壁边、底面预留量0；【共同参数】工件表面：-22（绝对坐标）。

3）单击 ✓ 确定，单击操作管理器上的 重新计算，生成图 3-37 右所示刀具路径。

（12）曲面精加工（清角）

1）单击 3D 功能区中的【等高】图标 ，选择图 3-26 所示生成的曲面，单击 结束选择 ，单击 ✓ 确定，弹出等高铣削参数设置对话框。

2）单击【刀具】选项，选择【D8 精刀】。

3）单击【毛坯预留量】选项，设置壁边、底面预留量0。

4）单击【切削参数】选项，点选：最佳化，分层深度：0.2，其余默认。

5）单击【陡斜／浅滩】选项，勾选：使用 Z 轴深度，设置最高位置：-16，最低位置：-19，其余默认。

6）单击 ✓ 确定，生成图 3-38 所示刀具路径。

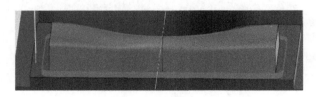

图 3-38　清角刀具路径

5. D6R3 曲面精加工

1）单击【机床群组 -1】，鼠标停留在机床群组 -1 上右击，依次选择【群组】—【新建刀路群组】，输入刀具群组名称：D6R3 曲面精加工；完成新群组的创建。

2）依次单击【曲面】—【由实体生成曲面】，单击曲面底面生成单独的曲面，用于编程时作为干涉面，如图 3-39 所示。

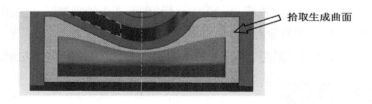

拾取生成曲面

图 3-39　拾取生成曲面

3）单击 3D 功能区中的【流线】图标 ，选择图 3-25 曲面，单击 结束选择 ，弹出【刀路曲面选择】对话框；单击干涉面下的图标 ，选择上一步生成的曲面作为干涉面，单击 结束选择 回到对话框；单击 ✓ 确定，弹出曲面精修流线参数设置对话框。

4）单击【刀具参数】选项，创建一把直径为 6mm 的球刀。设置刀具属性，名称：D6R3 球刀、进给速率：2000、主轴转速：3500、下刀速率：600。

5）单击【曲面参数】选项，参考高度：30（绝对坐标），下刀位置：3（增量坐标），其余默认，如图 3-40 所示。

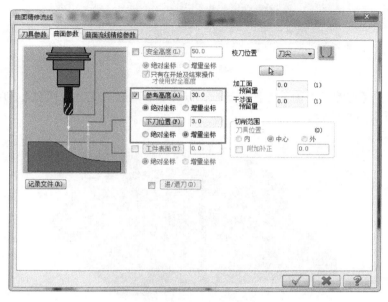

图 3-40　曲面参数设置

6）单击【曲面流线精修参数】选项，设置截断方向控制点选：距离，输入：0.2，其余默认，如图 3-41 所示。

7）单击 ✓ 确定，弹出图 3-42 所示【曲面流线设置】对话框。

图 3-41　曲面流线精修参数设置

图 3-42　曲面流线设置

8）单击【补正方向】，出现图 3-43 所示刀路预览，【切削方向】、【步进方向】、【起始点】用户可以根据所需进行修改，此处直接按照默认，单击 ✓ 确定。

图 3-43　刀具路径预览

9）系统弹出【刀路／曲面】警告对话框，点选【不再显示此警告信息】，单击 ☑ 确定，生成图 3-44 所示刀具路径。

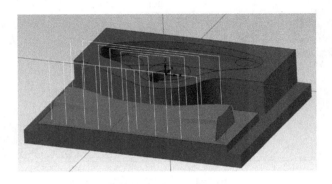

图 3-44　曲面流线精修参数设置

6. 实体仿真

1）单击操作管理器上的【机床群组 -1】，选中所有的刀具路径。

2）单击【机床】—【实体仿真】进行实体仿真，单击 ▶ 播放，仿真加工过程和结果如图 3-45 所示。

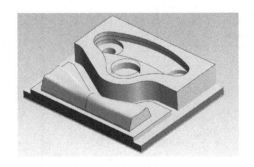

图 3-45　实体切削验证效果

7. 保存

单击选项卡上【文件】—【保存】，将本例保存为【高级工实例一 . mcam】文档。

8. 后处理程序

选择 802D.PST 后处理文件，分别将"D12 粗加工""D8 粗加工""D8 精加工""D6R3 曲面精加工"群组处理成 CX-D12.NC、CX-D8.NC、JX-D8.NC、JX-D6R3.NC 文件。

注：

本例的特点主要采用了粗-精的加工顺序，余量为0.2mm。在曲面粗加工挖槽时取消了精修工序，目的是为了节约时间。

3.4　SINUMERIK 802D 数控铣床加工操作技巧

3.4.1　对刀技巧

第2章介绍了一种常用的对刀方法——试切法，对刀方式采用的是双边对刀。根据对刀方式的不同和对刀工具的不同，可以分为单边对刀、双边对刀、刀具对刀和仪器对刀等，组合方式有4种，即单边刀具对刀、双边刀具对刀、单边仪器对刀和双边仪器对刀。所用到的仪器主要有机械式寻边器、光电式寻边器和Z轴设定器，如图3-46所示。

图 3-46　对刀仪器

机械式寻边器又称为"分中棒"，如图3-46左所示，其工作原理是：将机械式寻边器安装在主轴上，主轴以500r/min速度旋转，然后移动工作台和主轴，使寻边器靠近工件上需要测量的部位，轻微进给趋近工件，当旋转的寻边器测头碰到工件时，寻边器测头会产生偏心，根据偏心情况和此时的各轴坐标值，即可判断和计算工件的位置和工件坐标系。

一般情况下，机械式寻边器的对刀精度可达到0.01mm。机械式寻边器的最大缺点是测头接触到工件后不能迅速直观地显示，需要操作者用肉眼反复观察偏心情况。

光电式寻边器如图3-46中所示，其原理是：当寻边器上的测头接触到工件时，工件、机床本体、装夹装置导通形成回路，此时寻边器上的氖光灯点亮。光电式寻边器最大的优点是灵敏度高，寻边器只要碰触工件，电路接通，氖光灯就会点亮。还有一种光电鸣音式寻边器，工作原理与光电式一样，在氖光灯点亮的同时会发出鸣音，适合于加工深孔不便观察时使用。从应用情况来看，目前使用最普遍的就是光电式寻边器。光电式寻边器的对刀精度可达到0.002mm。

一般情况下，光电式寻边器的对刀精度较机械式寻边器的对刀精度高，但是实际情况是：使用过一段时间后，特别是光电式寻边器的球心触头反复碰触后无法回位时，精度会慢慢降低，甚至不如机械式寻边器对刀精度高。

Z轴设定器如图3-46右所示，它有光电式和指针式等类型，通过光电指示或指针判断刀具与对刀器是否接触，对刀精度一般可达0.01mm。Z轴设定器带有磁性表座，可以牢固地吸附在工件或夹具上，其高度一般为50mm或100mm。

机械式寻边器、光电式寻边器和Z轴设定器的最大优点是对刀时不损伤零件表面，在某些精加工或修模情况下尤其适合。

❧ 例3-1：单边法和Z轴设定器对刀

操作步骤如下：

1）用游标卡尺测量出工件长度 L=91.48mm，计算出 $L/2$=45.74mm，如图3-47所示。

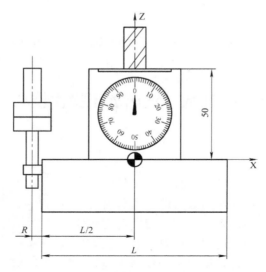

图 3-47　对刀示意图

2）将工件夹紧在平口钳上，换上寻边器，测得寻边器测头直径 $D=10$mm，则半径 $R=5$mm，$R+L/2=50.74$mm。

3）若是机械式寻边器，将主轴以 500r/min 速度正转，缓慢靠近工件左边，反复观察偏心情况，直到合适位置，如图 3-48 左图所示；若是光电式寻边器，则主轴不动，直接用寻边器的球心碰触工件左边，小心操作，直到氖光灯刚刚点亮，如图 3-48 右图所示。

图 3-48　机械式寻边器和光电式寻边器对刀

4）按下软键"测量工件"，按下"SELECT"键切换到 G54，按下光标键下移到半径，用"SELECT"键切换到"+"，在距离处输入 50.74，按下屏幕右侧软键"计算"即可，如图 3-49 所示。

5）Y 方向同理操作，注意切换屏幕右侧上方软键"Y"方向。

6）Z 方向设定：换上第一把刀（直径为 12mm 的平刀），将 Z 轴设定器置于工件表面，用校正棒校正表盘，使指针指到"0"处，用手轮缓慢下刀，使刀尖轻轻碰

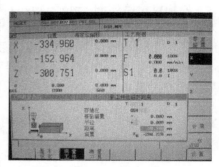

图 3-49　X 轴对刀设定

触到 Z 轴设定器上表面的活动块，继续下移 Z 轴，使得指针指到 "0" 处，如图 3-50 所示。

7）按下软键 "测量工件" "Z"，切换到 G54，长度 "–"，在距离处输入 50，按下 "计算" 即可，如图 3-51 所示。

 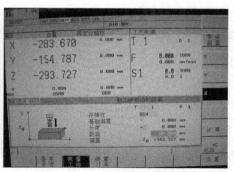

图 3-50 Z 轴设定器对刀   图 3-51 Z 轴设定器对刀设定

3.4.2 DNC 方式加工

SINUMERIK 802D 数控铣床自带的内存为 256KB。如果程序过大，超过机床内存，就必须外接存储器如 CF 卡或者采用 DNC 方式加工，也就是一边传送程序一边加工。采用 DNC 方式加工的操作步骤如下：

1）按下机床控制面板 "AUTO" 键，进入自动加工状态，按下屏幕下方软键 "外部程序"。

2）计算机方发送所要加工的程序，具体步骤参见第 2 章相关内容。

3）按下机床控制面板 "Single Block" 键，打开 "单段"，将 "进给速度修调" 旋钮旋到 10% 以下，按下 "Cycle Start" 循环启动键，开始加工。首件试切时，一定要注意刀具切入工件瞬间的情况，发现异常应立即按下 "Cycle Stop" 循环停止键，然后用 "Reset" 键复位。在 "jog" 方式下，用手轮或机床控制面板的 "+Z" 键抬起 Z 轴，找出问题，重新设定 G54 或重新编程。若没有问题，可以再次按下 "Single Block" 键，取消 "单段"，将 "进给速度修调" 旋钮旋到正常值 100%，按下 "Cycle Start" 循环启动键继续加工，如图 3-52 所示。

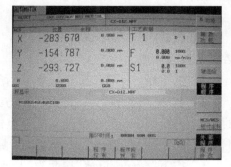

图 3-52 DNC 方式加工

3.4.3 常见问题及处理

1. 断刀

加工过程中，经常会有一些异常情况出现，最常见的就是 "断刀"。由于主轴转速或进给量选择不合理，或者工件、刀具材料的瑕疵，在选用直径较小的刀具加工时，最容易出现断刀现象。

出现断刀以后不必惊慌，先按下 "Cycle Stop"，观察断刀时机床的加工情况。这里分为两种：第一种情况是断刀被及时发现，断刀时正在执行的语句就是实际加工执行的语句，这时可以记下该条语句，然后停机，抬起 Z 轴，重新换刀和对刀；第二种情况是断刀未被及时发现，等发现时已经执行了大段语句，这种情况就需要大致估计断刀时的坐标位置，等重新对刀后验证。

2. 通信中断

在 SIEMENS 机床以外部程序（DNC）方式运行时，偶尔会出现通信中断的情况，表现为机床运行到某条语句后停止执行下面语句，主轴仍在转动，无进给运动。处理方法与断刀一样，记下该条语句，然后停机。

3. 中断后的处理

在中途停机、断刀、通信中断等情况下，需要重新在断点开始加工，根据加工方式的不同，大致可以分为 3 种情况：

1）程序已经存放在机床内存，加工时由于测量或者中途休息等情况需要停机，采用程序段断点加工。

操作步骤如下：

① 程序按下"Reset"键复位后，系统能够自动保存断点坐标。在"jog"方式下用手轮或手动从轮廓退出刀具，抬起 Z 轴至安全高度，开始测量或者停机休息。

② 继续加工，按下"AUTO"，进入自动方式，按下屏幕下方软键"程序段搜索"，选择屏幕右边软键"搜索断点"，装入断点坐标，按下"计算轮廓"，启动断点搜索。

③ 按下"Cycle Start"键两次，启动从断点的继续加工。

2）程序已经存放在机床内存，加工时由于断刀未被及时发现，已运行多条程序，此时断点不再是"Reset"键复位后的断点。

操作步骤如下：

① 程序按下"Reset"键复位后，在"jog"方式下用手轮或手动从轮廓退出刀具，抬起 Z 轴至安全高度。

② 拆下断刀，换上新刀，重新对刀设定 G54 的 Z 值。

③ 按下"AUTO"，进入自动方式，按下屏幕下方软键"程序段搜索"，系统会让光标自动停在"Reset"键复位后的断点位置，用翻页键"Page Up"往前翻，找到断刀的大致位置，移动光标到该语句，按下"计算轮廓"，启动断点搜索。

④ 按下"Cycle Start"键两次，启动从断点的继续加工。若发现该点与断刀位置相差太多，重复步骤①和③。

注：

上述两种方法在程序重新启动时是由此时刀具所在的位置空间下刀到断点坐标，一定要注意防止空间下刀时碰到工件或平口钳等障碍物，造成撞刀。操作时一定要小心谨慎，将进给速度调慢，发现不对应及时按下"Cycle Stop"停止。

3）DNC 方式加工时，程序搜索失去作用，适用于中途停机、断刀、通信中断等多种情况。

操作步骤如下：

① 抄下断点处运行程序的整条语句，包括行号。

② 用记事本打开加工的 NC 文件，查找到该条语句。

③ 将光标移动到该条语句的上一条语句处，逐次向上查找离该条语句最近的 G、X、Y、Z、F、S 值并记下。

④ 若最近的 G 代码为 G1 或 G0，则该条语句有效；若为 G2 或 G3 代码，则继续向上查找 G 代码，直到最近的 G1 或 G0 为止，并设此处为新的断点，记下该处整条语句作为新的断点。

⑤ 删除 N106 至该断点上一条语句之间的所有语句，将断点语句写完整（包含 G、X、Y、Z、F 等代码），然后另存为其他文件。

⑥ 将该文件重新传送至机床并加工。

例 3-2：在精加工"jx-d6r3"的工序中，程序在 N2062X-21.834Y-49.935Z-2.619 处中断

jx-d6r3.NC 文件部分代码如下：

```
%_N_JX-D6R3_MPF
;$PATH=/_N_MPF_DIR
N100G71G54G64
N102G17G40G90G0Z100
N104X59.768Y-62.067S3000M3
N106Z-15.8
N108G1Z-18.8F400.N110Z-17.272


N2054X28.649Y-55.636Z-4.908
N2056X28.281Y-56.004Z-5.096
N2058X27.98Y-56.305Z-5.259
N2060X27.935Y-56.35Z-5.293      // 断点的上一条语句
N2062X27.473Y-56.812Z-5.597     // 断点
...
```

将光标移到断点的上一条语句，向上查找该语句的最近的 G，发现是 G1，然后查找 X、Y、Z、F、S 值，分别是 X27.935、Y-56.35、Z-5.293、F400、S3000，那么该条语句应该是 N2060 G1 X27.935Y-56.35Z-5.293 F400，删除 N106～N2060 所有语句，将 N104 X59.768Y-62.067S3000M3 替换为 N104 X27.935Y-56.35 S3000 M3，增加 N106 G1 Z-5.293 F400 M08，整个修改后的程序如下：

```
%_N_JX-D6R3_MPF
;$PATH=/_N_MPF_DIR
N100G71G54G64
N102G17G40G90G0Z100
N104X27.935Y-56.35S3000M3
N106G1Z-5.293F400M08
N2062X27.473Y-56.812Z-5.597
N2064X27.401Y-56.884Z-5.661
N2066X27.156Y-57.129Z-5.85
...
```

有几点需要说明：

1）将查找起始点设在断点的上一条语句是因为不确定断点的语句是否执行完，在执行断点语句中途断刀的情况尤其如此。

2）避开 G2、G3 等圆弧指令，主要原因是不知道此时刀具确定的空间位置。SIEMENS 圆弧指令有多种格式，在并不确定此时到底用哪种指令格式时，最好避开，继续向上查找最近的 G1 或 G0，并设为新的断点，哪怕多走点刀具路径都无妨。

3）若断刀多时才发现机床已经走了许多空刀，这时需要大致估算断点语句的位置，修正程序并开机验证，验证后发现不对，应及时更新断点。

4）断点位置的 G、X、Y、Z、F、S 均是从断点上一条语句开始向上查找最近的 G、X、Y、Z、F、S 代码，这一点尤其需要强调。

5）新的 NC 文件代码的意思是：在 Z100 安全高度上快速定位到断点前一条语句的 X、Y 处，然后缓慢下刀，进给到 Z 值处，从断点开始执行后续语句。

6）机床开机运行时，必须打开"单步"，进给速度修调到"低"，缓慢下刀，加工一段时间确认无误后方可以取消"单步"，将进给速度调为"正常"。若出现异常情况，应及时停机，重新检查程序。

> **注：**
>
> 记下断点处运行的程序整条语句（包括行号），是因为行号是重复使用的，超过 10000 就重新由 100 开始。

3.5　零件 2 的工艺分析

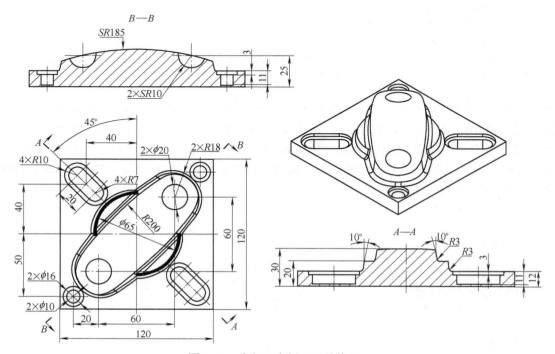

图 3-53　高级工实例二（零件 2）

本例是数控铣高级工常见考题，材料为铝，备料尺寸为 120mm×120mm×30mm。

技术要求：

1）以小批量生产条件编程。

2）不准用砂布及锉刀等修饰表面。

3）未注公差尺寸按 GB/T 1804—m。

该零件形状较为复杂，主要特征有二维轮廓、斜面、旋转面、球面等，需进行实体的建模。

刀具的选择要综合考虑各种情况来定，由于凸出位置余留较多，为提高加工的效率，选用 ϕ16mm 铣刀进行开粗，再使用 ϕ8mm 平刀加工宽度 14mm 的沟槽和两个 ϕ10mm 圆，精加工选择 ϕ8mm 平刀完成所有加工，曲面部分可以采用 ϕ6R3mm 球刀加工。

各工序加工内容及切削参数见表 3-2。

表 3-2 各工序刀具及切削参数

序 号	加 工 部 位	刀 具	主轴转速 / (r/min)	进给速度 / (mm/min)
1	凸台开粗、宽度 20mm 的沟槽	ϕ16mm 立铣刀	动态铣削：3300 非动态铣削：1900	动态铣削：2000、非动态铣削：600
2	宽度 14mm 的沟槽、2×ϕ16mm、2×ϕ10mm 圆 2×SR10mm 粗加工	ϕ8mm 立铣刀	粗：2500，精：2800	粗：600，精：400
3	曲面精加工	ϕ6R3mm 球刀	3500	2000

3.6 零件 2 的 CAD 建模

3.6.1 二维造型

操作步骤如下：

1）按【Alt+F9】，打开【显示指针】。

2）单击绘图区下方【状态栏】的 Z: 0.00000 输入新的作图深度 −18，单击旁边的 3D 图标将绘图平面切换成 2D。

3）在选项卡上依次单击【草图】—【矩形】弹出对话框，输入宽度：120、高度 120，设置勾选【矩形中心点】，鼠标移至绘图区中间指针位置单击确认，绘出 120mm×120mm 矩形，单击 ⊙ 确定并创建新操作；输入宽度：20、高度 20，鼠标移至绘图区中间指针位置单击确认，绘出 20mm×20mm 矩形，单击 ⊙ 完成矩形绘制。

4）单击【已知点画圆】弹出对话框；输入直径 20，鼠标捕捉 20mm×20mm 矩形上下两条边的中间点作为圆心绘制整圆，完成结果如图 3-54a 所示。

5）单击【修剪打断延伸】弹出对话框，选择模式：修剪，方式：分割 / 删除，将 ϕ20 和 20mm×20mm 矩形多余的线段剪掉，单击 ⊙ 完成，如图 3-54b 所示。

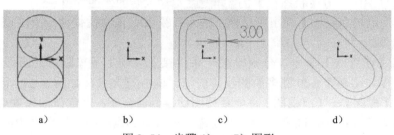

a)   b)   c)   d)

图 3-54 步骤 4）～ 7）图形

6）单击【补正】下方黑色三角符号，选择【串连补正】，弹出【串连选项】对话框；点选【串连】图标⟨ⵑ⟩，图形选择图 3-54b 所示，单击 ✓ 完成线条拾取，弹出串连补正对话框，输入距离：3，点选：复制，单击图标⟨→⟩切换补正方向为向图形里面补正，其余默认；单击 ✓ 确定，完成后图形如图 3-54c 所示。

7）依次单击选项卡上【转换】—【旋转】，选择图 3-54c 的图形，单击⟨结束选择⟩，弹出旋转对话框；点选：移动，输入旋转角度：45°，单击 ✓ 完成旋转。结果如图 3-54d 所示。

8）单击【平移】命令，选择步骤 7）图形，单击 ✓ 确定，弹出对话框，点选：复制，在【极坐标】处输入：X-40、Y40，单击 ⊕ 应用；继续选择步骤 7）图形，单击确定弹出对话框，点选：移动，在【极坐标】处输入：X40、Y-40，单击 ✓ 完成平移。

9）单击【已知点画圆】弹出对话框；分别输入直径 16、10，捕捉绘图区中间指针位置作为圆心，单击◉完成绘圆。

10）单击【平移】命令，选择步骤 9）图形，单击 ✓ 确定，弹出对话框，点选：复制，在【极坐标】处输入：X50、Y50，单击 ⊕ 应用；继续选择步骤 9）图形，单击确定弹出对话框，点选：移动，在【极坐标】处输入：X-50、Y-50，单击 ✓ 完成平移；结果如图 3-55 所示。

11）单击【已知点画圆】弹出对话框；分别以圆心【30，30】、【-30，-30】作 R18 的圆，单击◉完成绘圆。

12）单击【切弧】弹出对话框，选择模式：两物体切弧，设定切弧半径为 R200；依次单击两个 R18 的圆，此时绘图区左上角提示⟨选择所需圆角⟩，选择需要保留的圆弧。最后单击◉完成切弧。完成后如图 3-56 左所示。

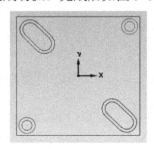 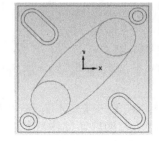 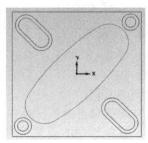

图 3-55　步骤 8）～ 10）图形结果　　　　　图 3-56　步骤 11）～ 13）图形

13）单击【修剪打断延伸】弹出对话框，将两个 R18 圆多余的线段剪掉，单击◉完成，如图 3-56 右所示。

14）单击【已知点画圆】弹出对话框；输入直径 65，捕捉绘图区中间指针位置作为圆心，单击◉完成绘圆。

15）单击绘图区下方【状态栏】的⟨Z: -18.00000⟩输入新的作图深度 -5。

16）单击【已知点画圆】弹出对话框；输入直径 20，依次捕捉两个 R18 圆心绘 φ20 圆，单击◉完成绘圆。

17）单击【连续线】命令，分别绘制一条连接 φ20 圆上下象限点的直线；单击【修剪打断延伸】命令，将两个 φ20 圆多余的线段剪掉，单击◉完成，如图 3-57 所示。

18）单击【视图】—【前视图】将屏幕视图切换到前视图；设定作图深度 Z=0；使用【矩形】命令，输入宽度：60，高度：20，不勾选：矩形中心点；捕捉绘图区中间指针位置作为矩形基准点，单击◉完成。

19）单击【切弧】弹出对话框，选择模式：单一物体切弧，设定切弧半径为 $R185$，绘图区左上角提示 选择一个圆弧将要与其相切的图形 ，点选 60mm×20mm 矩形下边线；绘图左上角提示 指定相切点位置 ，拾取中间指针作为切点；提示 选择圆弧 ，选择需要保留的圆弧，完成后图形如图 3-58 所示。

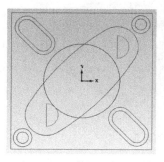

图 3-57　步骤 14）～ 17）图形

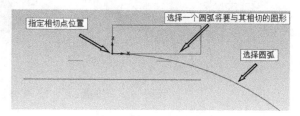

图 3-58　单一物体切弧

20）单击【修剪打断延伸】弹出对话框，选择模式：修剪两个物体，依次选择矩形右边线和 $R185$，使其成为封闭轮廓，单击 ⊘ 完成。

21）依次单击【主页】—【删除图形】，选择删除矩形下边线，完成结果如图 3-59 所示。

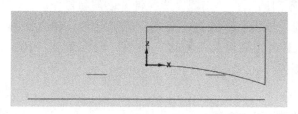

图 3-59　步骤 21）图形

22）单击【视图】—【等视图】，完成后的图形如图 3-60 所示。

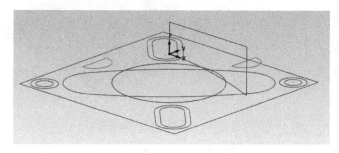

图 3-60　完成图形

3.6.2　实体及曲面建模

操作步骤如下：

1）依次单击【实体】—【 拉伸】，弹出串连选项对话框，选择【 串连】，图形选择 120mm×120mm 矩形，单击 ✓ 确定；在操作管理器上弹出【实体拉伸】对话框，输入距离：12，注意拉伸方向为向下，如图 3-61 左所示，单击◎完成拉伸并创建新操作。

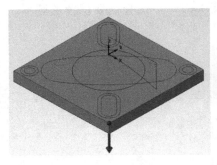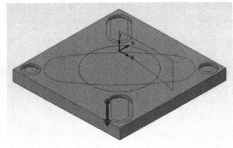

图 3-61 步骤 1）、2）实体挤出的设定

2）选择两个 $\phi16$ 圆、4×R10 形成的沟槽轮廓，单击 ✔ 确定，弹出【实体拉伸】对话框，点选：切割主体，输入距离：3，注意方向向下，如图 3-3 右所示；单击◎完成拉伸并创建新操作。

3）选择两个 $\phi10$ 圆、4×R7 形成的沟槽轮廓，单击 ✔ 确定，弹出【实体拉伸】对话框，输入距离：11，注意方向向下；单击◎完成拉伸并创建新操作。

4）选择 $\phi65$ 的圆，单击 ✔ 确定；点选：增加凸台，输入距离：8，单击⬌切换方向向上；单击对话框左上角【高级】，勾选：拔模，输入角度：10°，如图 3-62 所示，单击◎完成拉伸并创建新操作。

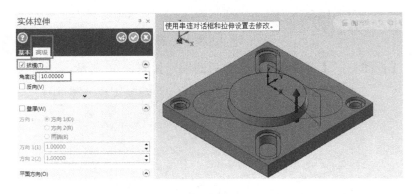

图 3-62 增加凸台拔模设置

5）选择二维造型步骤 13）图形，单击 ✔ 确定；点选：增加凸台，输入距离：18；单击对话框左上角【高级】，勾选：拔模，输入角度：10°，单击◎完成所有拉伸。

6）依次单击【实体】—【旋转】，选择步骤 21）图形，单击 ✔ 确定；绘图区左上角提示 选择作为旋转轴的线，选择图 3-63 所示线段作为旋转轴，弹出【选择实体】对话框；点选：切割主体，单击◎完成旋转并创建新操作。

7）分别选择步骤 17）图形（一个封闭半圆为一次旋转操作），单击 ✔ 确定选择直接段作为旋转轴，单击◎完成旋转并创建新操作；继续重复动作旋转切割另一个半球，完成结果如图 3-63 所示。

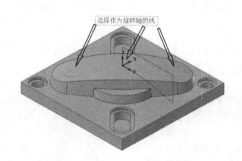

图 3-63　步骤 7）旋转轴及结果

8）单击 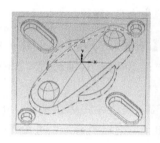 命令，点选【边界】，选择图 3-64 左所示实体边界，单击 ✅ 确定，弹出固定圆角半径对话框，输入半径：3，单击 ◎ 确定完成操作；完成结果如图 3-64 右所示。

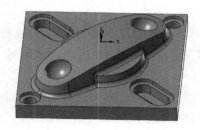

图 3-64　圆角边界选择及结果

9）单击选项卡上【文件】—【保存】，将本例保存为【高级工实例二 .mcam】文档。

3.7　零件 2 的 CAM 刀具路径编辑

操作步骤如下：

1. 工作设定

1）单击【机床】—【铣床】—【默认】，弹出【刀路】选项卡。

2）鼠标左键双击【机床群组 -1】下的属性，单击【毛坯设置】弹出对话框，设置毛坯参数 X：120、Y：120、Z：30，设置毛坯原点 Z：0。

2. D16 粗加工

单击操作管理器上【刀具群组 -1】，鼠标停留在刀具群组 -1 上右击，依次选择【群组】—【重新名称】，输入刀具群组名称：D16 粗加工。

（1）Z-18 凸台粗加工

1）单击 2D 功能区中的【动态铣削】图标 ，弹出【输入新 NC 名称】对话框，提示用户可以根据自己所需给程序命名，输入后单击 ✅ 确定。

2）系统弹出加工轮廓串连选项界面，单击加工范围下的 图标，选择 120mm×120mm 的矩形作为加工范围，单击 确定，回到串连选项对话框，点选加工区域策略：开放。单击避让范围下的 图标，弹出串连选项对话框，单击【 实体】图标，点选：2D、连接边界，选择图 3-65 左所示实体边界，单击 完成选择，回到串连选项对话框；单击 确定，弹出切削参数设置对话框。

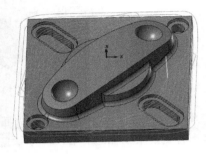

图 3-65　加工轮廓选择及生成刀具路径

3）单击【刀具】选项，单击鼠标右键选择【创建新刀具】，创建一把直径为 16mm 的平底刀；设置刀具名称：D16 粗刀、进给速率：2000、主轴转速：3300、下刀速率：600。

4）单击【切削参数】选项，设置步进量：20%，壁边、底边预留量：0.2。

5）单击【共同参数】选项，设定参考高度：30.0（绝对坐标），进给下刀位置：3.0（增量坐标），工件表面：0.0，深度：−18（绝对坐标）。

6）单击【冷却液】选项，设定开启冷却液模式【On】。

7）单击右下角的 确定，生成图 3-65 右所示刀具路径。

8）单击【仅显示已选择的刀路】。

（2）4×R10 沟槽粗加工

1）单击 2D 功能区中的【外形】图标 ，选择 4×R10 形成沟槽轮廓，如图 3-66 左所示，单击 确定，弹出外形铣削参数设置对话框。

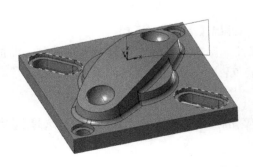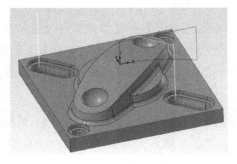

图 3-66　加工轮廓选择及生成刀具路径

2）单击【刀具】选项，选择【D16 粗刀】，在原刀具参数上修改切削参数，设置刀具切削参数，进给速率：600、主轴转速：1500、下刀速率：300，如图 3-67 所示。

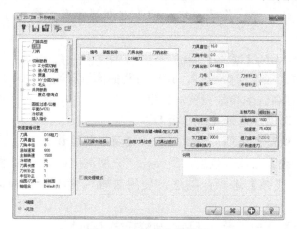

图 3-67　刀具参数设置

3）单击【切削参数】选项，设置外形铣削方式【斜插】，勾选斜插方式：深度，设置斜插深度：3，勾选：在最终深度处补平；设置壁边、底面预留量 0.2。

4）单击【进 / 退刀设置】选项，不勾选：进 / 退刀设置。

5）单击【共同参数】选项，设定参考高度：30.0（绝对坐标），进给下刀位置：3.0（增量坐标），工件表面：-18（绝对坐标），深度：-21（绝对坐标）。

6）单击【冷却液】选项，设定开启冷却液模式【On】。

7）单击 ✔ 确定，生成图 3-66 右所示刀具路径。

（3）曲面粗加工

1）依次单击【曲面】—【由实体生成曲面】命令，点选绘图区上方【选择工具栏】鼠标单击拾取模式为：选择实体面，单击去掉：选择主体，如图 3-68 所示；单击实体上的曲面生成单独的曲面，用于编程时的选择，如图 3-69 左所示。单击回车键完成选择，弹出【由实体生成曲面】对话框，单击 ⊘ 确定完成操作。

选择实体面

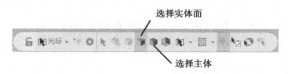

选择主体

图 3-68　拾取模式选择

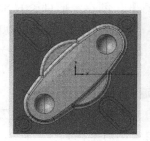
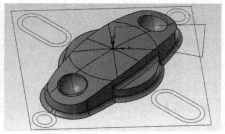

图 3-69　加工轮廓选择及生成刀具路径

2）依次单击【主页】—【消隐 ▾】命令，绘图区左上角提示【选择图形】，鼠标左键拾取【实体】，单击 结束选择 隐藏主体，留下曲面显示在绘图区中，方便拾取曲面，结果如图 3-69 右所示。

3）单击 3D 功能区中的【等高】图标 ，绘图区左上角提示 选择加工曲面 ，鼠标【框选】拾取上一步生成的曲面，单击 结束选择 ，弹出刀路曲面选择对话框，加工曲面显示【33】，单击 ✓ 确定，弹出等高铣削参数设置对话框。

4）单击【刀具】选项，选择【D16 粗刀】。

5）单击【毛坯预留量】选项，设置壁边、底面预留量 0.2。

6）单击【切削参数】选项，点选：最佳化、分层深度：1，其余默认。

7）单击【陡斜／浅滩】选项，勾选：使用 Z 轴深度，设置最高位置：0，最低位置 −18，其余默认。

8）单击【冷却液】选项，设定开启冷却液模式【On】。

9）单击 ✓ 确定，生成图 3-70 所示刀具路径。

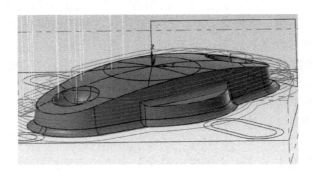

图 3-70　生成刀具路径

3. **D8 粗加工**

单击【机床群组 −1】，鼠标停留在机床群组 −1 上右击，依次选择【群组】—【新建刀路群组】，输入刀具群组名称：D8 粗加工；完成新群组的创建。

（1）2 个 ϕ16 圆粗加工

1）单击 2D 功能区中的【外形】图标 ，选择两个 ϕ16 圆轮廓，单击 ✓ 确定，弹出外形铣削参数设置对话框。

2）单击【刀具】选项，右击，选择【创建新刀具】，创建一把直径为 8mm 的平底刀；设置刀具名称：D8 粗刀、进给速率：600、主轴转速：2500、下刀速率：300。

3）单击【切削参数】选项，设置外形铣削方式【斜插】，勾选斜插方式：深度，设置斜插深度：2，勾选：在最终深度处补平；设置壁边、底面预留量 0.2。

4）单击【进／退刀设置】选项，不勾选：进／退刀设置。

5）单击【共同参数】选项，设定参考高度：30.0（绝对坐标），进给下刀位置：3.0（增量坐标），工件表面：−18（绝对坐标），深度：−21（绝对坐标）。

6）单击【冷却液】选项，设定开启冷却液模式【On】。

7）单击 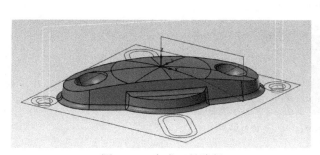 确定，生成图 3-71 所示刀具路径。

（2）2×ϕ10 圆、4×R7 沟槽粗加工

1）单击【外形】图标 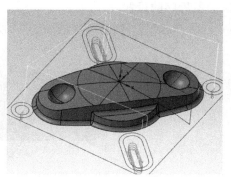，选择【串连】，选择两个 ϕ10 圆和 4×R7 形成沟槽轮廓，单击 ✓ 确定，弹出外形铣削参数设置对话框。

2）单击【刀具】选项，选择【D8 粗刀】。

3）单击【共同参数】选项，设定参考高度：30.0（绝对坐标），进给下刀位置：3.0（增量坐标），工件表面：−21（绝对坐标），深度：−29（绝对坐标）。

4）其余选项按照上道程序默认参数。

5）单击 ✓ 确定，生成图 3-72 所示刀具路径。

图 3-71　生成刀具路径　　　　　　　　　　图 3-72　生成刀具路径

（3）半球粗加工 −1

1）单击 3D 功能区中的【挖槽】图标 ，绘图区左上角提示 选择加工曲面 ，鼠标拾取其中一个半球曲面，单击 结束选择 ，弹出刀路曲面选择对话框，加工曲面显示【1】，单击 ✓ 确定，弹出曲面粗切挖槽设置对话框。

2）单击【刀具参数】选项，选择【D8 粗刀】。

3）单击【曲面参数】选项，设置参考高度：30（绝对坐标），下刀位置：3（增量坐标），加工面预留量：0.2，如图 3-73 所示。

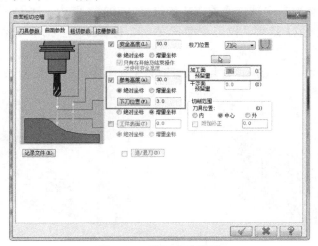

图 3-73　曲面参数设置

4）单击【粗切参数】选项，设置 Z 最大步进量：1，勾选：螺旋进刀。

5）单击【挖槽参数】选项，点选：等距环切，不勾选：精修；其余默认。

6）单击【冷却液】选项，设定开启冷却液模式【On】。

7）单击 ✔ 确定，生成图 3-74 所示刀具路径。

（4）半球粗加工 -2

1）单击 3D 功能区中的【挖槽】图标 ，绘图区左上角提示 选择加工曲面 ，鼠标拾取另一个半球曲面，单击 结束选择 ，弹出刀路曲面选择对话框，加工曲面显示【1】，单击 ✔ 确定，弹出曲面粗切挖槽设置对话框。

2）【刀具参数】、【曲面参数】、【粗切参数】、【挖槽参数】选项，都直接按照默认上条程序的设置。

3）单击 ✔ 确定，生成图 3-74 所示刀具路径。

图 3-74　生成刀具路径

4. D8 精加工

单击【机床群组 -1】，鼠标停留在机床群组 -1 上右击，依次选择【群组】—【新建刀路群组】，输入刀具群组名称：D8 精加工；完成新群组的创建。

（1）Z-18 凸台精加工

1）复制【1-2D 高速刀路（2D 动态铣削）】到【D8 精加工】刀具群组下。

2）单击修改参数，单击【刀路类型】选项，点选：区域，其他默认。

3）单击【刀具】选项，创建一把直径为 8mm 的平底刀。设置刀具属性，名称：D8 精刀、进给速率：400、主轴转速：2800、下刀速率：200。

4）单击【切削参数】选项，设置 XY 步进量：80%，壁边、底面预留量 0。

5）单击【共同参数】选项，设定参考高度：30.0（绝对坐标），进给下刀位置：3.0（增量坐标），工件表面：-17（绝对坐标），深度：-18（绝对坐标）。

6）单击 ✔ 确定，单击操作管理器上的 ▶ 重新计算，生成图 3-75 左所示刀具路径。

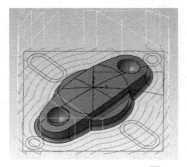 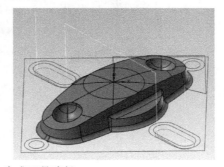

图 3-75　生成刀具路径

（2）2×R10 沟槽精加工

1）复制【2- 外形铣削（斜插）】到【D8 精加工】刀具群组下。

2）修改参数；【刀具】选项选择 D8 精刀；【切削参数】选项壁边、底面预留量 0；【共同参数】工件表面：−20（绝对坐标）。

3）单击 ✔ 确定，单击操作管理器上的 ▶ 重新计算，生成图 3-75 右所示刀具路径。

（3）2×φ16 圆精加工

1）复制【4- 外形铣削（斜插）】到【D8 精加工】刀具群组下。

2）修改参数；【刀具】选项选择 D8 精刀；【切削参数】选项壁边、底面预留量 0；【共同参数】工件表面：−20（绝对坐标）。

3）单击 ✔ 确定，单击操作管理器上的 ▶ 重新计算，生成图 3-76 左所示刀具路径。

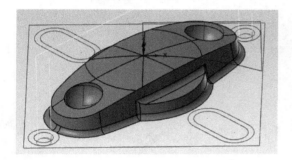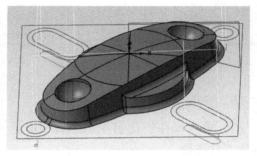

图 3-76　生成刀具路径

（4）2×φ10 圆、4×R7 沟槽精加工

1）复制【5- 外形铣削（斜插）】到【D8 精加工】刀具群组下。

2）修改参数；【刀具】选项选择 D8 精刀；【切削参数】选项壁边、底面预留量 0；【共同参数】工件表面：−28（绝对坐标）。

3）单击 ✔ 确定，单击操作管理器上的 ▶ 重新计算，生成图 3-76 右所示刀具路径。

5. D6R3 曲面精加工

单击【机床群组 -1】，鼠标停留在机床群组 -1 上右击，依次选择【群组】—【新建刀路群组】，输入刀具群组名称：D6R3 曲面精加工；完成新群组的创建。

1）复制【3- 曲面高速加工（等高）】到【D6R3 曲面精加工】刀具群组下。

2）单击修改参数，单击【刀路类型】选项，点选：混合，其他默认。

3）单击【刀具】选项，创建一把直径为 6mm 的球刀。设置刀具属性，名称：D6R3 球刀、进给速率：2000、主轴转速：3500、下刀速率：600。

4）单击【毛坯预留量】选项，设置壁边、底面预留量 0。

5）单击【切削参数】选项，设置步进 Z 步进量：0.2，3D 步进量：0.2，其余默认，如图 3-77 所示。

6）单击【陡斜 / 浅滩】选项，勾选：使用 Z 轴深度，设置最高位置：0，最低位置 −18，其余默认。

7）单击 ✓ 确定，单击操作管理器上的 🔄 重新计算，生成图 3-78 所示刀具路径。

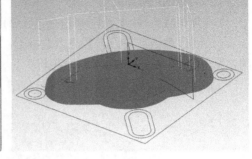

图 3-77　切削参数设置　　　　　　　图 3-78　生成刀具路径

6. 实体仿真

1）单击操作管理器上的【机床群组 -1】，选中所有的刀具路径。

2）单击【机床】—【实体仿真】进行实体仿真，单击 ▶ 播放，仿真加工过程和结果如图 3-79 所示。

7. 保存

单击选项卡上【文件】—【保存】，将本例保存为【高级工实例二 . mcam】文档。

图 3-79　实体切削验证效果

8. 后处理程序

选择 802D.PST 后处理文件，分别将"D16 粗加工""D8 粗加工""D8 精加工""D6R3 曲面精加工"群组处理成 CX-D16.NC、CX-D8.NC、JX-D8.NC、JX-D6R3.NC 文件。

3.8　零件精度的分析与处理方法

在 Mastercam 自动编程中，通过合理选择刀具补正方法及设置相应的加工参数来控制零件尺寸的加工精度。一般有三种补正方法来保证精度。

1. 电脑补正

电脑补正适用于除钻孔以外的全部加工类型，包括外形铣削、挖槽、曲面粗加工和精加工等。

假设某个 XY 方向尺寸要求为 $L_{XY} \pm \delta$，L_{XY} 为基本尺寸，$\pm\delta$ 为对称公差。在最后一道工序（精加工）之前，XY 方向留有余量 Δ_{XY}；同理，假设某个 Z 方向尺寸要求为 $L_Z\pm\delta$，L_Z 为基本尺寸，$\pm\delta$ 为对称公差，Z 方向留有余量 Δ_Z，Δ_{XY}、Δ_Z 均大于 0，则该尺寸在精加工前的理论值分别为 L_{XYT} 和 L_{ZT}。

情况 1：如果通过加工零件形状的外部轮廓得到该尺寸，则该尺寸 XY 方向理论值 $L_{XYT}=L_{XY}+2\Delta_{XY}$，Z 方向理论值为 $L_{ZT}=L_Z-\Delta_Z$。

假设测量值为 L_{XYP} 和 L_{ZP}，在此情况下，对应 XY 方向尺寸变化规律为从大到小，若 $L_{XYP}>L_{XYT}>L_{ZP}>L_{ZT}$，表明 XY 方向尺寸还没有加工到位，精加工时的余量就不再是 0 了，必须在 0 的基础上再深一点，Z 方向则正好相反，表明切削较深，必须浅一点，则精加工时的余量计算公式为

XY 方向余量：$\quad\quad B_{XY}=-(L_{XYP}-L_{XYT})/2=(L_{XY}-L_{XYP})/2+\Delta_{XY}$

Z 方向余量：$\quad\quad B_Z=L_{ZP}-L_{ZT}=L_{ZP}-L_Z+\Delta_Z$

可知此时 $B_{XY}<0$、$B_Z>0$。

若 $L_{XYP}<L_{XYT}$、$L_{ZP}<L_{ZT}$，表明该尺寸 XY 方向加工过量而 Z 方向深度不够，精加工时 XY 方向的余量 B_{XY} 就不再是 0 了，必须在 0 的基础上再浅一点，Z 方向则正好相反，表明切削较浅，还需要深一点，精加工的余量计算公式为

XY 方向余量：

$$B_{XY}=-(L_{XYP}-L_{XYT})/2=(L_{XY}-L_{XYP})/2+\Delta_{XY}$$

Z 方向余量：

$$B_Z=L_{ZP}-L_{ZT}=L_{ZP}-L_Z+\Delta_Z$$

同理，可知此时 $B_{XY}>0$、$B_Z<0$。

➢ 例 3-3：情况 1 的电脑补正

例如，通过 ϕ8mm 平刀的加工，半精铣外轮廓，图形如图 3-30 所示，XY 方向留有 0.2mm 的余量，Z 方向也留有 0.2mm 的余量，深度为 25mm。执行完 BJX-D8. NC 程序后，停机，测量尺寸 140mm 的实际值为 $L_{XYP}=140.46$mm，深度为 $L_{ZP}=24.84$mm。

计算可得

$$B_{XY}=(L_{XY}-L_{XYP})/2+\Delta_{XY}=(140-140.46)\text{mm}/2+0.2\text{mm}=-0.03\text{mm}$$

$$B_Z=L_{ZP}-L_Z+\Delta_Z=(24.84-25+0.2)\text{mm}=0.04\text{mm}$$

在 3.3 节零件的 CAM 刀具路径编辑的程序 11（面铣），用 ϕ8mm 刀精加工时，此时 XY 方向余量不再是 0，而设定为 -0.03，Z 方向余量也不再是 0，而设定为 0.04，重新计算后传入机床加工即可，如图 3-80 所示。

情况 2：如果通过加工零件形状的内轮廓得到该尺寸，则该尺寸 XY 方向理论值：$L_{XYT}=L_{XY}-2\Delta_{XY}$，假设测量值为 L_{XYP}。

在此情况下，XY 方向尺寸变化规律为从小到大，若 $L_{XYP}>L_{XYT}$，表明该尺寸 XY 方向加

工过量，精加工时 XY 方向的余量 B_{XY} 就不再是 0 了，必须在 0 的基础上再浅一点。精加工的 XY 方向余量计算公式为

$$B_{XY}=(L_{XYP}-L_{XYT})/2=(L_{XYP}-L_{XY})/2+\Delta_{XY}$$

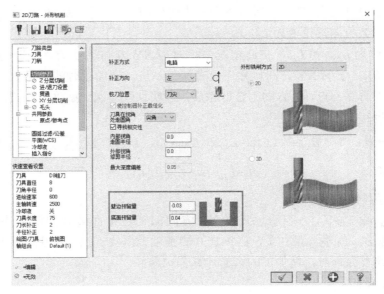

图 3-80　情况 1 的电脑补正精度控制

可知 $B_{XY}>0$。

若 $L_{XYP}<L_{XYT}$，表明该尺寸还没有加工到位，精加工时的余量就不再是 0 了，必须在 0 的基础上再深一点。精加工时的 XY 方向余量计算公式为

$$B_{XY}=(L_{XYP}-L_{XYT})/2=(L_{XYP}-L_{XY})/2+\Delta_{XY}$$

可知 $B_{XY}<0$。

Z 方向余量的计算不受情况 2 的影响，与情况 1 一致。

综合上述公式可得：

当 XY 方向尺寸变化规律为从大到小时：

$$B_{XY}=(L_{XY}-L_{XYP})/2+\Delta_{XY} \tag{3-1}$$

当 XY 方向尺寸变化规律为从小到大时：

$$B_{XY}=(L_{XYP}-L_{XY})/2+\Delta_{XY} \tag{3-2}$$

当 Z 方向尺寸变化规律为从小到大时：

$$B_Z=L_{ZP}-L_Z+\Delta_Z \tag{3-3}$$

上述式（3-1）和式（3-2）不太好记，必须提前判断 XY 方向尺寸变化规律。有一种简单的方法来便于理解，由于有加工余量 Δ_{XY} 的存在（$\Delta_{XY}>0$），XY 方向尺寸变化规律为从大到小时，$L_{XYP}>L_{XY}$；XY 方向尺寸变化规律为从小到大时，$L_{XYP}<L_{XY}$，计算 B_{XY} 前，先判断 L_{XYP} 和 L_{XY} 的大小，由此得出结论：

若 $L_{XYP}>L_{XY}$，则

$$B_{XY}=(L_{XY}-L_{XYP})/2+\Delta_{XY} \tag{3-4}$$

若 $L_{XYP} < L_{XY}$，则

$$B_{XY} = (L_{XYP} - L_{XY})/2 + \Delta_{XY} \tag{3-5}$$

➤ 例 3-4：情况 2 的电脑补正

在本章例子中，通过 ϕ8mm 平刀的加工，以渐降斜插的方式半精铣 ϕ14mm 的孔，余量为 0.2mm，执行完 BJX-D8.NC 程序后，停机，测量尺寸 14mm 的实际值为 L_{XYP}=13.54mm。$L_{XYP} < L_{XY}$，由式（3-5）得 XY 方向余量为

$$B_{XY} = (L_{XYP} - L_{XY})/2 + \Delta_{XY} = (13.54-14)\text{mm}/2 + 0.2\text{mm} = -0.03\text{mm}$$

在 3.3 节零件的 CAM 刀具路径编辑的程序 20（深度为 8mm 的 ϕ30mm 圆精加工），此时 XY 方向余量不再是 0，而设定为 -0.03，重新计算后传入机床加工即可，如图 3-81 所示。

对于 3.3 节零件的 CAM 刀具路径编辑的曲面粗加工和精加工，由于曲面加工的半精加工不便于测量，而最后一道工序"精加工"往往可实现很高的精度和表面质量，只能靠球刀的精确对刀来实现加工精度，一般可以控制在 0.01mm 左右。

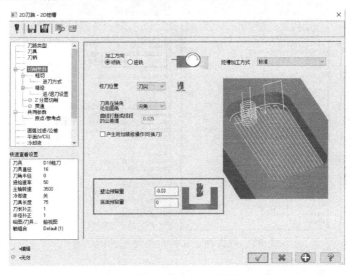

图 3-81　情况 2 的电脑补正精度控制

2. 控制器补正

控制器补正方式仅适用于二维外形铣削，包括 2D 和渐降斜插方式。控制器补正方式与手工编程的 G41 ～ G44 相同，通过调整刀具半径补偿和长度补偿来达到精度要求，一般多用于精加工工序。

➤ 例 3-5：控制器补正

在 3.3 节零件的 CAM 刀具路径编辑的程序 13（Z-25 凸台精加工 -2）中，XY 方向预留量：0.0，Z 方向预留量：0.0，补正方式："电脑"，外形铣削参数如图 3-82 所示；以 802D.PST 作为后处理程序，文件名 013.NC，如图 3-83 左图所示；同理，将补正方式改为："控制器"，其余参数不变，如图 3-84 所示；后处理程序文件名 013A.NC，如图 3-83 右图所示。

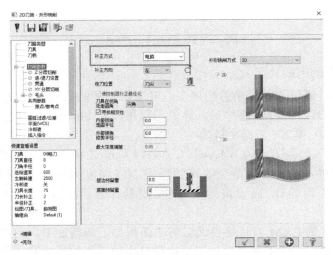

图 3-82　电脑补正

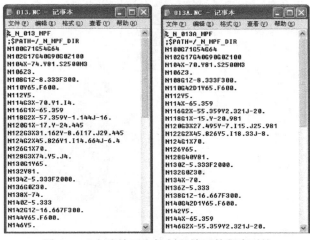

图 3-83　电脑补正和控制器补正的程序对比

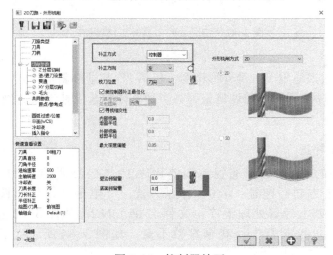

图 3-84　控制器补正

通过对比可以发现，采用"控制器"补正方式与手工编程方法一样，程序中会带有刀具补偿号 D1，通过在机床刀具补偿里面设置相应的数值来保证精度的要求。

值得一提的是，SINUMERIK 802D 的刀具长度补偿是通过 T× 来实现的，刀具调用后，刀具长度补偿立即生效，不需要用到 G43 和 G44，如果没有编程 D 号，则 D1 自动生效。半径补偿则配合 G41/G42 来实现，而且一把刀最多有 9 个刀沿号，也就是说，可以匹配 9 个不同的半径补偿值和长度补偿值，这是 SINUMERIK 802D 的一大特色。举例如下：

➥ 例 3-6：SINUMERIK 802D 的刀具补偿号 D

```
N100 G17 G54 G64
N102 T1                        // 第一把刀的长度补偿 D1 生效，默认调用第一号刀沿
N104 G0 G90 X-40. Y-30. S2500 M3
N106 Z30. M8
N108 Z3.
N110 G1 Z-9. F200.
N112 G42 D1 X40. F400          // 第一把刀的半径补偿 D1 生效
N114 Y30.
N116 X-40.
N118 G40 Y-30.
N114 T1 D2                     // 第一把刀的第 2 号刀沿值长度补偿生效
N116 X-40.
N118 G42 D2 X40. F400          // 第一把刀的第 2 号刀沿值半径补偿生效
N114 T2 D2                     // 第二把刀的第 2 号刀沿值长度补偿生效
N116 X-40.
N118 G42 D2 X40. F400          // 第二把刀的第 2 号刀沿值半径补偿生效
    ⋮
```

由此可见，打开文件 013A.NC，需要在程序的第一句 N100　G71　G54　G64 后面加上 T1，来保证刀具长度补偿的调用不影响程序的加工。

➥ 例 3-7：采用控制器补正方式的精度控制

在机床的刀具补偿表里，第一次加工时，一般设定刀具半径补偿值设为

$$D_1 = D + \Delta_{XY}$$

其中，D 为刀具实际半径值；Δ_{XY} 为 XY 方向单边余量值。不难推算出公式：

若 $L_{XYP} > L_{XY}$，则

$$D_1' = D_1 + (L_{XY} - L_{XYP})/2 \tag{3-6}$$

若 $L_{XYP} < L_{XY}$，则

$$D_1' = D_1 + (L_{XYP} - L_{XY})/2 \tag{3-7}$$

$$H_1' = H_1 + (L_{ZP} - L_Z) \tag{3-8}$$

其中，D_1' 为修正后的半径补偿值；H_1 为第一次的长度补偿值；H_1' 为修正后的长度补偿值。

假设在 3.3 节零件的 CAM 刀具路径编辑的程序 2（Z-15 台阶）中，通过 $\phi 8mm$ 平刀的加工，半精铣图 3-17 左的外形，采用控制器补正方式，XY 方向预留量和 Z 方向预留量均设为 0。在机床的刀具补偿表里，设定第一次半径 $D_1 = 4.2mm$，长度补偿值 $H_1 = 0.2mm$，加

工完后测量尺寸 140mm 的实际值为 140.46mm，深度为 24.84mm，则

$$D_1' = D_1 + (L_{XY} - L_{XYP})/2 = 4.2\text{mm} + (140-140.46)\text{mm}/2 = 3.97\text{mm}$$

$$H_1' = H_1 + (L_{ZP} - L_Z) = 0.2\text{mm} + (24.84-25)\text{mm} = 0.04\text{mm}$$

在 3.3 节零件的 CAM 刀具路径编辑的程序 13（Z-25 台阶精加工 -2）精铣加工时，采用控制器补正方式，XY 方向预留量和 Z 方向预留量均设为 0。在机床的刀具补偿表里，设定最后精铣的补偿值 D_1，半径为 3.97mm，长度为 0.04mm。

注:

3.3 零件的 CAM 刀路编辑的程序 2（Z-25 台阶）和 13（Z-25 台阶精加工 -2）虽然都采用控制器补正方式，而且 XY 方向预留量和 Z 方向预留量均设为 0，但要区分"分层铣深"深度是否相同。如果相同，则两个程序是一样的；如果不同，则两个程序是不一样的。

控制器补正方式的优点是程序不用修改，只改动刀具补偿量，重走一遍程序即可获得零件精度。值得指出的是，无论是电脑补正还是控制器补正，式（3-3）～式（3-8）对于绝大多数需要双边加工的封闭尺寸均适用；对于部分开放式尺寸，比如半圆、开放式槽等，由于加工时只加工单边，L_{XYP} 和 L_{XY} 比较计算后就不必"/2"，其他思路和方法都是一样的。

3. 电脑和控制器两者同时补正或反向

电脑和控制器两者同时补正或反向也仅适用于二维外形铣削，它是控制器补正方式与电脑补正方式的综合。一方面，通过调整刀具半径补偿和长度补偿来达到精度要求；另一方面，也可以设定 XY 方向预留量和 Z 方向预留量来控制精度。

当 XY 方向预留量和 Z 方向预留量均设定为 0 时，实际上就是控制器补正方式；当半径补偿量设定为实际加工的刀具半径，长度补偿设定为 0 时，该方式实际上就是电脑补正方式。只有当 XY 方向预留量和 Z 方向预留量均不为 0，同时刀具的半径补偿量不为实际加工的刀具半径，长度补偿也不为 0 时，该方式是两种补正方式的叠加，实际加工中基本不采用。

由于刀具的补偿量和磨损量对所有的加工都是均匀的，实际加工中可以采用将零件的尺寸公差用电脑补正，加工余量由刀具补正的方法来加工。

4. 非对称偏差尺寸的精度控制

一般来说，零件的尺寸偏差大多是非对称的。假设某个尺寸要求为非对称偏差，即 $L_{\delta_2}^{\delta_1}$，L 为基本尺寸，δ_1、δ_2 分别为上、下偏差，$|\delta_1| \neq |\delta_2|$。

对于非对称尺寸偏差，用二维外形铣削时，X、Y 方向为关联尺寸，也就是说，加工的时候，X 和 Y 方向的切削量是一样的。在保证 X 方向尺寸公差的同时，并不能保证 Y 方向的尺寸公差，特别是如果 X 方向尺寸为 L_0^{δ}、Y 方向的尺寸为 $L_{\delta_2}^0$ 时，此时 X 和 Y 方向尺寸公差的交集只有基本尺寸 L，这在加工时几乎是无法实现的。

同理，在某些曲面加工中，有可能 X、Y、Z 三个方向均为关联尺寸，由于切削在整个空间方向上是均匀的。此时，要同时保证 3 个方向上的非对称偏差尺寸要求，显然是不可能甚至是相互矛盾的。

解决非对称偏差尺寸的唯一办法就是在 CAD 建模阶段，直接以尺寸 L 与公差带中心值之和为基本尺寸建模，让其公差变为正负对称偏差，然后以该基本尺寸编辑刀具路径，这样可以有效地保证尺寸精度。

假如尺寸要求为 $L_{\delta_2}^{\delta_1}$，其公差带中心值为 $(\delta_1+\delta_2)/2$，将基本尺寸改为 $L+(\delta_1+\delta_2)/2$，则上、下偏差分别为 $(\delta_1-\delta_2)/2$ 和 $-(\delta_1-\delta_2)/2$，尺寸可改写为 $[L+(\delta_1+\delta_2)/2]\pm(\delta_1-\delta_2)/2$。

↘ 例 3-8：非对称偏差尺寸的精度控制

以加工 80mm×60mm 的矩形为例，假设尺寸分别为 $80_{0}^{+0.06}$ mm 和 $60_{-0.05}^{0}$ mm。

操作步骤如下：

1）将尺寸 $80_{0}^{+0.06}$ mm 和 $60_{-0.05}^{0}$ mm 化为对称偏差形式（80.03±0.03）mm 和（59.975±0.025）mm。

2）在建模阶段，直接以 80.03mm 和 59.975mm 为尺寸作矩形。

3）刀具路径编辑与 3.3 节相同。

4）精度控制可以用电脑补正，也可以用控制器补正，方法同例 3-3 和例 3-7。

对于某些非对称偏差，可以不按此例，而直接采用电脑补正或控制器补正。比如，加工 $\phi16_{0}^{+0.03}$ mm 孔时，就不必化为对称偏差，而直接补正就可以了，前提条件就是必须判断出该尺寸与其他尺寸之间是否关联，保证该尺寸的精度是否影响到其他尺寸的精度。如果没有，则可以不必化为对称偏差；如果有，必须化为对称偏差。

本 章 小 结

本章是采用两个典型的用 Mastercam 加工的例子，在 CAD 建模方面，介绍了包括二维轮廓建模、实体建模和曲面建模等方法；在 CAM 加工方面，介绍了二维动态铣削、外形铣削、挖槽加工、曲面粗加工和精加工等加工方式；在实际操作方面，介绍了 SINUMERIK 802D 数控铣床加工的一些技巧和常见问题的处理；最后则介绍了 Mastercam 常见的零件精度控制方法等。

本章实例有以下特点：

1）整个零件先采用动态铣削，去除大部分材料。

2）半精加工和精加工中，能采用二维方式就尽量采用二维方式加工。

3）扫描曲面的建模有一定的难度，曲面粗加工多采用等高轮廓、精加工多采用流线铣削或者等高等方式。

4）本例基本上都是自由公差，假设某个尺寸有较高的精度要求，在 CAD 建模前一定要仔细分析，区分出非对称偏差尺寸是否关联。如果是，则一定要化为对称偏差的基本尺寸来建模；或者在工艺上保证为独立加工尺寸，加工该尺寸的精度不会关联到其他尺寸。

第4章
技师考证经典实例

本例是加工中心技师考题，材料为铝，备料尺寸为 120mm×80mm×30mm。
技术要求：

1）椭圆长短轴尺寸公差为 ±0.03mm。

2）不准用砂布及锉刀等修饰表面。

3）未注公差尺寸按 GB/T 1840—m。

4）几何曲面和 CAD 模型的几何平均偏差为 ±0.05mm。

4.1 双面零件加工的工艺分析

读图 4-1 可知，零件正反双面均需加工，形状有二维轮廓、球面、圆柱面等结构，部分尺寸有公差要求。

刀具的选择要综合考虑各种情况来定，一般选择大刀粗加工，小刀精加工，刀具的半径一般小于曲面的曲率或圆角的半径，或者略小于最窄通过尺寸。本例的特点是：综合考虑正面加工和反面加工的刀具需求，尽量做到统一，以方便对刀和换刀。从工艺角度考虑，先加工反面，反面加工完后卸下工件，再加工正面，加工时注意对刀的高度，防止过切。

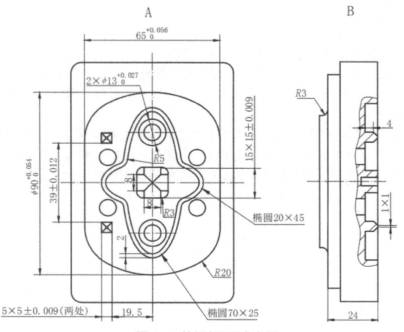

图 4-1 技师考证经典实例

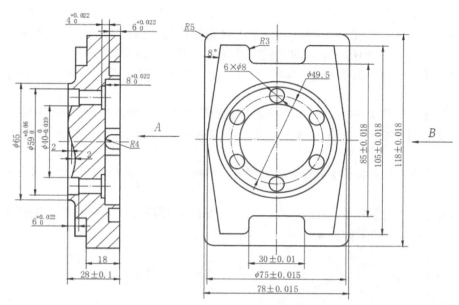

图 4-1 技师考证经典实例（续）

分析有公差要求的尺寸可知，部分尺寸公差需要通过工艺来保证精度。

综合考虑，本例加工采用 $\phi16$、$\phi6$ 的 4 刃立铣刀，$\phi6R3$ 球刀和 $\phi7.8$ 麻花钻头。反面加工和正面加工各工序加工内容及切削参数见表 4-1 和表 4-2。

表 4-1　反面加工各工序刀具及切削参数

序　号	加 工 部 位	刀 　具	主轴转速 / (r/min)	进给速度 / (mm/min)
1	二维轮廓的面铣和外形铣	$\phi16$ 立铣刀	粗：1500，精：1900	粗：600，精：400
2	钻孔 $6×\phi7.8$	$\phi7.8$ 麻花钻头	1200	100
3	铰孔 $6×\phi8$	$\phi8$ 铰刀	100	50
4	曲面挖槽、二维轮廓的加工	$\phi6$ 立铣刀	粗：2800，精：3200	粗：600，精：400
5	曲面的精加工	$\phi6R3$ 球刀	4500	800
6	倒角	$\phi10$ 倒角刀	3000	400

表 4-2　正面加工各工序刀具及切削参数

序　号	加 工 部 位	刀 　具	主轴转速 / (r/min)	进给速度 / (mm/min)
1	二维轮廓的面铣和外形铣	$\phi16$ 立铣刀	粗：1500，精：1900	粗：600，精：400
2	二维轮廓的加工	$\phi6$ 立铣刀	粗：2800，精：3200	粗：600，半精：400
3	曲面的精加工	$\phi6R3$ 球刀	4500	1200

4.2　反面 CAD 建模

操作步骤如下：

1）按【Alt+F9】，打开【显示指针】。

2）单击【圆角矩形】命令，输入宽度：118、高度 78，点选固定位置为【中心】，鼠标移至绘图区中间指针位置单击确认，绘出 118mm×78mm 矩形，单击应用图标⊕；输入宽度：15、高度 15，半径：3，鼠标移至绘图区中间指针位置单击确认，单击应用图标 ⊕ ；输入宽度：5、高度 5，半径：0，单击键盘空格键，弹出对话框，分别输入【-22，22】、【22，22】作为矩形中心；单击 ◉ 完成矩形的绘制，结果如图 4-2 所示。

3）单击【已知点画圆】命令，输入直径：90，拾取中间指针作为圆心，单击 ◉ 完成圆的绘制。

4）单击【连续线】命令，单击空格键弹出数值输入对话框，分别输入【-50，32.5】与【50，32.5】、【-50，-32.5】与【50，-32.5】，单击 ◉ 完成绘制，得出两条水平线分别与圆相交。

5）单击【修剪打断延伸】命令，选择模式：修剪，方式：分割 / 删除，将多余的线剪掉，单击 ◉ 完成。

6）单击【倒圆角】命令，输入半径：20，勾选【修剪图形】，依次选择要倒圆角的角落，单击 ◉ 完成倒圆角，结果如图 4-3 所示。

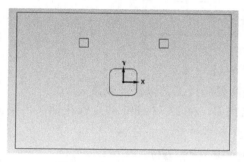
图 4-2　矩形绘制结果图

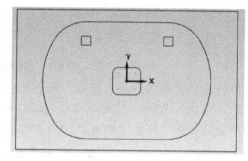
图 4-3　步骤 3）～ 6）绘制结果

7）单击【矩形】命令下方黑色三角符号，单击【椭圆】命令，分别作 70mm×25mm、45mm×20mm 的椭圆，分别拾取中间指针作为中心，单击 ◉ 完成椭圆绘制。

8）单击【修剪打断延伸】命令，将多余的线剪掉，单击 ◉ 完成。

9）单击【倒圆角】命令，输入半径：5，依次选择椭圆、外形要倒圆角的角落，单击 ◉ 完成倒圆角。

10）单击【补正】下方黑色三角符号，选择【串连补正】，弹出【串连选项】对话框；图形选择上一步骤绘制的椭圆图形，单击 ✔ 完成线条拾取，弹出串连补正对话框，输入距离：2，点选：复制，单击 ⇄ 切换补正方向为【向外】，其余默认；单击 ✔ 确定，完成后图形如图 4-4 所示。

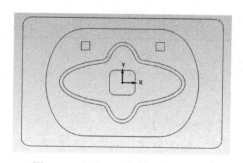
图 4-4　步骤 7）～ 10）绘制结果

11）单击【已知点画圆】命令，输入直径 8，单击键盘空格键，输入圆心坐标值【24.75，0】，单击回车键确定；单击 ◎ 完成圆绘制。

12）单击【旋转】命令，绘图区左上角提示 旋转:选择要旋转的图形 ，拾取 φ8 圆，单击 结束选择 ，弹出对话框；以中间指针为旋转中心，点选：复制，次数：5，角度：60，如图 4-5 所示，单击 ✓ 确定。

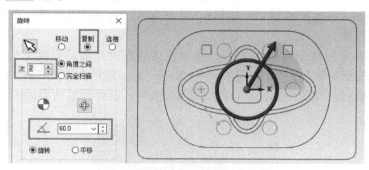

图 4-5　旋转

13）单击【已知点画圆】命令，输入直径 13，分别拾取两个 φ8 圆心作圆，单击 ◎ 完成圆绘制。结果如图 4-6 所示。

14）单击【视图】—【前视图】，将屏幕视图切换到前视图。

15）单击【圆角矩形】命令，输入长度：8，高度：16，点选形状为 ⬭，单击绘图区下方【状态栏】的 3D 图标将绘图平面切换成 2D；拾取中间指针作为基准点，单击 ✓ 确定完成绘制，结果如图 4-7 所示。

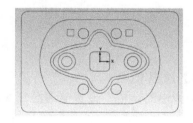

图 4-6　φ13 圆绘制

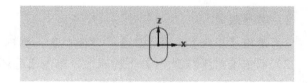

图 4-7　步骤 15）绘图结果

16）单击【右视图】，将屏幕视图切换到右视图。

17）单击【圆角矩形】命令，输入长度：8，高度：16，点选形状为 ⬭，拾取中间指针作为基准点，单击 ✓ 确定完成绘制。

18）单击【实体】—【拉伸】命令，选择 118mm×78mm 矩形，方向【向下】，距离：18.0，单击 ◎ 完成继续创建操作；选择由步骤 3）、4）、5）、6）产生的图形，方向【向下】，距离：6.0，点选【切割主体】，单击 ◎ 完成继续创建操作。

19）选择 6×φ8mm 的圆，距离：点选【全部贯穿】，单击 ◎ 完成继续创建操作。

20）选择 2×φ13mm 的圆，距离：10.0，单击 ◎ 完成继续创建操作。

21）选择由步骤 9）补正产生的图形，距离：6，点选【增加凸台】，单击 ◎ 完成继续创建操作。

22）选择由步骤 10）产生的图形，方向【向下】，距离：8，点选【切割主体】，单击◎完成继续创建操作。

23）选择 15mm×15mm 矩形，距离：8，点选【增加凸台】，单击◎完成继续创建操作。

24）选择步骤 15）产生的图形，距离：10.0，点选：两端同时延伸，点选【切割主体】，单击◎完成继续创建操作。

25）选择步骤 17）产生的图形，单击◎完成继续创建操作。

26）选择 5mm×5mm 矩形两处，距离：6、不点选：两端同时延伸，点选【增加凸台】，单击◎完成所有拉伸。

27）单击【单一距离倒角 🔧】命令，弹出实体选择对话框，点选【面 🔲】，绘图区左上角提示【选择要倒角的图形】，选择两个 5mm×5mm 矩形上表面，单击 ✓ 确定；弹出单一距离倒角对话框，设置距离：2，单击◎完成倒角。最终建模效果如图 4-8 所示。

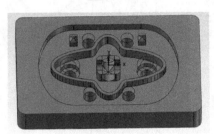

图 4-8　反面 CAD 建模

4.3　反面刀具路径编辑

操作步骤如下：

1. 工作设定

1）单击【机床】—【铣床】—【默认】，弹出【刀路】选项卡。

2）双击【机床群组 -1】下的属性，单击【毛坯设置】弹出对话框，设置毛坯参数 X：120、Y：80、Z：30，设置毛坯原点 Z：1。

2. D16 粗加工

单击操作管理器上【刀具群组 -1】，用鼠标在刀具群组 -1 上右击，依次选择【群组】—【重新名称】，输入刀具群组名称：D16 粗加工。

1）单击 2D 功能区中的【外形】图标 外形，弹出输入新 NC 名称对话框，提示用户可以根据自己所需给程序命名，输入后单击 ✓ 确定。

2）弹出【串连选项】对话框，选择 118mm×78mm 矩形作为加工轮廓，单击 ✓ 确定，弹出【外形铣削】参数设置对话框。

3）单击【刀具】选项，创建一把直径为 16mm、用于粗加工的平底刀。设置刀具属性，名称：D16 粗刀、进给速率：600、主轴转速：1500、下刀速率：300。

4）单击【切削参数】选项，设置外形铣削方式【2D】，壁边预留量 0.2。

5）单击【Z 分层切削】选项，勾选：深度分层切削，输入最大粗切深度：10，精修量：

0，勾选：不提刀，其余默认。

6）单击【进 / 退刀设置】选项，不勾选：在封闭轮廓中点位置执行进 / 退刀、过切检查，进 / 退刀直线设置为：0，将其余默认或根据所需修改，如图 4-9 所示。

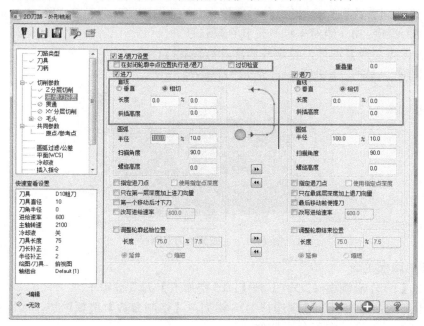

图 4-9　进 / 退刀设置

7）单击【共同参数】选项，设定参考高度：30.0（绝对坐标），进给下刀位置：3.0（增量坐标），工件表面：0.0，深度：-19（绝对坐标）。

8）单击【冷却液】选项，设定开启冷却液模式【On】。

9）单击 ✔ 确定，生成图 4-10 所示刀具路径。

图 4-10　生成外形刀具路径

10）单击【仅显示已选择的刀路 🔍】。

3. D16 精加工

单击【机床群组 -1】，鼠标在机床群组 -1 上右击，依次选择【群组】—【新建刀路群组】，输入刀具群组名称：D16 精加工；完成新群组的创建。

（1）面铣

1）单击 2D 功能区中的【面铣】图标，弹出【串连选项】对话框，选择 118mm×78mm 矩形作为加工轮廓，单击 ✔ 确定，弹出【平面铣削】参数设置对话框。

2）单击【刀具】选项，创建一把直径为 16mm、用于精加工的平底刀。设置刀具属性，名称：D16 精刀、进给速率：400、主轴转速：1900、下刀速率：200。

3）单击【切削参数】选项，设置走刀类型【双向】，底面预留量 0，最大步进量 12。

4）单击【共同参数】选项，设定参考高度：30.0（绝对坐标），下刀位置：3.0（增量坐标），工件表面：0，深度：0（绝对坐标），其余默认。

5）单击【冷却液】选项，设定开启冷却液模式【On】。

6）单击 ✓ 确定，生成图 4-11 所示刀具路径。

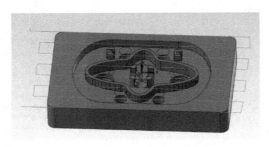

图 4-11　生成面铣刀具路径

（2）外形精加工

1）复制【1- 外形铣削（2D）】到【D16 精加工】刀具群组下。

2）修改参数；【刀具】选项选择 D16 精刀；【切削参数】选项壁边、底面预留量 0；【Z 分层切削】不勾选：深度分层切削。

3）单击 ✓ 确定，单击操作管理器上的 ▷ 重新计算，生成图 4-12 所示刀具路径。

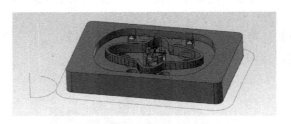

图 4-12　生成外形精加工刀具路径

4. D7.8 钻孔

继续【新建刀路群组】，输入刀具群组名称：D7.8 钻孔。

1）单击 2D 功能区中的【钻孔】图标 钻孔，弹出【选择孔位置】对话框，单击 选择图形，依次选择 6×ϕ8mm 的圆，单击 结束选择，单击 ✓ 确定，弹出【钻孔】参数设置对话框。

2）单击【刀具】选项，创建一把直径为 7.8mm 的钻头。设置刀具属性，名称：D7.8 钻头、进给速率：100、主轴转速：1200、下刀速率：50。

3）单击【切削参数】选项，循环方式选择【深孔啄钻（G83）】，Peck（啄食量）设置：5，其余默认。

4）单击【共同参数】选项，设定参考高度：30.0（绝对坐标），工件表面：0.0（绝对坐标），深度：−35（绝对坐标）。

5）单击【冷却液】选项，设定开启冷却液模式【On】。

6）单击 ✓ 确定，生成图4-13所示刀具路径。

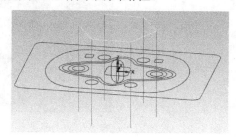

图4-13 生成钻孔刀具路径

5. **D6粗加工**

继续【新建刀路群组】，输入刀具群组名称：D6粗加工。

（1）深度6mm的挖槽

1）单击2D功能区中的【挖槽】图标 挖槽，弹出【串连选项】对话框，依次选择图4-14左所示图形作为加工轮廓，单击 ✓ 确定，弹出【2D挖槽】参数设置对话框。

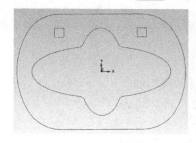 

图4-14 挖槽图形选择及生成刀具路径

2）单击【刀具】选项，创建一把直径为6mm、用于粗加工的平底刀。设置刀具属性，名称：D6粗刀、进给速率：600、主轴转速：2800、下刀速率：300。

3）单击【切削参数】选项，设置壁边、底面预留量0.2，其余默认。

4）单击【粗切】选项，选择【等距环切】，设置切削间距（直径%）：80，其余默认。

5）单击【进刀方式】选项，用户可以根据自己设定，本例选择【螺旋】，直接按其默认设置。

6）单击【精修】选项，去掉勾选【精修】。

7）单击【Z分层切削】选项，勾选【深度分层切削】，设置最大粗切步进量：2，精修量：0，其余默认。

8）单击【共同参数】选项，设定参考高度：30.0（绝对坐标），下刀位置：3.0（增量坐标），工件表面：0（绝对坐标），深度：-6（绝对坐标）。

9）单击【冷却液】选项，设定开启冷却液模式【On】。

10）单击 ✓ 确定，生成图4-14右所示刀具路径。

（2）深度8mm的挖槽

1）单击【挖槽】图标 挖槽，弹出【串连选项】对话框，依次选择图4-15左所示图形作为加工轮廓，单击 [√] 确定，弹出【2D 挖槽】参数设置对话框。

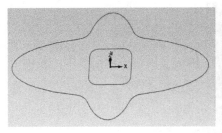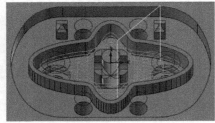

图 4-15　挖槽图形选择及生成刀具路径

2）【刀具】、【切削参数】、【粗切】、【进刀方式】、【精修】、【Z 分层切削】选项，直接按其默认上道程序的设置。

3）单击【共同参数】选项，设定参考高度：30.0（绝对坐标），下刀位置：3.0（增量坐标），工件表面：0（绝对坐标），深度：-8（绝对坐标）。

4）单击 [√] 确定，生成图 4-15 右所示刀具路径。

（3）2×φ13mm 圆粗加工

1）单击 2D 功能区中的【螺旋铣孔】图标 [螺旋铣孔]，弹出对话框，单击 [选择图形]，依次选择 2 个 φ13mm 圆，单击绘图区中间 [结束选择] 完成选择，单击 [√] 确定，弹出螺旋铣孔参数设置对话框。

2）单击【刀具】选项，选择【D6 粗刀】。

3）单击【切削参数】选项，设置壁边、底面预留量 0.2。

4）单击【粗 / 精修】选项，设置粗切间距：2，其余默认。

5）单击【共同参数】选项，设定参考高度：30.0（绝对坐标），进给下刀位置：3.0（增量坐标），工件表面：-8（绝对坐标），深度：-10（绝对坐标）。

6）单击【冷却液】选项，设定开启冷却液模式【On】。

7）单击 [√] 确定，生成图 4-16 所示刀具路径。

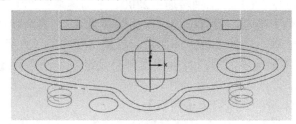

图 4-16　螺旋铣孔刀具路径

（4）曲面开粗

1）依次单击【曲面】—【由实体生成曲面】命令，点选绘图区上方【选择工具栏】鼠标单击拾取模式为：选择实体面，单击去掉：选择主体；单击实体上的曲面，按回车键完成选择，弹出【由实体生成曲面】对话框，生成图 4-17 左所示曲面，单击 [○] 确定完成操作。

2）依次单击【主页】—【[消隐 ▾]】命令，绘图区左上角提示【选择图形】，鼠标左键拾取【实体】，单击 [结束选择]，隐藏主体，留下曲面显示在绘图区中，方便拾取曲面，结果如图 4-17 左所示。

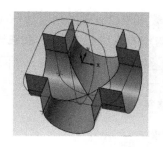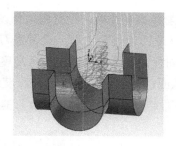

图 4-17 生成曲面及区域粗切生成刀具路径

3）单击 3D 功能区中的【区域粗切】图标 ，绘图区左上角提示 选择加工曲面 ，用鼠标窗选上一步骤生成的曲面，弹出【刀路曲面选择】对话框，加工面显示数量为：12，单击 确定，弹出参数设置对话框。

4）单击【刀具】选项，选择【D6 粗刀】。

5）单击【毛坯预留量】选项，设置壁边、底面预留量 0.2。

6）单击【切削参数】选项，设置分层深度：1，XY 步进量切削距离【直径 %】：80，其余默认。

7）单击【进刀方式】选项，点选：螺旋进刀，Z 高度：1，其余默认。

8）单击【冷却液】选项，设定开启冷却液模式【On】。

9）单击 确定，生成图 4-17 右所示刀具路径。

6. 6×ϕ8mm 铰孔

继续【新建刀路群组】，输入刀具群组名称：D8 铰孔。

1）复制【4- 深孔啄钻（G83）】到【D8 铰孔】刀具群组下。

2）单击修改参数。【刀具】选项，创建一把直径为 8mm 的铰刀。设置刀具属性，名称：D8 铰刀、进给速率：50、主轴转速：100、下刀速率：20；【切削参数】选项，循环方式选择：Drill/Counterbore；【共同参数】选项，工件表面：-6（绝对坐标）。

3）单击 确定，单击操作管理器上的 重新计算，生成刀具路径。

7. D6 精加工

继续【新建刀路群组】，输入刀具群组名称：D6 精加工。

（1）深度为 6mm 的挖槽精加工

1）复制【5-2D 挖槽（标准）】到【D6 精加工】刀具群组下。

2）单击修改参数。【刀具】选项，创建一把直径为 6mm 的平底刀。设置刀具属性，名称：D6 精刀、进给速率：400、主轴转速：3200、下刀速率：200；【切削参数】选项，设置壁边预留量 0.2、底面预留量 -0.011（相关轮廓尺寸公差不同，不能同时精加工，此程序用于保证深度尺寸 $6^{+0.022}_{0}$ mm）；【共同参数】工件表面：-5（绝对坐标）。

3）单击 确定，单击操作管理器上的 重新计算，生成图 4-18 所示刀具路径。

（2）ϕ90mm×65mm 精加工

1）单击【外形】图标 ，图形选择 ϕ90mm×65mm 的线段（注意顺铣方向），单击 确定，弹出外形铣削参数设置对话框。

2）单击【刀具】选项，选择【D6 精刀】。

3）单击【切削参数】选项，设置壁边预留量 −0.012、底面预留量 −0.011。

4）单击【进 / 退刀设置】选项，设置进刀与退刀直线长度：0、圆弧半径：1。

5）单击【共同参数】选项，设定参考高度：30.0（绝对坐标），进给下刀位置：3.0（增量坐标），工件表面：−5（绝对坐标），深度：−6（绝对坐标）。

6）单击 ✓ 确定，生成图 4-19 所示刀具路径。

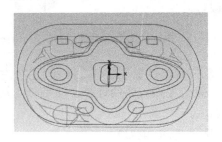

图 4-18　生成的刀具路径

（3）外椭圆和正方形精加工

1）单击【外形】图标 ▣外形 ，图形选择椭圆 70mm×25mm、20mm×45mm 形成的外轮廓和两个 5mm×5mm 正方形（注意顺铣方向），单击 ✓ 确定，弹出外形铣削参数设置对话框。

2）单击【切削参数】选项，设置壁边预留量 0、底面预留量 −0.011。

3）单击【共同参数】选项，工件表面：−5（绝对坐标），深度：−6（绝对坐标）。

4）其余默认与上一道程序相同；单击 ✓ 确定，生成图 4-20 所示刀具路径。

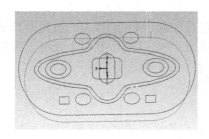
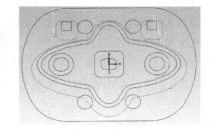

图 4-19　生成的刀具路径　　　　图 4-20　生成的刀具路径

（4）深度为 8mm 的挖槽精加工

1）复制【6-2D 挖槽（标准）】到【D6 精加工】刀具群组下。

2）单击修改参数。【刀具】选项，选择【D6 精刀】；【切削参数】选项，设置壁边预留量 0、底面预留量 −0.011；【共同参数】工件表面：−7（绝对坐标）。

3）单击 ✓ 确定，单击操作管理器上的 ▷ 重新计算，生成图 4-21 所示刀具路径。

（5）2×φ13 圆精加工

1）复制【7- 螺旋铣孔】到【D6 精加工】刀具群组下。

2）单击修改参数。【刀具】选项，选择【D6 精刀】；【切削参数】选项，设置壁边预留量 −0.005、底面预留量 −0.022；【共同参数】工件表面：−9（绝对坐标）。

3）单击 确定，单击操作管理器上的 重新计算，生成图 4-22 所示刀具路径。

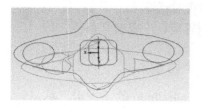

图 4-21　生成的刀具路径

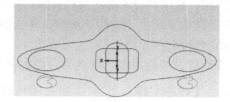

图 4-22　生成的刀具路径

8. D6R3 曲面精加工

继续【新建刀路群组】，输入刀具群组名称：D6R3 曲面精加工。

1）依次单击【草图】—【单一边界面】，依次单击 R4 曲面边界的 4 条边，如图 4-23 左所示，生成线段，单击 确定。

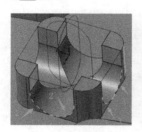

图 4-23　生成边界及绘制线段

2）单击【连续线】命令，单击绘图区下方【状态栏】的 2D 图标切换成 3D ；依次拾取曲面边界点绘制图 4-23 右所示的线段 5、6，单击 确定。

3）单击 2D 功能区中的【2D 扫描】图标 ，弹出串连选项对话框，绘图区左上角提示 扫描:定义 断面外形 ，点选【部分串连】，拾取图 4-23 左所示线段 1、2；绘图区左上角提示 扫描:定义 引导外形 ，拾取图 4-23 右所示线段 5，单击 确定；绘图区左上角提示 输入引导方向和截面方向的交点 ，拾取两段轮廓的交点，如图 4-24 左所示，弹出参数设置对话框。

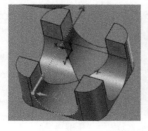

图 4-24　2D 扫描图形选择及生成刀具路径

4）单击【刀具参数】选项，创建一把直径为 6mm 的球刀。设置刀具属性，名称：D6R3 球刀、进给速率：800、主轴转速：4500、下刀速率：400。

5）单击【2D 扫描参数】选项，设置截断方向切削量：0.2，其余默认。

6）单击 确定，生成图 4-24 右所示刀具路径。

7）单击【2D 扫描】图标 ，弹出串连选项对话框，绘图区左上角提示 扫描:定义 断面外形 ，拾取图 4-23 左所示线段 3、4；绘图区左上角提示 扫描:定义 引导外形 ，拾取图 4-23 右所示线段 6，单击 ✔ 确定；拾取两段轮廓的交点，弹出参数设置对话框。

8）直接默认采用上一道程序参数，单击 ✔ 确定，生成刀具路径。

9. D10 *斜面加工*

继续【新建刀路群组】，输入刀具群组名称：D10 倒角。

1）单击【外形】图标 ![外形] ，图形选择两个 5mm×5mm 的正方形，单击 ✔ 确定，弹出外形铣削参数设置对话框。

2）单击【刀具】选项，创建一把直径为 10mm、角度为 45°、刀尖直径为 0 的倒角刀，如图 4-25 所示。设置刀具属性，名称：D10 倒角刀、进给速率：400、主轴转速：3000、下刀速率：200。

图 4-25　倒角刀创建

3）单击【切削参数】选项，外形铣削方式选择：2D 倒角、宽度：2、刀尖补正：1，设置壁边、底面预留量 0，如图 4-26 所示。

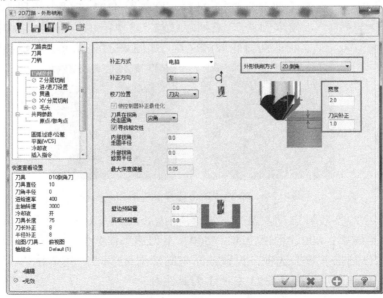

图 4-26　倒角参数设置

4）单击【进 / 退刀设置】选项，设置进刀与退刀直线长度：0、圆弧半径：1。

5）其余默认。单击 ✓ 确定，生成图 4-27 所示刀具路径。

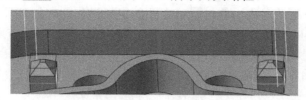

图 4-27　生成倒角刀具路径

10. 实体仿真

1）单击操作管理器上的【机床群组 -1】，选中所有的刀具路径。

2）单击【机床】—【实体仿真】进行实体仿真，单击 ▶ 播放，仿真加工过程和结果如图 4-28 所示。

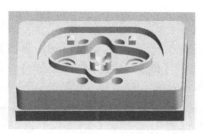

图 4-28　实体切削验证效果

11. 保存

单击选项卡上【文件】—【保存】，将本例保存为【4-1A.mcam】文档。

12. 后处理程序

选择 802D.PST 后处理文件，用户根据自己所需生成加工程序。

> **注：**
>
> 本例的特点是图样尺寸要求中既有对称偏差，也有非对称偏差，尺寸公差的保证主要通过加工工艺来实现，先在轮廓方向预留 0.2mm 余量，Z 向深度尺寸公差加工到位，然后采用外形轮廓铣，设定 XY 方向的预留量来保证尺寸公差的要求。虽然步骤有些烦琐，但是能够有效地保证尺寸精度。当然，也可以采用控制器补正方式，通过修正刀具补偿量来控制精度。

本例是首件试切的工艺过程，它与批量生产的工艺是不同的。通过测量和补偿预留量，批量生产的工艺可以大大简化。

4.4　正面 CAD 建模

操作步骤如下：

1）新建一个新的绘图文档，并保存为【4-1B.mcam】。

2）单击绘图区下方【状态栏】的 Z: 0.00000 输入新的作图深度 -10。

3）单击【已知点画圆】命令，以绘图区中间指针为圆心绘制 φ75 圆。

4）单击【连续线】命令，单击键盘空格键分别输入 X42.5 Y15 和 X42.5 Y-15、X-42.5 Y15 和 X42.5 Y-15 作两条直线，单击 ⊘ 确定并创建新操作；在长度尺寸框内输入：10，单击 🔒 锁定尺寸，分别以刚刚绘制的两条线 4 个端点绘制 4 条直线，结果如图 4-29 左所示，单击 ⊘ 确定并创建新操作；输入长度：20，再以刚刚绘制直线的端点绘制 4 条直线，结果如图 4-29 右所示；最后单击 ⊘ 完成绘制。

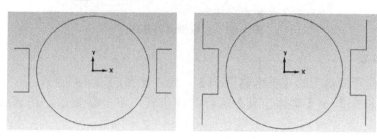

图 4-29　步骤 3）～ 4）图形结果

5）单击【连续线】命令，输入长度：60、角度：8，单击 🔒 锁定角度，分别拾取 φ75 圆，绘制图 4-30 左所示两条斜线，按【⊘】确定并创建新操作；输入角度：-8，继续分别拾取 φ75 圆，绘制图 4-30 右所示两条斜线；最后单击 ⊘ 完成绘制。

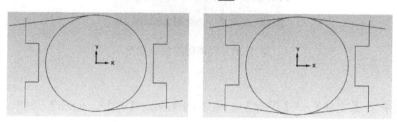

图 4-30　连续线绘制图形结果

6）单击【修剪打断延伸】弹出对话框，选择模式：修剪，方式：分割 / 删除，将 φ75 圆、直线多余的线段剪掉，单击 ⊘ 完成。

7）单击【倒圆角】弹出对话框，输入半径：3，用鼠标依次选择要倒圆角的角落，单击 ⊘ 完成倒圆角。

8）单击【矩形】命令，输入宽度：118、高度 78，点选：矩形中心点，鼠标移至绘图区中间指针位置单击确认，绘出 118mm×78mm 矩形，单击 ⊘ 完成矩形的绘制。

9）设定新的作图深度 Z=0，以中间指针为圆心绘制 φ65mm、φ59mm、φ40mm 的圆。

10）单击【视图】—【前视图】将屏幕视图切换到前视图。

11）单击【三点画弧】命令，单击键盘空格键分别输入以 X-20 Y-2、X-10 Y-4、X0 Y-2 三点画弧，以 X0 Y-2、X10 Y0、X20 Y-2 三点画弧，单击 ⊘ 完成圆弧绘制，结果如图 4-31 所示。

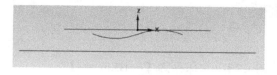

图 4-31　三点画弧图形结果

12）单击【连续线】命令，输入长度：10、单击🔒解锁角度，分别以 X-20 Y-2 和 X20 Y-2 画两条直线；单击⊙确定并创建新操作；单击🔒解锁尺寸，绘制一条直线使其形成封闭的轮廓；单击✅完成，结果如图 4-32 所示。

13）单击【视图】—【等视图】完成后的图形如图 4-33 所示。

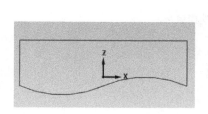

图 4-32　步骤 12）绘图结果图

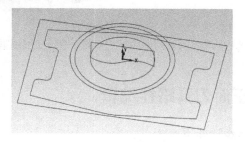

图 4-33　完成图形结果

14）单击【实体】—【拉伸】命令，选择由步骤 3）～ 7）产生的图形，方向【向上】，距离：6，单击⊙完成继续创建操作。

15）选择 $\phi65mm$ 的圆，方向【向下】，距离：4.0，点选【增加凸台】，单击⊙完成继续创建操作。

16）选择 $\phi59mm$ 的圆，方向【向下】，距离：6.0，点选【切割主体】，单击⊙完成继续创建操作。

17）选择 $\phi40mm$ 的圆，方向【向下】，距离：6.0，点选【创建主体】，单击⊙完成继续创建操作。

18）选择前视图绘制的封闭图形，距离：25、点选：两端同时延伸；单击【目标】后面的箭头图标，绘图区左上角提示 选择要切割或增加凸台的目标主体。 ，拾取 $\phi40$ 的圆柱作为切割主体，如图 4-34 所示，单击 结束选择 ，单击⊙完成实体拉伸。

19）单击 固定半倒圆角 ，弹出实体选择对话框，选择 $\phi65$ 圆需倒圆角的边界，单击 ✔ 确定；弹出对话框，输入半径：3，单击⊙完成倒圆角。最终建模效果如图 4-35 所示。

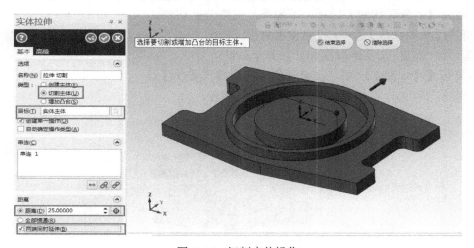

图 4-34　切割实体操作

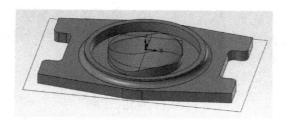

图 4-35　正面实体建模效果图

4.5　正面刀具路径编辑

操作步骤如下：

1．工作设定

1）单击【机床】—【铣床】—【默认】，弹出【刀路】选项卡。

2）双击【机床群组-1】下的属性，单击【毛坯设置】弹出对话框，设置毛坯参数 X：120、Y：80、Z：30，设置毛坯原点 Z：1。

2．D16 粗加工

单击操作管理器上【刀具群组-1】，用鼠标在刀具群组-1 上右击，依次选择【群组】—【重新名称】，输入刀具群组名称：D16 粗加工。

（1）面铣

1）单击 2D 功能区中的【面铣】图标　，弹出输入新 NC 名称对话框，输入后单击　确定；弹出【串连选项】对话框，选择 118mm×78mm 矩形作为加工轮廓，单击　确定，弹出【平面铣削】参数设置对话框。

2）单击【刀具】选项，创建一把直径为 16mm、用于粗加工的平底刀。设置刀具属性，名称：D16 粗刀、进给速率：600、主轴转速：1500、下刀速率：300。

3）单击【切削参数】选项，设置走刀类型【双向】，底面预留量 0.5，最大步进量【12】。

4）单击【Z 分层切削】选项，不勾选：深度分层切削。

5）单击【共同参数】选项，设定参考高度：30.0（绝对坐标），下刀位置：3.0（增量坐标），工件表面：0，深度：0（绝对坐标），其余默认。

6）单击【冷却液】选项，设定开启冷却液模式【On】。

7）单击　确定，生成图 4-36 所示刀具路径。

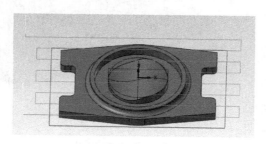

图 4-36　面铣刀具路径

（2）ϕ65mm 圆粗加工

1）单击【仅显示已选择的刀路🖱️】。

2）单击 2D 功能区中的【区域】图标 ，弹出【串连选项】对话框；加工范围：选择 118mm×78mm 矩形，加工区域策略点选：开放；单击选择避让范围，弹出串连选项对话框，依次点选【实体】图标 🔲 —【2D】—【边界】图标 🔲，选择图 4-37 左所示轮廓，单击 ✔️ 确定，弹出外形铣削参数设置对话框。

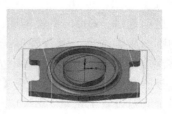

图 4-37　区域加工图形选择及生成刀具路径

3）单击【刀具】选项，选择【D16 粗刀】。

4）单击【切削参数】选项，设置 XY 步进量：刀具半径 80%，壁边、底边预留量 0.2。

5）单击【共同参数】选项，设定参考高度：30.0（绝对坐标），进给下刀位置：3.0（增量坐标），工件表面：0.0（绝对坐标），深度：−4（绝对坐标）。

6）单击【冷却液】选项，设定开启冷却液模式【On】。

7）单击 ✔️ 确定，生成图 4-37 右所示刀具路径。

（3）外形粗加工

1）单击 2D 功能区中的【外形】图标 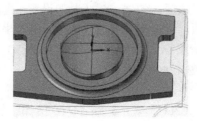 ，弹出【串连选项】对话框，选择二维造型步骤 3）～ 7）图形作为加工轮廓，单击 ✔️ 确定，弹出参数设置对话框。

2）单击【刀具】选项，选择【D16 粗刀】。

3）单击【切削参数】选项，设置外形铣削方式【2D】，壁边、底边预留量 0.2。

4）单击【Z 分层切削】选项，勾选深度分层切削，输入最大粗切深度：3，精修量：0，勾选：不提刀，其余默认。

5）单击【进/退刀设置】选项，不勾选：在封闭轮廓中点位置执行进/退刀、过切检查，进/退刀直线设置为：0，将其余默认或根据所需修改。

6）单击【共同参数】选项，设定参考高度：30.0（绝对坐标），进给下刀位置：3.0（增量坐标），工件表面：−4（绝对坐标），深度：−10（绝对坐标）。

7）单击【冷却液】选项，设定开启冷却液模式【On】。

8）单击 ✔️ 确定，生成图 4-38 所示刀具路径。

图 4-38　生成的刀具路径

3. D6 *粗加工*

单击【机床群组 -1】，用鼠标在机床群组 -1 上右击，依次选择【群组】—【新建刀路群组】，输入刀具群组名称：D6 粗加工；完成新群组的创建。

1）单击【外形】图标 ，弹出【串连选项】对话框，选择 ϕ59mm、ϕ40mm 圆（注意内外轮廓顺铣方向）作为加工轮廓，单击 确定，弹出【外形铣削】参数设置对话框。

2）单击【刀具】选项，创建一把直径为 6mm、用于粗加工的平底刀。设置刀具属性，名称：D6 粗刀、进给速率：600、主轴转速：2800、下刀速率：300。

3）单击【切削参数】选项，设置外形铣削方式【斜插】，斜插方式：深度，斜插深度：2，勾选【在最终深度处补平】，壁边、底边预留量 0.2。

4）单击【Z 分层切削】选项，不勾选【深度分层切削】。

5）单击【进 / 退刀设置】选项，不勾选【进 / 退刀设置】。

6）单击【共同参数】选项，设定参考高度：30.0（绝对坐标），进给下刀位置：3.0（增量坐标），工件表面：0（绝对坐标），深度：-6（绝对坐标）。

7）单击 确定，生成图 4-39 所示刀具路径。

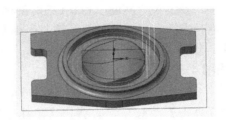

图 4-39　生成的刀具路径

4. D16 *精加工*

继续【新建刀路群组】，输入刀具群组名称：D16 精加工。

（1）总高铣削

1）单击【外形】图标 ，弹出【串连选项】对话框，选择 ϕ65mm 圆作为加工轮廓，单击 确定，弹出【外形铣削】参数设置对话框。

2）单击【刀具】选项，创建一把直径为 16mm、用于精加工的平底刀。设置刀具属性，名称：D16 精刀、进给速率：400、主轴转速：1900、下刀速率：200。

3）单击【切削参数】选项，补正方式：关，设置外形铣削方式【2D】，壁边、底边预留量 0。

4）单击【进 / 退刀设置】选项，勾选：进 / 退刀设置，直接按照默认。

5）单击【共同参数】选项，设定参考高度：30.0（绝对坐标），进给下刀位置：3.0（增量坐标），工件表面：0（绝对坐标），深度：0（绝对坐标）。

6）单击 确定，生成图 4-40 所示刀具路径。

（2）ϕ65mm 圆精加工

1）复制【2-2D 高速刀路（2D 区域）】到【D16 精加工】刀具群组下。

2）修改参数；【刀具】选项选择【D16 精刀】；【切削参数】选项壁边、底面预留量 0。

3）单击 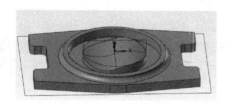 确定，单击操作管理器上的 重新计算，生成图 4-41 所示刀具路径。

图 4-40 生成总高铣削刀具路径   图 4-41   生成刀具路径

（3）外形精加工

1）复制【3-外形铣削（2D）】到【D16 精加工】刀具群组下。

2）修改参数；【刀具】选项选择【D16 精刀】；【切削参数】选项壁边、底面预留量 0；
【Z 分层切削】不勾选：深度分层切削。

3）单击 确定，单击操作管理器上的 重新计算，生成图 4-42 所示刀具路径。

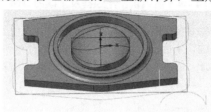

图 4-42   生成刀具路径

5. D6 精加工

继续【新建刀路群组】，输入刀具群组名称：D6 精加工。

（1）清角

1）单击【外形】图标 ，弹出【串连选项】对话框，点选【部分串连 】，选择图 4-43
左所示图形为加工轮廓，单击 确定，弹出【外形铣削】参数设置对话框。

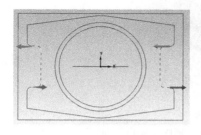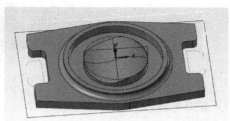

图 4-43   清角图形选择及生成刀具路径

2）单击【刀具】选项，创建一把直径为 6mm、用于精加工的平底刀。设置刀具属性，
名称：D6 精刀、进给速率：400、主轴转速：3200、下刀速率：200。

3）单击【切削参数】选项，补正方式：电脑，设置外形铣削方式【2D】，壁边、底边
预留量 0。

4）单击【共同参数】选项，设定参考高度：30.0（绝对坐标），进给下刀位置：3.0（增

量坐标），工件表面：-4（绝对坐标），深度：-10（绝对坐标）。

5）单击 ✅ 确定，生成图4-43右所示刀具路径。

（2）清余量

1）单击【外形】图标 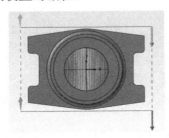，弹出【串连选项】对话框，点选【单体 ╱ 】，选择118mm×78mm矩形左右两条边作为加工轮廓，如图4-44左所示，单击 ✅ 确定，弹出【外形铣削】参数设置对话框。

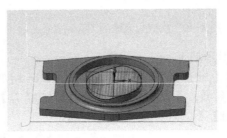

图4-44　清余量图形选择及生成刀具路径

2）单击【刀具】选项，选择【D6精刀】。

3）单击【切削参数】选项，补正方式：关，其余默认。

4）单击【共同参数】选项，设定参考高度：30.0（绝对坐标），进给下刀位置：3.0（增量坐标），工件表面：-9（绝对坐标），深度：-10（绝对坐标）。

5）单击 ✅ 确定，生成图4-44右所示刀具路径。

（3）φ59mm、φ40mm圆精加工

1）复制【4-外形铣削（斜插）】到【D6精加工】刀具群组下。

2）修改参数；【刀具】选项选择【D6精刀】；【切削参数】选项壁边、底面预留量：-0.011，斜插深度：6。

3）单击 ✅ 确定，单击操作管理器上的 ▶ 重新计算，生成图4-45所示刀具路径。

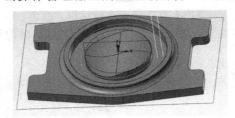

图4-45　生成刀具路径

6. D6R3 曲面精加工

继续【新建刀路群组】，输入刀具群组名称：D6R3曲面精加工。

（1）R3曲面加工

1）单击【外形】图标 外形，弹出【串连选项】对话框，选择φ65mm圆作为加工轮廓，单击 ✅ 确定，弹出【外形铣削】参数设置对话框。

2）单击【刀具】选项，创建一把直径为6mm的球刀。设置刀具属性，名称：D6R3球刀、进给速率：800、主轴转速：4500、下刀速率：400。

3）单击【切削参数】选项，设置外形铣削方式【斜插】、斜插方式：深度、斜插深度：

1，勾选【在最终深度处补平】；壁边、底边预留量 0。

4）单击【共同参数】选项，设定参考高度：30.0（绝对坐标），进给下刀位置：3.0（增量坐标），工件表面：0（绝对坐标），深度：−4（绝对坐标）。

5）单击 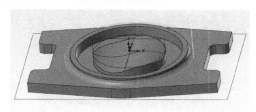 确定，生成图 4-46 所示刀具路径。

图 4-46　R3 曲面生成刀具路径

（2）曲面精加工

1）依次单击【曲面】—【由实体生成曲面】命令，点选绘图区上方【选择工具栏】鼠标单击拾取模式为：选择实体面，单击去掉：选择主体；单击实体上的曲面，按回车键完成选择，弹出【由实体生成曲面】对话框，生成图 4-47 所示曲面，单击 ⊘ 确定完成操作。

2）单击 3D 功能区中的【流线】图标 ，选择图 4-47 所示生成曲面，单击 结束选择 ，弹出【刀路曲面选择】对话框；单击 确定，弹出曲面精修流线参数设置对话框。

3）单击【刀具参数】选项，选择【D6R3 球刀】。

4）单击【曲面参数】选项，参考高度：30（绝对坐标），下刀位置：3（增量坐标），其余默认。

5）单击【曲面流线精修参数】选项，设置截断方向控制点选：距离，输入：0.2，其余默认。

6）单击 确定，弹出【曲面流线设置】对话框；单击【补正方向】，出现 4-48 所示刀路预览，【切削方向】、【步进方向】、【起始点】用户可以根据所需进行修改，此处直接按照默认，单击 确定，生成图 4-49 所示刀具路径。

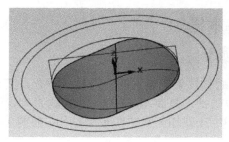

图 4-47　生成曲面

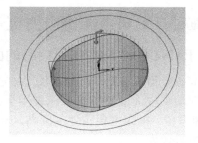

图 4-48　曲面路径设置

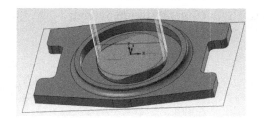

图 4-49　曲面流线精修刀具路径

7. **实体仿真**

1）单击操作管理器上的【机床群组 -1】，选中所有的刀具路径。

2）单击【机床】—【实体仿真】进行实体仿真，单击 ▶ 播放，仿真加工过程和结果如图 4-50 所示。

图 4-50　实体切削验证效果

8. **保存**

单击选项卡上【文件】—【保存】，将本例保存为【4-1B.mcam】文档。

9. **后处理程序**

选择 802D.PST 后处理文件，用户根据自己所需生成加工程序。

> **注：**
>
> 正面对刀的主要问题是如何保证厚度尺寸 28mm，先以毛坯的上表面对刀，进行第一步面铣，然后测量厚度尺寸，用修正 G54 的 Z 值的方法来保证 Z 向的对刀精度。

ϕ59、ϕ40 圆粗加工采用外形铣削下的斜插方式来代替一般挖槽，避免了较窄空间里的螺旋式或斜插式下刀，比较有特点；壁边预留量为 -0.011mm，主要是考虑 ϕ59$^{+0.046}_{0}$ mm 和 ϕ40$^{0}_{-0.039}$ mm 两个尺寸的公差带正好反向，ϕ59mm 直径增大的同时，ϕ40mm 直径减小，Z 向预留量为 -0.011mm，主要是补偿深度方向的尺寸公差。

4.6　FANUC 0i-MC 加工中心的基本操作

4.6.1　FANUC 0i-MC 加工中心的面板操作

VMC600 型 FANUC 0i-MC 加工中心是南通科技集团开发的中档加工中心，具有刚性较高、切削功率较大的特点。机床采用全封闭罩防护，具有 16 把刀的斗笠式刀库，能自动换刀，快速方便。机床主要构件刚度高，床身立柱、床鞍均为封闭式框架结构，如图 4-51 所示。主要规格参数为

工作台面尺寸：	800mm×400mm
三向最大行程（X/Y/Z）：	610mm/410mm/510mm
主轴转速范围：	80 ～ 8000r/min
快速移动进给速度：	15000mm/min
定位精度：	0.005mm
重复定位精度：	0.003mm
机床净重：	6000kg
外形尺寸：	2500mm×2630mm×2550mm

图 4-51　VMC600 型 FANUC 0i-MC 加工中心

FANUC 0i-MC 数控系统面板分为三个区, 分别是 CNC 操作面板区、机床控制面板区（包含控制器接通与断开）和屏幕显示区, 如图 4-52 所示。

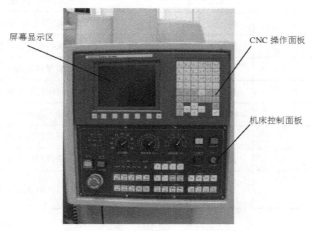

图 4-52　FANUC 0i-MC 系统面板

CNC 操作面板如图 4-53 所示, 各按键功能见表 4-3; 机床控制面板如图 4-54 所示, 各按键功能见表 4-4。

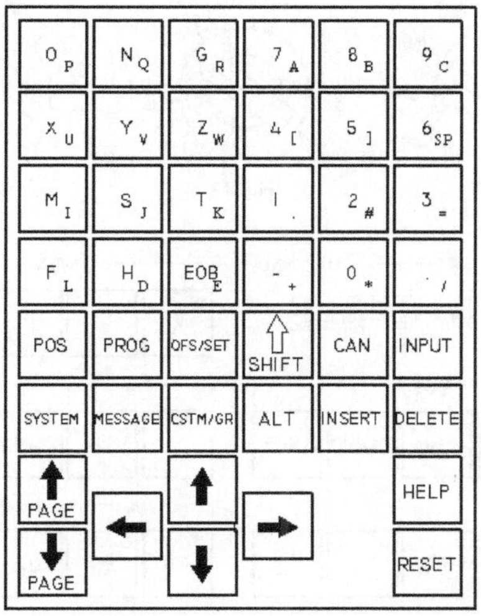

图 4-53　CNC 操作面板

表4-3 CNC操作面板各键说明

键	名 称	功 能 说 明
0～9	地址、数字输入键	输入字母、数字和符号
SHIFT	上档键	上档切换到小字符
POS	加工操作区域键	显示加工状态界面
PROG	程序操作区域键	显示程序界面
OFS/SET	参数操作区域键	显示参数和设置界面
SYSTEM	系统参数键	设置系统参数
MESSAGE	报警显示键	显示报警内容
CSTM/GR	图像显示键	显示当前的进给轨迹
INSERT	插入键	编程时插入字符
ALT	替换键	编程时替换字符
CAN	回退键	编程时回退清除字符
DELETE	删除键	删除程序及字符
INPUT	输入键	输入各种参数
RESET	复位键	复位数控系统
HELP	帮助键	获得帮助信息
↑PAGE ↓PAGE	页面变换键	程序编辑时翻页
← ↑ ↓ →	光标移动键	移动光标

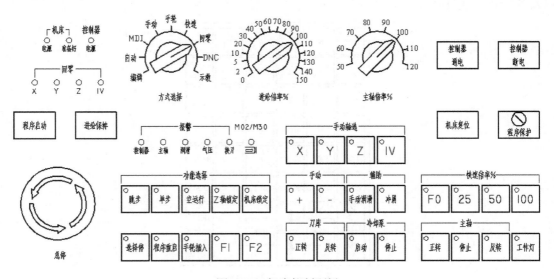

图4-54 机床控制面板

表 4-4 机床控制面板主要按键及档位功能说明

主要按键或档位	功 能 说 明
方式选择	有编辑、自动、MDI、手动、手轮、快速、回零、DNC 和示教共 9 个档位
进给倍率 %	进给速度的修调
主轴倍率 %	主轴速度的修调
控制器通电	数控系统通电
程序启动	程序启动
进给保持	程序停止进给、主轴保持转速
机床复位	机床准备
程序保护	锁定位置时防止程序及系统参数的修改
急停	紧急停止
手动轴选 X、Y、Z、IV	在"手动"或"回零"档位时,轴移动的选择,IV 表示第四轴
手动"+","-"	在"手动"或"回零"档位时,轴移动的方向
快速倍率 %	只对 G0/G28/G30 有效
跳步	程序执行到"/"时跳过
单步	仅执行一条语句
空运行	以系统设定的进给速度运行,原程序进给速度无效
Z 轴锁定	Z 轴锁定无机械运动,X、Y 轴可以运动
机床锁定	X、Y、Z、IV 轴均被锁定
选择停	程序执行到 M01 时停止
程序重启	程序重新从某个断点开始执行

1. 开机操作步骤

1)检查机床各部分初始状态是否正常,包括润滑油液面高度、气压表等。

2)合上机床右侧的电气总开关。

3)按下机床控制面板上的"控制器接通"按钮,系统进入自检,约 3min 后进入开机界面。

4)按箭头提示方向旋开"急停"按钮,按下"机床复位"按钮。

5)将方式选择旋到"回零"档位。

6)回参考点:依次按下手动轴选的"Z""+""Y""+""X""+"6 个按钮,Z、Y、X 三个方向分别回零,在 POS 加工操作界面,可以看到机床坐标系 MCS 的 X=0、Y=0、Z=0,表示各轴回零完成,如图 4-55 所示。

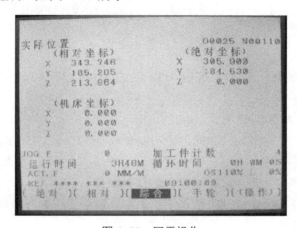

图 4-55 回零操作

注：

回零一定要先从 Z 轴开始，先抬起 Z 轴，避免撞刀，回零过程中机床控制面板上的回零指示灯会闪烁，必须等到常亮以后才能执行下一个轴的回零，这一点和 SIEMENS 系统有所不同，SIEMENS 系统的 3 个轴可以同时回零，而 FANUC 系统必须每个轴分别回零。

2. 程序的编辑与传输

将机床控制面板的"方式选择"转到"编辑"档位，按下 CNC 操作面板的"PROG"键，将屏幕切换到程序管理界面，按下"列表"对应的软键，可以看到仅有系统保存的一条程序 O9001，该程序不可删除与修改。FANUC 系统的特点是程序名均以 O×××× 开头，其中 ×××× 为四位数字，如图 4-56 所示。

图 4-56　程序管理界面

3. 新建程序

1）在图 4-56 界面输入 O××××，比如"O0001"，按下"INSERT"键，即可进入到程序编辑界面；再按下"EOB"键和"INSERT"键，将分号加上去，变成"O0001；"。

2）输入每条语句，比如"G54 G90 G0 Z100"，每条语句结束后一定要记得按下"EOB"键。"EOB"键的作用就是在每条语句后面加一个分号"；"。

3）编辑每行语句直到结束。

4. 打开已有的程序

在图 4-56 界面输入将要打开的程序 O××××，比如"O0001"，按下 ⊡⬚⊡ 键中的任何一个，即可打开该程序。

5. 程序的编辑

（1）插入漏掉的字符　例如在语句"G2 X123.456 Y234.567 F100"的阴影处插入字符"R50"。

1）将光标移动到 Y234.567 处。

2）输入 R50，按下"INSERT"键，语句即变成"G2 X123.456 Y234.567 R50 F100"。

（2）删除错误的字符

1）未按下"INSERT"键，直接用"CAN"键删除。

2）按下"INSERT"键，已经将错误字符输入到内存中，此时，将光标移动到错误处，按下"DELETE"键删除。

（3）替换错误的字符　将光标移动到错误处，按下"ALT"键替换。

6. 删除内存中某个程序

在图 4-56 界面输入将要删除的程序 O××××，比如"O0001"，按下"DELETE"键，即可删除该程序。

7. 删除内存中所有的程序

在图 4-56 界面输入 O-9999，按下"DELETE"键，即可删除内存中所有程序。

8. 删除内存中指定范围程序

在图 4-56 界面输入"OXXXX，OYYYY"（XXXX 代表将要删除程序的起始号，YYYY 代表将要删除程序的终了号），按下"DELETE"键，即可删除内存编号 OXXXX ～ OYYYY 的所有程序。

9. 程序的传输（传输的文件 <256KB）

1）计算机方：双击计算机桌面图标 ，启动传输软件 NCSentry，打开所要传输的文件，比如 4-1ACX.NC，如图 4-57 所示。

2）在窗口的左侧，将程序名 O0000 修改为 O0001，注意不要与内存原有的程序名重复。

3）机床方：在图 4-56 界面，按下"操作"对应的软键，按下软键 ▶ 后翻，按下"读入"对应的软键，按下"执行"，可见屏幕下方"LSK"闪烁，等待接收数据。

4）计算机方：单击图标 ，单击"Start"，进行程序发送，如图 4-58 所示。

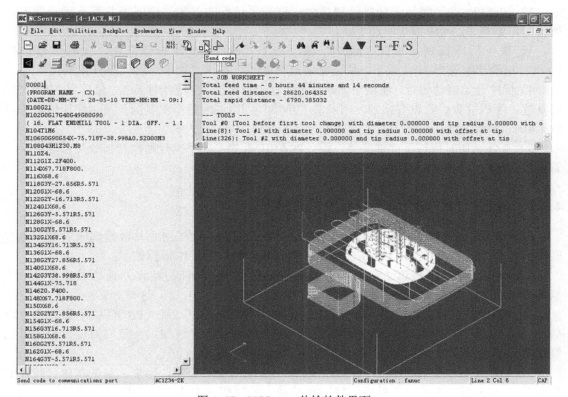

图 4-57　NCSentry 传输软件界面

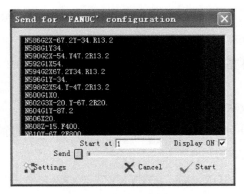

图 4-58   程序的传输

10. 程序的模拟仿真

1）按下机床控制面板的"空运行""Z 轴锁定"或"机床锁定"键。

2）按"PROG"键显示程序管理界面，打开要运行的程序，在所有换刀指令前加上跳步符"/"。

3）按下机床控制面板的"跳步"键，按下"程序启动"键开始加工。

4）按下 CNC 操作面板的"CSTM/GR"键，查看刀具路径轨迹。

11. 程序的自动运行

1）将机床控制面板的"方式选择"转到"自动"档位。

2）按"PROG"键显示程序管理界面，打开要运行的程序，确保当前不是第一把刀，如果是，则在 T1 M06 指令前加上跳步符"/"。

3）按下机床控制面板的"跳步"键，按下"单步""选择停"键，主轴倍率选择100%，进给倍率选择 10% 以下，快速倍率选择 25%，按下"程序启动"键开始加工。

4）程序开始自动运行，缓慢下刀，发现问题应及时按下"进给保持"，然后用"RESET"键复位，停机检查；若没有问题，则取消"单步"，将进给倍率恢复到正常，快速倍率恢复到 100%，开始加工。

5）首件试切时应按下"选择停"键，即 M01 有效，程序执行到换刀指令时自动停下，若要重新运行，再次按下"程序启动"键即可。

4.6.2   FANUC 0i-MC 加工中心的对刀操作

FANUC 系统的对刀与 SIEMENS 系统有明显的不同，加工中心与数控铣床的对刀也有较大的差别。以 FANUC 0i-MC 加工中心为例，基本的对刀操作步骤如下：

1）准备工作：按照第 2 章步骤将工件毛坯装夹好，用锁刀座将刀具总成安装好，注意编号 T1：ϕ16 立铣刀，T2：ϕ7.5 钻头，T3：ϕ6 立铣刀，T4：ϕ6 R3 球刀，注意装刀高度。

2）将机床控制面板的"方式选择"转到"MDI"档位，在"PROG"界面输入"T1 M6；"，按下"程序启动"键，开始换刀，将刀库当前刀位转到第一把刀刀位。若此时已经在第一把刀刀位时，报警灯会亮，则按下"RESET"键复位。

3）将机床控制面板的"方式选择"转到"手动"或"手轮"档位，左手拿住已装好的编号 T1：ϕ16 的立铣刀刀具总成，将刀具总成上的键槽对准主轴孔上的键，右手按下机床主轴的"刀具松开"按钮,将刀具总成快速送入主轴,听见"噗"的一声,松开"刀具松开"按钮,将刀柄正确地安装在主轴上。如果装不上,可以反复操作几次。

4)将机床控制面板的"方式选择"转回"MDI"档位,在"PROG"界面输入"M3 S500;",按下"程序启动",使主轴以 500r/min 的速度正转,然后按下 CNC 操作面板的"RESET"键复位。

5)将机床控制面板的"方式选择"转到"手轮"档位,按下机床控制面板的"主轴正转"键,使主轴以 500r/min 的速度正转,利用手轮快速移动工作台和主轴,让刀具靠近工件毛坯的左侧,目测刀尖低于工件表面 3 ～ 5mm,改用微调操作,让刀具慢慢接触到工件左侧,直到听到轻微切削或者刮擦声,同时可以看到有少量切屑出现,如图 4-59 左图所示。

图 4-59　X 方向对刀

6)将屏幕切换到 POS 界面,按下"综合"对应的软键,可以看到此时的绝对坐标、相对坐标和机床坐标,在屏幕下方输入"X",按下"归零"对应的软键,将 X 方向的相对坐标设定为 0.000,如图 4-60 所示。

7)用手轮抬起刀具至工件上表面之上,快速移动工作台和主轴,让刀具靠近工件右侧,与步骤 5)相同,改用微调操作,让刀具慢慢接触到工件右侧,直到听到轻微切削或者刮擦声,同时可以看到有少量切屑出现,如图 4-59 右图所示。此时 X 轴相对坐标为 137.598,如图 4-61 所示。

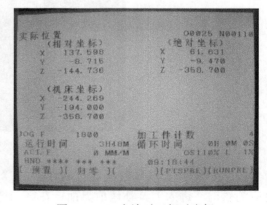

图 4-60　X 左边对刀相对坐标归零　　　　图 4-61　X 右边对刀相对坐标

8)通过简单计算可知,137.598/2=68.799,手轮抬起刀具至工件上表面之上,快速移动工作台和主轴至 X 相对坐标值为 68.799 处,注意观察,此时 X 方向的机床坐标值为 -313.068,如图 4-62 所示。

9）按下 CNC 操作面板上的"OFS/SET"键，将屏幕切换到参数设置界面，按下"工件系"对应的软键，将光标移动到 G54 的 X 处，在屏幕下方输入"X0"，按下"测量"对应的软键，G54 的 X 值自动写入到该处，比较步骤 8）的机床坐标系的值，发现是一致的，如图 4-63 所示。

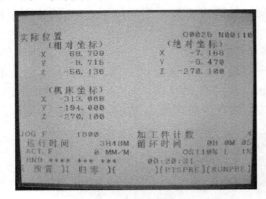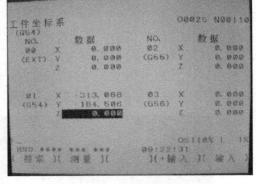

图 4-62　X/2 相对坐标　　　　　　　　　　图 4-63　G54 的设定

10）Y 轴方向对刀与 X 轴一样，所不同的是步骤 6）应选择"Y"归零；将光标移动到 G54 的 Y 处，在屏幕下方输入"Y0"，按下"测量"对应的软键。

11）Z 方向对刀：数控铣床和加工中心对刀的最大区别在 Z 轴上。加工中心要实现所有长短不一的刀具对刀后的 G54 都在工件的表面，首先将 G54 的 Z 值设定为 0.000，然后通过调用刀具长度补偿的方法来实现，如图 4-63、图 4-64 所示。

将 Z 轴设定器置于工件表面，用校正棒校正表盘，使指针到"0"处，用手轮缓慢下刀，使刀尖轻轻碰触到 Z 轴设定器上表面的活动块，继续下移 Z 轴，使得指针指到"0"处，记下此时机床坐标系的 Z 值：-301.241。

图 4-64　Z 方向对刀

12）按下 CNC 操作面板上的"OFS/SET"键，将屏幕切换到参数设置界面，按下"偏置"对应的软键，进入刀具补偿值界面，在第一把刀的"外形（H）"的值输入 -301.241，由于 Z 轴设定器的标准高度是 50，所以必须再向下 50mm，输入 -50，按下"+ 输入"对应的软键，此时 H1=-351.241，如图 4-65 所示。

13）此时，第一把刀的对刀已经完成，重复步骤 2）、3）和 11），注意换刀指令相应改成"T×M6；"，将所有余下的刀具全部对刀完成。由于第一把刀的 XY 方向已经对好刀，后续刀具只需要 Z 方向对刀即可，不必再对 XY 方向了，所有刀具对刀完毕后的长度补偿值如图 4-66 所示。

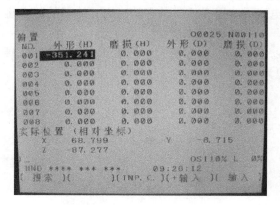

图 4-65　T1 的长度补偿值

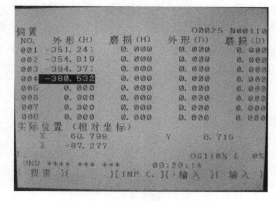

图 4-66　所有刀具的长度补偿值

14）在 Mastercam 编辑刀具路径时，由于"工件设定"对话框设定的 Z 向表面为 1，也就是说，工件毛坯的上表面在 G54 的实际 Z 值为 1，而对刀也是针对工件毛坯的上表面，因此，必须下移 1mm 才是 Mastercam 刀具路径编辑实际的 G54 Z 值零点。解决办法是按下"OFS/SET"键，将参数设置界面工件坐标系 G54 的 Z 值修正为 −1 即可。

注：

　　步骤 4）是 FANUC 特有的，FANUC 系统不像 SIEMENS 系统，直接按下"主轴正转"，主轴就开始转动，而是必须在本次开机后运行一个主轴正转的程序，然后才能够实现"主轴正转"；步骤 14）中工件坐标系 G54 的 Z=−1，也可以根据个人习惯设定该值为 0，然后在所有刀具补偿值里面减 1。

4.6.3　程序的录入与零件的反面加工

　　通过对刀以后，就可以开始加工了。由于程序比较大，超过了机床的内存 256KB，因此采用 DNC 方式加工，步骤如下：

　　1）将机床控制面板的"方式选择"转到"DNC"档位。

　　2）机床方：直接按下机床控制面板的"程序启动"键，按下"单步""选择停"键，可见屏幕下方"LSK"闪烁，等待接收数据。

　　3）计算机方：发送文件 4-1ACX.NC，方法与前面讲述的方法一致。

　　4）按照 4.6.1 节的"11．程序自动运行"的步骤 2）～ 5），开始加工。

　　5）程序执行完毕后，机床自动停机。开始首件检测，检查各尺寸公差是否合格，如果超差，要仔细分析原因，然后在精修步骤中修改相应的补偿量。

4.6.4　零件正面的对刀与加工

　　为了保证零件厚度的精度和正反面的同轴度要求，正面加工的对刀 XY 方向必须采用精度较高的光电式寻边器，Z 方向采用试切法来保证尺寸精度要求。

　　对刀步骤：

　　1）由于毛坯误差的存在，光电式寻边器的球形触头不可能直接接触到已经精加工过的侧面。在没有专用夹具的情况下，先以粗定位方式进行 XY 方向对刀，对刀步骤与 4.6.2 节的步骤 5）～ 10）大致相同，所不同的是用光电式寻边器时，主轴不动，用寻边器的球心碰触工件两边，小心操作，直到氖光灯刚刚点亮，如图 4-67 左图所示。

2）将 Z 轴设定器放在工件毛坯上表面，以 T1（ϕ16 的立铣刀）按照 4.6.2 节的步骤 11）进行 Z 向对刀，记下此时 Z' 值，与 Z 值之差记为 $\Delta = Z'-Z$。

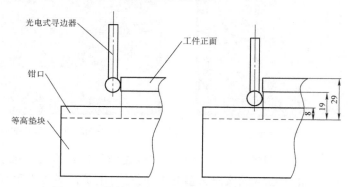

光电式寻边器　工件正面

钳口

等高垫块

图 4-67　零件正面 XY 方向的粗定位和精确定位

3）在 4.6.2 节的步骤 14），G54 的 Z=-1，以 "+ 输入" 的方式，将 Δ 值输入到 G54 的 Z 值中去，完成 Z 向对刀。

➡ 例 4-1

4.6.2 节的步骤 11）记下的 Z=-301.241，而 Z'=-302.304，可得 $\Delta = Z'-Z=-1.063$，将 Δ 值输入到 G54 的 Z 值中，此时 Z=-1-1.063=-2.063。

注：

4.6.4 节的步骤 3）是基于 "以第一把刀作为长度基准，所有刀具的高度差在加工中是不会变化的" 这一论断，只需修改工件坐标系 G54 的 Z 值，来实现所有刀具的对刀，而不必重新一把把对刀和重新设定长度补偿。

4）将 4.5 节零件正面刀具路径编辑的步骤 1）后处理的程序传入机床加工，该步骤是将整个表面面铣，铣深 0.7，留有 0.3 余量，停机后测量厚度值。理论上 L_{TZ}=28.3，如果实际测量值为 L_{PZ}=28.36，则将计算出的 $\Delta'=L_{TZ}-L_{PZ}$ 的值以 "+ 输入" 的方式，将 Δ' 值输入到 G54 的 Z 值中去，完成 Z 向对刀修正。

➡ 例 4-2

在步骤 3）中，此时 G54 的 Z=-2.063，4.5 节步骤 1）的面铣程序执行完以后，测量可得 L_{PZ}=28.36，那么 $\Delta'=L_{TZ}-L_{PZ}$=-0.06，将该值以 "+ 输入" 的方式，将 Δ' 值输入到 G54 的 Z 值中去，此时 Z=-2.063-0.06=-2.123。

5）将 4.5 节零件正面刀具路径编辑的步骤 2）～ 3）后处理的程序传入机床加工，在进行侧面的螺旋式渐降斜插外形铣削时，XY 方向留有余量 0.2。

6）用光电式寻边器的球形触头接触到已经精加工过的侧面，以步骤 1）的方式修正 XY 方向对刀，如图 4-67 右图所示。

通过步骤 1）～ 6），零件正面的对刀修正已经完成，可以开始正式加工了。

还有一种用杠杆式百分表进行 G54 的 X、Y 方向对刀的方法，可以不用预先对工件正面进行外形铣削，如图 4-68 所示。

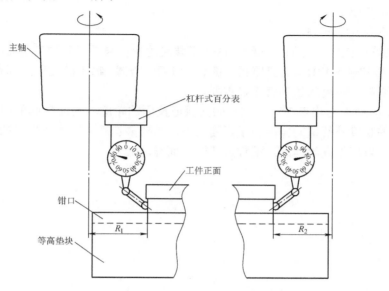

主轴

杠杆式百分表

工件正面

钳口

等高垫块

R_1

R_2

图 4-68 杠杆式百分表 XY 方向对刀正视图

对刀步骤：

1）将杠杆式百分表的磁性表座紧紧吸附在主轴上，表头探针接触左侧已经加工过的表面，转动主轴，使得百分表沿空间平面画弧，反复调试，找到百分表的最大读数，比如 80。记下此时的机床坐标 X_1 和 Z_1 值，此时空间画弧的半径为 R_1，如图 4-68 左图所示。

2）左侧让开工件，抬起主轴，利用手轮摇到右侧同样高度 Z_1 处，用表头探针接触右侧已经加工过的表面，转动主轴，使得百分表沿空间平面画弧，反复调试 X 方向，使得百分表的最大读数同样为 80，如图 4-68 右图所示。百分表相对主轴位置无移动的情况下，可以认为 $R_1=R_2$，记下此时机床坐标 X_2，可得 G54 的 $X=(X_1+X_2)/2$。

3）同理，可进行 Y 方向对刀，如图 4-69 所示。

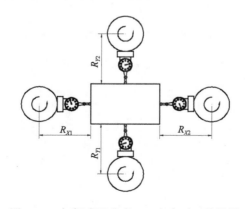

R_{Y2}

R_{X1}

R_{X2}

R_{Y1}

图 4-69 杠杆式百分表 XY 方向对刀俯视图

本 章 小 结

本章是一个较为复杂的用 Mastercam 加工的例子，零件的正反两面都需要加工，而且部分尺寸有一定精度要求。

本章应注意的几个问题：

1）在建模阶段就应考虑加工问题，从便于装夹的角度来看，先加工反面比较合适。

2）加工中心和铣床相比，刀具路径的编辑、对刀的方式、加工的过程上都有很大的不同，其自动化程度更高，精度的控制就更显重要。

3）本章正面加工的难点在对刀上，如何保证反面的轮廓和正面轮廓的同轴度，同时又要让反面对刀的长度补偿值同样能用于正面对刀，需要多加思考。本章采用的方法也不一定是最好的，存在效率不高等问题，编程方式因人而异。

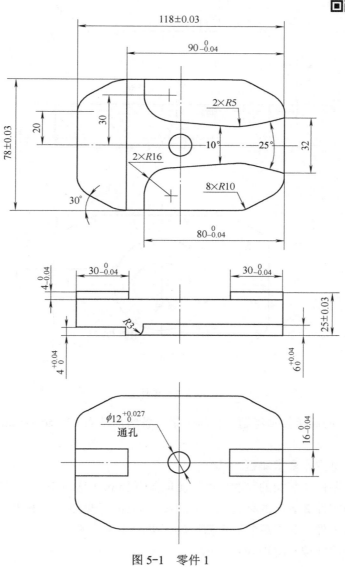

图 5-1　零件 1

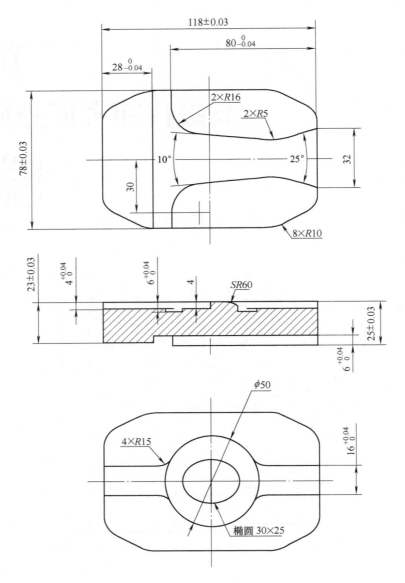

图 5-2　零件 2

本例是加工中心高级技师考题，材料为铝，备料尺寸为 120mm×80mm×30mm。

技术要求：

1）以中小批量生产要求编程。

2）零件 1 与零件 2 装配的轮廓形面配合间隙 0.1mm（见图 5-3 上图）。

3）零件 1 与零件 2 装配的单边配合间隙 ≤ 0.05mm（见图 5-3 下图）。

4）零件 1 与零件 2 装配后能够左右滑动（见图 5-3 下图）。

5）未注公差尺寸按 GB/T 1804—m。

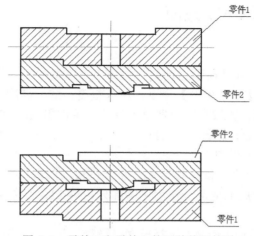

图 5-3　零件 1 和零件 2 的两种装配关系

5.1　零件 1 和零件 2 的工艺分析

数控铣、加工中心高级技师的要求是在规定的时间里加工两个零件，零件加工后能够形成配合。单件生产多采用配作加工的方法来实现，技术经济性不好，零件没有互换性。以中小批量生产要求编程，零件必须满足互换性要求。数控铣床（加工中心）能够达到的精度为 0.01mm，因此，用加工中心加工能够满足精度要求。

零件 1 和零件 2 的正反两面均需加工，零件图形不算太复杂，多采用二维线框加工，建模采用基本尺寸，公差要求通过工艺来保证。综合考虑对刀具的要求和工作效率，零件 1 各工序刀具及切削参数见表 5-1，零件 2 见表 5-2。

表 5-1　零件 1 加工各工序刀具及切削参数

序　号	加 工 部 位	刀　具	主轴转速 / (r/min)	进给速度 / (mm/min)
正面				
1	二维轮廓的面铣和外形铣	ϕ16 立铣刀	粗：1500，精：1900	粗：600，精：400
2	钻孔	ϕ11.8 麻花钻头	650	50
3	铰孔	ϕ12 铰刀	100	50
4	倒角 C0.5	ϕ10 倒角刀	3000	1000
反面				
1	二维轮廓粗加工	ϕ16 立铣刀	1500	600
2	二维轮廓精加工	ϕ10 立铣刀	2500	400
3	曲面的精加工	ϕ6R3 球刀	4500	1200

表 5-2　零件 2 加工各工序刀具及切削参数

序　号	加 工 部 位	刀　具	主轴转速 / (r/min)	进给速度 / (mm/min)
正面				
1	二维轮廓的加工	ϕ8 立铣刀	粗：2500，精：2800	粗：600，精：400
2	曲面的精加工	ϕ6R3 球刀	4500	1200
3	倒角 C0.5	ϕ10 倒角刀	3000	1000
反面				
1	二维轮廓粗加工	ϕ16 立铣刀	1500	600
2	二维轮廓精加工	ϕ8 立铣刀	粗：2500，精：2800	粗：600，精：400
3	倒角 C0.5	ϕ10 倒角刀	3000	1000

5.2　零件 1 的正面 CAD 建模

操作步骤如下：

1）按【Alt+F9】，打开【显示指针】。

2）单击【草图】—【圆角矩形】命令，输入宽度：59、高度 39，点选固定位置为【右下】，如图 5-4 所示，鼠标拾取指针位置单击确认，单击⊘完成 59mm×39mm 矩形绘制。

3）单击【已知点画圆】命令，输入直径：20；单击空格键弹出数值输入对话框，输入 −49、20；单击⊘完成圆的绘制。

4）单击【连续线】命令，鼠标移至 φ20 左上位置，单击指定第一端点，取输入角度：30°，线长：25，选择切点上半部分作为保留部分，单击⊘完成斜线的绘制，结果如图 5-5 左图所示。

5）单击【修剪打断延伸】命令，选择模式：修剪，方式：分割 / 删除，将多余的线剪掉，单击⊘完成。

6）单击【倒圆角】命令，输入半径：10，勾选【修剪图形】，依次选择要倒圆角的角落，单击⊘完成倒圆角，完成的图形如图 5-5 右图所示。

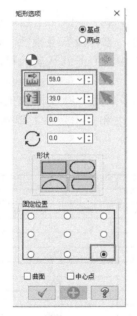

图 5-4　步骤 1）点的位置选择

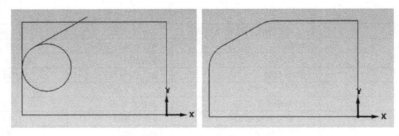

图 5-5　步骤 3）～ 6）图形

7）依次单击【转换】—【镜像】，图形选择图 5-6 左图，单击███弹出对话框，点选：复制，拾取 X 轴，单击应用图标█；继续选择图 5-6 左图和镜像后的图形，单击███，拾取 Y 轴，单击███完成镜像。

8）单击【主页】—【删除图形】，删除中间多余线段，完成的图形如图 5-6 右图所示。

9）单击【操作管理器】下方的【层别】，操作管理器界面切换至图层界面，单击层别界面左上角的█图标，创建新的图层【2】，输入层 1 名称：外形轮廓、层 2 名称：正面，如图 5-7 所示。

10）单击【圆角矩形】命令，输入宽度：30、高度 16，点选固定位置为【右下】，单击空格键弹出数值输入对话框，输入 −29、−8 作为基点，单击应用图标；点选固定位置为【左下】，单击空格键弹出数值输入对话框，输入 29、−8 作为基点，单击◙完成两个 30mm×16mm 矩形的绘制。

11）单击【已知点画圆】命令，输入直径：12，拾取指针位置单击确认；单击◙完成圆的绘制。完成以后的图形俯视效果如图 5-8 所示。

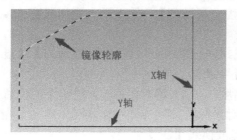
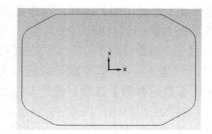

图 5-6　镜像操作及结果

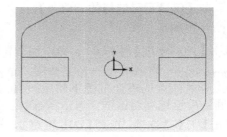

图 5-7　层别界面　　　　图 5-8　零件 1 正面 CAD 建模效果图

5.3　零件 1 的正面刀具路径编辑

操作步骤如下：

1. 工作设定

1）单击【机床】—【铣床】—【默认】，弹出【刀路】选项卡。

2）单击【操作管理器】—【刀路】，选择【机床群组−1】，然后右击，依次选择【群组】—【重新名称】，输入机床群组名称：正面。

3）双击【正面】下的属性，单击【毛坯设置】弹出对话框，设置毛坯参数 X：120、Y：80、Z：30，设置毛坯原点 Z：1。

2. D16 粗加工

单击操作管理器上【刀具群组−1】，鼠标停留在刀具群组−1上右击，依次选择【群组】—【重新名称】，输入刀具群组名称：D16 粗加工。

（1）外形粗加工

1）单击【2D 功能区】中的【外形】图标 ，弹出输入新 NC 名称对话框，提示用户

219

可以根据自己所需给程序命名，输入后单击  确定。

2）弹出【串连选项】对话框，选择 118mm×78mm 矩形作为加工轮廓，单击 确定，弹出【外形铣削】参数设置对话框。

3）单击【刀具】选项，创建一把直径为 16mm、用于粗加工的平底刀。设置刀具属性，名称：D16 粗刀、进给速率：600、主轴转速：1500、下刀速率：300。

4）单击【切削参数】选项，设置外形铣削方式【2D】，壁边预留量 0.2。

5）单击【Z 分层切削】选项，勾选【深度分层切削】，输入最大粗切深度：9，精修量：0，勾选【不提刀】，其余默认。

6）单击【进/退刀设置】选项，不勾选【在封闭轮廓中点位置执行进/退刀】、【过切检查】，进/退刀直线设置为：0，其余默认或根据所需修改。

7）单击【共同参数】选项，设定参考高度：30.0（绝对坐标），进给下刀位置：3.0（增量坐标），工件表面：0.0，深度：−25（绝对坐标）。

8）单击【冷却液】选项，设定开启冷却液模式【On】。

9）单击 确定，生成图 5-9 所示刀具路径。

10）单击【仅显示已选择的刀路 】。

（2）凸台粗加工

1）单击【动态铣削】图标 ，弹出加工轮廓串连选项界面，单击加工范围下的 图标，选择 118mm×78mm 的矩形作为加工范围，单击 确定，回到串连选项对话框，点选加工区域策略：开放；点选避让范围下的 图标，选择两个 30mm×16mm 的矩形；单击 完成选择，回到串连选项对话框；单击 确定，弹出切削参数设置对话框。

2）单击【刀具】选项，选择【D16 粗刀】，在原刀具参数上修改切削参数，设置进给速率：1000、主轴转速：3500。

3）单击【切削参数】选项，设置步进量：20%，壁边、底边预留量：0.2。

4）单击【共同参数】选项，设定参考高度：30.0（绝对坐标），进给下刀位置：3.0（增量坐标），工件表面：0.0，深度：−4（绝对坐标）。

5）单击【冷却液】选项，设定开启冷却液模式【On】。

6）单击 确定，生成图 5-10 所示刀具路径。

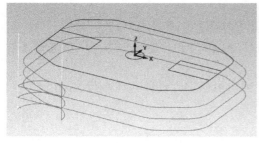
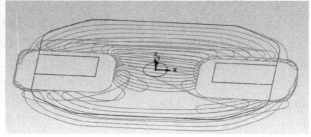

图 5-9　外形粗加工刀具路径　　　　　图 5-10　凸台粗加工刀具路径

3. D11.8 钻孔

单击【正面】，鼠标停留在正面上右击，依次选择【群组】—【新建刀路群组】，输入刀具群组名称：D11.8 钻孔；完成新群组的创建。

1）单击【钻孔】图标 ，弹出【选择孔位置】对话框，单击 ，选择 $\phi 12$ 的圆，单击 ，单击 确定，弹出【钻孔】参数设置对话框。

2）单击【刀具】选项，创建一把直径为 11.8mm 的钻头。设置刀具属性，名称：D11.8 钻头、进给速率：50、主轴转速：650、下刀速率：20。

3）单击【切削参数】选项，循环方式选择【深孔啄钻（G83）】，Peck（啄食量）设置：5，其余默认。

4）单击【共同参数】选项，设定参考高度：30.0（绝对坐标），工件表面：0.0（绝对坐标），深度：-35（绝对坐标）。

5）单击【冷却液】选项，设定开启冷却液模式【On】。

6）单击 确定，生成图 5-11 所示刀具路径。

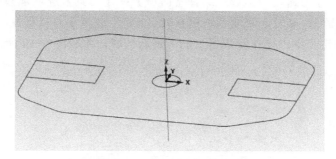

图 5-11　生成钻孔刀具路径

4. D16 精加工

继续【新建刀路群组】，输入刀具群组名称：D16 精加工。

（1）面铣

1）单击【面铣】图标 ，弹出【串连选项】对话框，选择两个 30mm×16mm 矩形作为加工轮廓，单击 确定，弹出【平面铣削】参数设置对话框。

2）单击【刀具】选项，创建一把直径为 16mm、用于精加工的平底刀。设置刀具属性，名称：D16 精刀、进给速率：400、主轴转速：1900、下刀速率：200。

3）单击【切削参数】选项，设置走刀类型【双向】，底面预留量 0，最大步进量 12。

4）单击【共同参数】选项，设定参考高度：30.0（绝对坐标），下刀位置：3.0（增量坐标），工件表面：0，深度：0（绝对坐标），其余默认。

5）单击【冷却液】选项，设定开启冷却液模式【On】。

6）单击 确定，生成图 5-12 所示刀具路径。

（2）外形精加工

1）复制【1- 外形铣削（2D）】到【D16 精加工】刀具群组下。

2）修改参数；【刀具】选项选择 D16 精刀；【切削参数】选项壁边、底面预留量 0；【Z 分层切削】选项不勾选：深度分层切削。

3）单击 确定，单击操作管理器上的 重新计算，生成图 5-13 所示刀具路径。

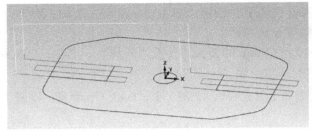

图 5-12　生成面铣精加工刀具路径

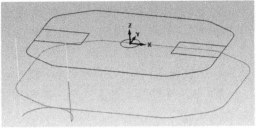

图 5-13　生成外形精加工刀具路径

（3）凸台精加工

1）复制【2-2D 高速刀路（2D 动态铣削）】到【D16 精加工】刀具群组下。

2）修改参数；【刀路类型】选项选择【区域】；【刀具】选项选择 D16 精刀；【切削参数】选项壁边预留量 −0.01、底面预留量 0.02、XY 步进量【刀具直径：80%】。

3）单击 ✅ 确定，单击操作管理器上的 ▶ 重新计算，生成图 5-14 所示刀具路径。

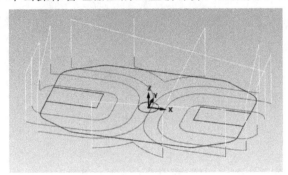

图 5-14　凸台精加工刀具路径

5．D10 倒角

继续【新建刀路群组】，输入刀具群组名称：D10 倒角。

（1）倒角加工 −1

1）单击【外形】图标 ⬛，图形选择两个 30mm×10mm 的矩形（注意顺铣方向），单击 ✅ 确定，弹出外形铣削参数设置对话框。

2）单击【刀具】选项，创建一把直径为 10mm、角度为 45°、刀尖直径为 0 的倒角刀，设置刀具属性，名称：D10 倒角刀、进给速率：1000、主轴转速：3000、下刀速率：500。

3）单击【切削参数】选项，外形铣削方式选择：2D 倒角、宽度：0.5、刀尖补正：1，设置壁边、底面预留量 0。

4）单击【进 / 退刀设置】选项，设置进 / 退刀直线长度：0、圆弧半径 1mm。

5）其余默认。单击 ✅ 确定，生成图 5-15 所示刀具路径。

（2）倒角加工 −2

1）单击【外形】图标 ⬛，弹出串连选项对话框，点选【▢▢】，图形选择图 5-15 左图和 ϕ12 圆，单击 ✅ 确定，弹出外形铣削参数设置对话框。

2）单击【刀具】选项，选择【D10 倒角刀】。

3）单击【共同参数】选项，设定参考高度：30.0（绝对坐标），下刀位置：3.0（增量坐标），工件表面：0，深度：-4（绝对坐标），其余默认。

4）其余默认。单击 ✅ 确定，生成图 5-16 所示刀具路径。

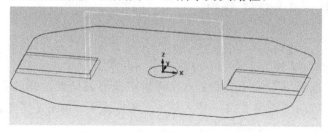

图 5-15　生成倒角 -1 刀具路径

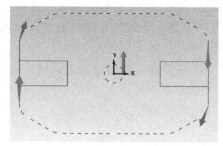
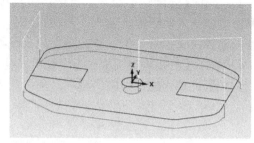

图 5-16　倒角 -2 加工轮廓选择及生成刀具路径

6. φ12mm 铰孔

继续【新建刀路群组】，输入刀具群组名称：D12 铰孔。

1）复制【3- 深孔啄钻（G83）】到【D12 铰孔】刀具群组下。

2）单击修改参数；【刀具】选项，创建一把直径为 12mm 的铰刀。设置刀具属性，名称：D12 铰刀、进给速率：50、主轴转速：100、下刀速率：20；【切削参数】选项，循环方式选择：Drill/Counterbore；【共同参数】选项，工件表面：-3（绝对坐标）。

3）单击 ✅ 确定，单击操作管理器上的 ▶ 重新计算，生成刀具路径。

7. 实体仿真

1）单击操作管理器上的【正面】，选中所有的刀具路径。

2）单击【机床】—【实体仿真】进行实体仿真，单击 ▶ 播放，仿真加工过程和结果如图 5-17 所示。

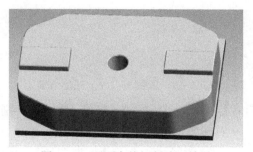

图 5-17　正面实体切削验证效果

8. 保存

单击选项卡上【文件】—【保存】，将本例保存为【5-1.mcam】文档。

5.4　零件 1 的反面 CAD 建模

操作步骤如下：

1）打开 5-1.mcam 文件。

2）单击操作管理器下方的【层别】，操作管理器界面切换至图层界面，单击层别界面左上角的 + 图标，创建新的图层【3】，输入层 3 名称：反面。单击【高亮】选项上层 1、层 2，去除【×】，隐藏图层相对应轮廓。

3）单击【连续线】命令，点选：垂直线，输入长度：39，单击 🔒 锁定尺寸，单击空格键弹出数值输入对话框，输入：【-31，0】，单击 ◎ 继续创建；单击空格键弹出数值输入对话框，输入：【-21，0】，单击 ◎ 完成直线绘制，结果如图 5-18 左图所示。

4）单击【已知点画圆】命令，输入半径：16；单击空格键弹出数值输入对话框，输入：【-5，30】，单击 ◎ 完成圆的绘制，结果如图 5-18 右图所示。

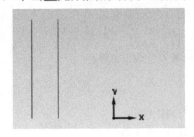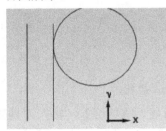

图 5-18　步骤 3）、4）图形结果

5）单击【连续线】命令，点选：任意线，长度：50，角度：175°，单击 🔒 锁定长度和角度，鼠标移至 φ32mm 右下位置，单击指定第一端点，鼠标左键选择右半部分作为保留部分，单击 ◎ 继续创建；输入角度：192.5°，单击空格键弹出数值输入对话框，输入：【59，16】；单击 ◎ 完成斜线的绘制，结果如图 5-19 左图所示。

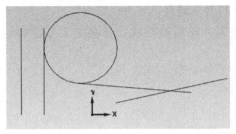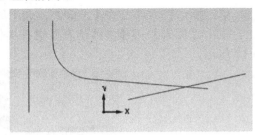

图 5-19　步骤 5）、6）图形结果

6）单击【修剪打断延伸】命令，选择模式：修剪，方式：分割 / 删除，将多余的线剪掉，单击 ◎ 完成，结果如图 5-19 右图所示。

7）单击【倒圆角】命令，输入半径：5，勾选【修剪图形】，用鼠标选择要倒圆角的角落，单击⊘完成倒圆角。

8）依次单击【转换】—【镜像】，图形选择步骤 3）～ 5）图形，单击  弹出对话框，点选：复制、X 轴，如图 5-20 所示，单击 ✓ 完成镜像。

9）单击【连续线】命令，单击🔒取消锁定长度和角度，绘制直线将图形连成封闭轮廓，结果如图 5-21 所示。

10）单击【矩形】命令，输入宽度：120、高度 180，设置勾选【矩形中心点】，将鼠标移至绘图区中间指针位置单击确认，绘出 120mm×80mm 矩形，单击⊘完成矩形的绘制。

11）单击【实体】—【拉伸】命令，选择图 5-21 所示图形，方向【向下】，距离：6，单击⊘完成拉伸操作。

图 5-20　镜像设置

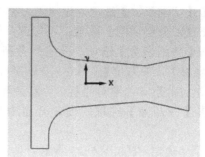

图 5-21　步骤 9）图形结果

12）单击 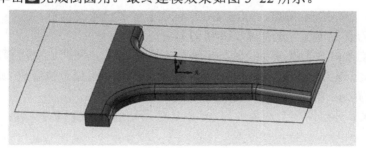 图标，弹出实体选择对话框，选择相应边界，单击 ✓ 确定；弹出对话框，输入半径：3，单击⊘完成倒圆角。最终建模效果如图 5-22 所示。

图 5-22　零件 1 反面 CAD 建模效果图

5.5　零件 1 的反面刀具路径编辑

操作步骤如下：

1. 工作设定

1）鼠标移至【操作管理器】—【刀路】选项空白位置，右击，依次选择【群组】—【新建机床群组】—【铣床】，弹出【机床群组属性】对话框，直接单击 ✓ 确定。

2）选择【机床群组 -1】，然后右击，依次选择【群组】—【重新名称】，输入机床群组名称：反面。单击【毛坯设置】弹出对话框，设置毛坯参数 X：120、Y：80、Z：30，设置毛坯原点 Z：1。

2．**D16** *粗加工*

单击操作管理器上【刀具群组-1】，鼠标停留在刀具群组-1上右击，依次选择【群组】—【重新名称】，输入刀具群组名称：D16 粗加工-反面。

（1）面铣粗加工

1）单击 2D 功能区中的【面铣】图标 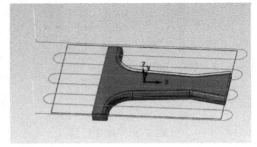，弹出输入新 NC 名称对话框，输入后单击 确定；弹出【串连选项】对话框，选择 120mm×80mm 矩形作为加工轮廓，单击 确定，弹出【平面铣削】参数设置对话框。

2）单击【刀具】选项，创建一把直径为 16mm、用于粗加工的平底刀。设置刀具属性，名称：D16 粗刀、进给速率：600、主轴转速：1500、下刀速率：300。

3）单击【切削参数】选项，设置走刀类型【双向】，底面预留量 0.5，最大步进量 12。

4）单击【Z 分层切削】选项，不勾选：深度分层切削。

5）单击【共同参数】选项，设定参考高度：30.0（绝对坐标），下刀位置：3.0（增量坐标），工件表面：0，深度：0（绝对坐标），其余默认。

6）单击【冷却液】选项，设定开启冷却液模式【On】。

7）单击 确定，生成图 5-23 所示刀具路径。

8）单击【仅显示已选择的刀路 】。

（2）深度 4mm 台阶粗加工

图 5-23　面铣粗加工刀具路径

1）单击【外形】图标 ，弹出【串连选项】对话框，点选 ，选择图 5-24 左所示图形为加工轮廓，单击 确定，弹出【外形铣削】参数设置对话框。

2）单击【刀具】选项，选择【D16 粗刀】。

3）单击【切削参数】选项，设置外形铣削方式【2D】，壁边、底边预留量 0.2。

4）单击【进/退刀设置】选项，不勾选：在封闭轮廓中点位置执行进/退刀、过切检查，进/退刀圆弧设置为：0，其余默认或根据所需修改。

5）单击【XY 分层切削】选项，勾选：XY 分层切削，设置粗切次数：3、间距：7，其余默认。

6）单击【共同参数】选项，设定参考高度：30.0（绝对坐标），进给下刀位置：3.0（增量坐标），工件表面：0.0，深度：-4（绝对坐标）。

7）单击【冷却液】选项，设定开启冷却液模式【On】。

8）单击 确定，生成图 5-24 右图所示刀具路径。

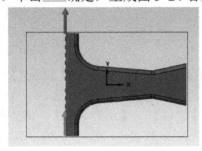 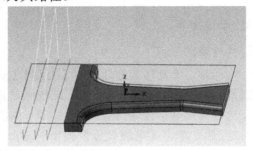

图 5-24　图形选择及生成刀具路径

（3）深度 6mm 台阶粗加工

1）单击【外形】图标 ，弹出【串连选项】对话框，点选 ，选择图 5-25 左所示图形为加工轮廓，单击 确定，弹出【外形铣削】参数设置对话框。

2）单击【刀具】选项，选择【D16 粗刀】。

3）单击【共同参数】选项，设定参考高度：30.0（绝对坐标），进给下刀位置：3.0（增量坐标），工件表面：0.0，深度：−6（绝对坐标）。

4）单击 确定，生成图 5-25 右图所示刀具路径。

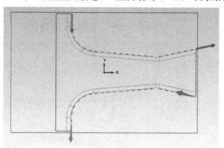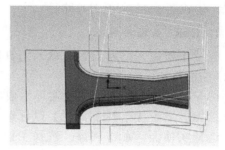

图 5-25 图形选择及生成刀具路径

3. D10 精加工

继续【新建刀路群组】，输入刀具群组名称：D10 精加工－反面。

（1）面铣精加工

1）单击【面铣】图标 ，弹出【串连选项】对话框，选择图 5-21 所示图形作为加工轮廓，单击 确定，弹出【平面铣削】参数设置对话框。

2）单击【刀具】选项，创建一把直径为 10mm、用于精加工的平底刀。设置刀具属性，名称：D10 精刀、进给速率：400、主轴转速：2500、下刀速率：200。

3）单击【切削参数】选项，设置走刀类型【双向】，底面预留量 0，最大步进量 8。

4）单击【共同参数】选项，设定参考高度：30.0（绝对坐标），下刀位置：3.0（增量坐标），工件表面：0，深度：0（绝对坐标），其余默认。

5）单击 确定，生成图 5-26 所示刀具路径。

（2）深度 4mm 台阶精加工

1）复制【11-外形铣削（2D）】到【D10 精加工－反面】刀具群组下。

2）修改参数；【刀具】选项选择 D10 精刀；【切削参数】选项壁边预留量 −0.02、底面预留量 −0.02；【XY 分层切削】选项粗切次数：4。

3）单击 确定，单击操作管理器上的 重新计算，生成图 5-27 所示刀具路径。

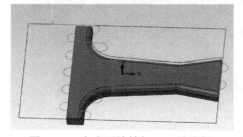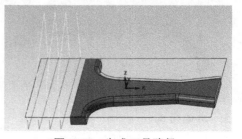

图 5-26 生成面铣精加工刀具路径   图 5-27 生成刀具路径

（3）深度 6mm 台阶精加工

1）复制【12- 外形铣削（2D）】到【D10 精加工 - 反面】刀具群组下。

2）修改参数：【刀具】选项选择 D10 精刀；【切削参数】选项壁边预留量 0.02、底面预留量 −0.02；【XY 分层切削】选项粗切次数：4。

3）单击 ✓ 确定，单击操作管理器上的 ▶ 重新计算，生成图 5-28 所示刀具路径。

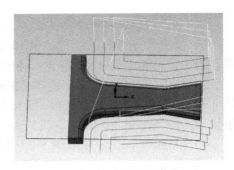

图 5-28　生成刀具路径

4. D6R3 曲面精加工

继续【新建刀路群组】，输入刀具群组名称：D6R3 曲面精加工 - 反面。

1）依次单击【曲面】—【由实体生成曲面】命令，点选绘图区上方【选择工具栏】鼠标单击拾取模式为：选择实体面，单击去掉：选择主体；单击实体上的 R3 圆角曲面，按回车键完成选择，弹出【由实体生成曲面】对话框，生成图 5-29 所示曲面，单击 ◎ 确定完成操作。

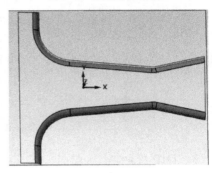

图 5-29　生成曲面及消隐结果

2）依次单击【主页】—【 ✓ 】命令，绘图区左上角提示【选择图形】，用鼠标左键拾取【实体】，单击 ◎结束选择，隐藏主体，留下曲面显示在绘图区中，方便拾取曲面，结果如图 5-29 所示。

3）单击 3D 功能区中的【流线】图标 ⬚，框选图 5-29 所示生成曲面，单击 ◎结束选择，弹出【刀路曲面选择】对话框；单击 ✓ 确定，弹出曲面精修流线参数设置对话框。

4）单击【刀具参数】选项，创建一把直径为 6mm 的球刀。设置刀具属性，名称：D6R3 球刀、进给速率：1200、主轴转速：4500、下刀速率：400。

5）单击【曲面流线精修参数】选项，设置截断方向控制点选：距离，输入：0.2，其余默认。

6）单击 ▭ 确定，弹出【曲面流线设置】对话框；单击【切削方向】，设置成如图 5-30 左图所示刀路预览，单击 ▭ 确定，生成图 5-30 右图所示刀具路径。

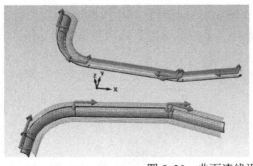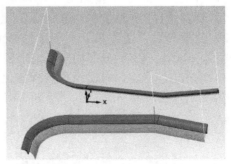

图 5-30　曲面流线设置及生成刀具路径

5. 实体仿真

1）单击操作管理器上的【反面】，选中所有的刀具路径。

2）单击【机床】—【实体仿真】进行实体仿真，单击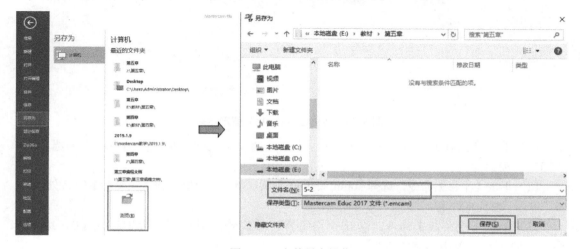播放，仿真加工过程和结果如图 5-31 所示。

6. 保存

单击选项卡上【文件】—【保存】。

图 5-31　实体切削验证效果

5.6　零件 2 的反面 CAD 建模

操作步骤如下：

1）打开 5-1.mcam 文件，依次单击【主页】—【另存为】，单击【浏览】，弹出【另存为】对话框，选择保存地址，将文件保存为 5-2.mcam 文件，如图 5-32 所示。

图 5-32　文件另存操作

2）选择操作管理器上的刀路界面，用鼠标左键选择【正面】机床群组，单击上方删除所有操作群组和刀路图标，删除所有刀具路径。

3）依次单击【主页】—【消隐】下方黑色三角符号，选择【恢复消隐】，框选所有图形，单击 恢复所有图形显示。

4）单击【删除图形】，删除所有实体和曲面。

5）选择操作管理器上的层别界面，单击选择图层 2，单击鼠标右键，选择【删除图形】；单击号码 2，将图层切换至：2；单击【高亮】选项隐藏图层 3，显示图层 1，结果如图 5-33 所示。

6）单击【已知点画圆】命令，输入直径 50，拾取中间指针作为圆心，单击完成圆的绘制。

7）单击【平移】命令，选择 $\phi50mm$ 圆，点选：复制，在【极坐标】的 Z 处输入：-4，单击 完成平移。

8）单击【圆角矩形】命令，输入长度：140，高度：16，点选形状为，点选固定位置为【中心】，拾取指针作为基准点，单击 确定完成绘制。

9）单击【修剪打断延伸】命令，选择模式：修剪，方式：分割/删除，将多余的线剪掉，单击完成。

10）单击【倒圆角】命令，输入半径：20，依次选择要倒圆角的角落，单击完成倒圆角，

229

结果如图 5-34 左图所示。

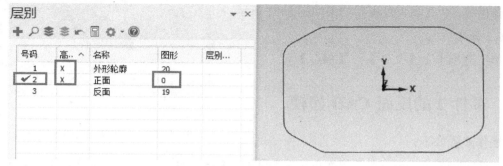

图 5-33　层别设置

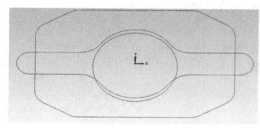 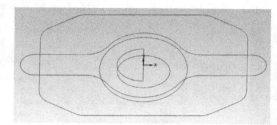

图 5-34　步骤 10）～ 14）图形结果

11）单击【椭圆】命令，输入长半径：15，短半径：12.5，拾取中间指针作为圆心，单击◙完成椭圆绘制。

12）单击【平移】命令，选择 30mm×25mm 椭圆，点选：复制，在【极坐标】的 Z 处输入：-6，单击✔完成平移。

13）单击【连续线】命令，单击空格键弹出数值输入对话框，分别输入【0，12.5】、【0，-12.5】，单击◙完成绘制。

14）单击【修剪打断延伸】命令，将椭圆右边多余的线剪掉，单击◙完成，结果如图 5-34 右所示。

15）单击【视图】—【右视图】，将屏幕视图切换到右视图。

16）单击【已知点画圆】命令，单击绘图区下方【状态栏】的🔳图标将绘图平面切换成🔳；输入直径：120，单击空格键弹出数值输入对话框，输入【0，-60】，单击◙完成绘制。

17）单击【连续线】命令，类型点选：连续线，创建图 5-35 所示封闭的轮廓，单击◙完成。

18）单击【修剪打断延伸】命令，将多余的线剪掉，单击◙完成，结果如图 5-35 所示。

19）单击【实体】—【拉伸】命令，选择图层 1 的外形轮廓，方向【向下】，距离：25.0，单击◙完成继续创建操作；选择由步骤 6）、7）、8）、9）产生的图形，方向【向下】，距离：4.0，点选【切割主体】，单击◙完成继续创建操作；选择 φ50 圆，距离：2，单击◙完成继续创建操作；选择 30mm×25mm 椭圆，方向【向上】，距离：6.0，点选【增加凸台】，单击✔完成继续创建操作；选择半个 30mm×25mm 椭圆，方向【向下】，距离：4.0，点选【切割主体】，单击✔完成所有拉伸。

20）单击【旋转】命令，选择右视图所绘制图形，旋转轴线选择中间直线，弹出对话框；点选【切割主体】，设置角度：起始角度 0、结束角度 180，单击✔完成旋转，结果如图 5-36 所示。

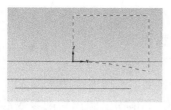

图 5-35 右视图绘图结果

图 5-36 零件 2 反面 CAD 建模结果

5.7 零件 2 的反面刀具路径编辑

操作步骤如下：

1. 工作设定

1）单击【机床】—【铣床】—【默认】，弹出【刀路】选项卡。

2）单击【操作管理器】—【刀路】，选择【机床群组 -1】，然后右击，依次选择【群组】—【重新名称】，输入机床群组名称：反面。

3）用鼠标左键双击【反面】下的属性，单击【毛坯设置】弹出对话框，设置毛坯参数 X：120、Y：80、Z：30，设置毛坯原点 Z：1。

2. D16 粗加工

单击操作管理器上【刀具群组 -1】，鼠标停留在刀具群组 -1 上右击，依次选择【群组】—【重新名称】，输入刀具群组名称：D16 粗加工。

1）单击 2D 功能区中的【外形】图标，弹出输入新 NC 名称对话框，提示用户可以根据自己所需给程序命名，输入后单击 ✔ 确定。

2）弹出【串连选项】对话框，选择 118mm×78mm 矩形作为加工轮廓，单击 ✔ 确定，弹出【外形铣削】参数设置对话框。

3）单击【刀具】选项，创建一把直径为 16mm、用于粗加工的平底刀。设置刀具属性，名称：D16 粗刀、进给速率：600、主轴转速：1500、下刀速率：300。

4）单击【切削参数】选项，设置外形铣削方式【2D】，壁边预留量 0.2。

5）单击【Z 分层切削】选项，勾选【深度分层切削】，输入最大粗切深度：9，精修量：0，勾选：不提刀，其余默认。

6）单击【进 / 退刀设置】选项，不勾选：在封闭轮廓中点位置执行进 / 退刀、过切检查，进 / 退刀直线设置为：0，将其余默认或根据所需修改。

7）单击【共同参数】选项，设定参考高度：30.0（绝对坐标），进给下刀位置：3.0（增量坐标），工件表面：0.0，深度：-25（绝对坐标）。

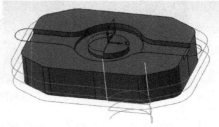

8）单击【冷却液】选项，设定开启冷却液模式【On】。

9）单击 ✔ 确定，生成图 5-37 所示刀具路径。

图 5-37 外形粗加工刀具路径

10）单击【仅显示已选择的刀路】。

3. D8 粗加工

继续【新建刀路群组】，输入刀具群组名称：D8 粗加工。

（1）凹槽粗加工

1）单击【挖槽】图标，弹出加工轮廓串连选项界面，选择由绘图步骤 6）、7）、8）、9）产生的图形和 30mm×25mm 椭圆作为加工范围，单击✔确定，弹出切削参数设置对话框。

2）单击【刀具】选项，创建一把直径为 8mm、用于粗加工的平底刀。设置刀具属性，名称：D8 粗刀、进给速率：600、主轴转速：2500、下刀速率：300。

3）单击【切削参数】选项，设置壁边、底边预留量：0.2。

4）单击【粗切】选项，点选：等距环切，其余默认。

5）单击【进刀方式】选项，点选：螺旋，其余默认。

6）单击【精修】选项，去掉勾选：精修。

7）单击【进 / 退刀设置】选项，去掉勾选：进刀、退刀。

8）单击【共同参数】选项，设定参考高度：30.0（绝对坐标），进给下刀位置：3.0（增量坐标），工件表面：0.0，深度：-4（绝对坐标）。

9）单击【冷却液】选项，设定开启冷却液模式【On】。

10）单击✔确定，生成图 5-38 所示刀具路径。

（2）半椭圆台阶粗加工

1）单击【外形】图标，弹出【串连选项】对话框，点选，选择半椭圆台阶的直线作为加工轮廓，单击✔确定，弹出【外形铣削】参数设置对话框。

2）单击【刀具】选项，选择：D8 粗刀。

3）单击【切削参数】选项，设置壁边、底边预留量 0.2。

4）单击【Z 分层切削】选项，不勾选：深度分层切削。

5）单击【进 / 退刀设置】选项，进 / 退刀直线设置为：2，进 / 退刀圆弧设置为：0，其余默认或根据所需修改。

6）单击【XY 分层切削】选项，勾选：XY 分层切削，设置粗切次数：3、间距：5，勾选：不提刀，其余默认。

7）单击【共同参数】选项，设定参考高度：30.0（绝对坐标），进给下刀位置：3.0（增量坐标），工件表面：0.0，深度：-4（绝对坐标）。

8）单击✔确定，生成图 5-39 所示刀具路径。

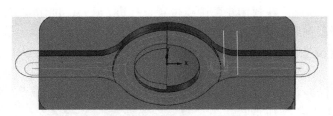

图 5-38　凹槽粗加工刀具路径

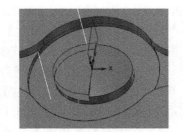

图 5-39　椭圆台阶粗加工刀具路径

（3）ϕ50mm、30mm×25mm 椭圆粗加工

1）单击【外形】图标，弹出【串连选项】对话框，选择 ϕ50mm、30mm×25mm 椭圆（注

意内外轮廓顺铣方向）作为加工轮廓，如图 5-40 左所示，单击 ✓ 确定，弹出【外形铣削】参数设置对话框。

2）单击【刀具】选项，选择：D8 粗刀。

3）单击【切削参数】选项，设置外形铣削方式【斜插】，斜插方式：深度，斜插深度：2，勾选【在最终深度处补平】，壁边、底边预留量 0.2。

4）单击【Z 分层切削】选项，不勾选【深度分层切削】。

5）单击【进 / 退刀设置】选项，不勾选【进 / 退刀设置】。

6）单击【共同参数】选项，设定参考高度：30.0（绝对坐标），进给下刀位置：3.0（增量坐标），工件表面：0（绝对坐标），深度：–6（绝对坐标）。

7）单击 ✓ 确定，生成图 5-40 右图所示刀具路径。

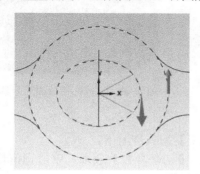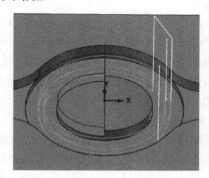

图 5-40　图形选择及生成粗加工刀具路径

4. D8 精加工

继续【新建刀路群组】，输入刀具群组名称：D8 精加工。

（1）面铣

1）单击【面铣】图标 ，弹出【串连选项】对话框，选择 118mm×78mm 矩形作为加工轮廓，单击 ✓ 确定，弹出【平面铣削】参数设置对话框。

2）单击【刀具】选项，创建一把直径为 8mm、用于精加工的平底刀。设置刀具属性，名称：D8 精刀、进给速率：400、主轴转速：2800、下刀速率：200。

3）单击【切削参数】选项，设置走刀类型【双向】，底面预留量 0，最大步进量 6。

4）单击【共同参数】选项，设定参考高度：30.0（绝对坐标），下刀位置：3.0（增量坐标），工件表面：0，深度：0（绝对坐标），其余默认。

5）单击【冷却液】选项，设定开启冷却液模式【On】。

6）单击 ✓ 确定，生成图 5-41 所示刀具路径。

（2）外形精加工

1）复制【1- 外形铣削（2D）】到【D8 精加工】刀具群组下。

2）修改参数；【刀具】选项：选择 D8 精刀；【切削参数】选项：壁边、底面预留量 0；【Z 分层切削】选项：输入最大粗切深度：12.5。

3）单击 ✓ 确定，单击操作管理器上的 ▶ 重新计算，生成图 5-42 所示刀具路径。

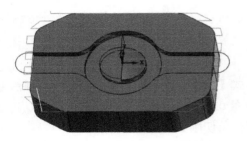

图 5-41 生成面铣精加工刀具路径

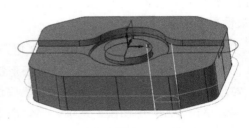

图 5-42 生成外形精加工刀具路径

（3）凹槽精加工

1）复制【2-2D 挖槽（标准）】到【D8 精加工】
刀具群组下。

2）修改参数；【刀具】选项：选择 D8 精刀；
【切削参数】选项：壁边预留量 –0.01、底面预留量
–0.02；【共同参数】选项：工件表面 –3（绝对坐标）。

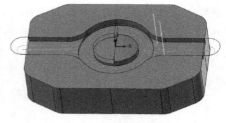

图 5-43 生成凹槽精加工刀具路径

3）单击 ☑ 确定，单击操作管理器上的 ▶ 重
新计算，生成图 5-43 所示刀具路径。

（4）半椭圆台阶精加工

1）复制【3- 外形铣削（2D）】到【D8 精加工】刀具群组下。

2）修改参数；【刀具】选项：选择 D8 精刀；【切削参数】选项：壁边预留量 0、底面
预留量 0；【共同参数】选项：工件表面 –3（绝对坐标）。

3）单击 ☑ 确定，单击操作管理器上的 ▶ 重新计算，生成图 5-44 左图所示刀具路径。

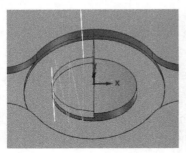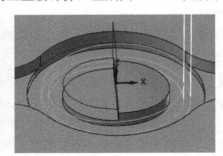

图 5-44 生成台阶和凹槽精加工刀具路径

（5）ϕ50mm、30mm×25mm 椭圆精加工

1）复制【4- 外形铣削（斜插）】到【D8 精加工】刀具群组下。

2）修改参数；【刀具】选项：选择 D8 精刀；【切削参数】选项：壁边预留量 –0.01、
底面预留量 –0.02、斜插深度 6。

3）单击 ☑ 确定，单击操作管理器上的 ▶ 重新计算，生成图 5-44 右图所示刀具路径。

5. *D6R3 曲面精加工*

继续【新建刀路群组】，输入刀具群组名称：D6R3 曲面精加工。

1）依次单击【曲面】—【由实体生成曲面】命令，点选绘图区上方【选择工具栏】
鼠标单击拾取模式为：选择实体面，单击去掉：选择主体；单击实体上的曲面，按回车键

完成选择，弹出【由实体生成曲面】对话框，单击 ✅ 确定完成操作。

2）依次单击【主页】—【 消隐▾ 】命令，绘图区左上角提示【选择图形】，拾取【实体】，单击 结束选择 ，隐藏主体，留下曲面显示在绘图区中，方便拾取曲面。

3）单击 3D 功能区中的【流线】图标 🗻，选择生成曲面，单击 结束选择 ，弹出【刀路曲面选择】对话框；单击 ✔ 确定，弹出曲面精修流线参数设置对话框。

4）单击【刀具参数】选项，创建一把直径为 6mm 的球刀。设置刀具属性，名称：D6R3 球刀、进给速率：1200、主轴转速：4500、下刀速率：400。

5）单击【曲面流线精修参数】选项，设置截断方向控制点选：距离，输入：0.2，其余默认。

6）单击 📊 确定；弹出【曲面流线设置】对话框，直接按其默认，单击 ✔ 确定，生成图 5-45 左所示刀具路径。也可以单击【切削方向】变成另一方向，生成图 5-45 右所示刀具路径。

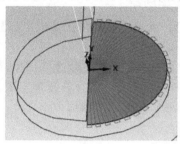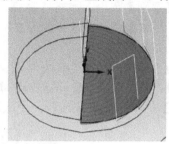

图 5-45　曲面流线设置及生成刀具路径

6. D10 倒角

继续【新建刀路群组】，输入刀具群组名称：D10 倒角。

1）单击【外形】图标 🖼 外形，图形选择 118mm×78mm 矩形和由绘图步骤 6）、7）、8）、9）产生的图形，如图 5-45 左图所示，单击 确定，弹出外形铣削参数设置对话框。

2）单击【刀具】选项，创建一把直径为 10mm、角度为 45°、刀尖直径为 0 的倒角刀，设置刀具属性，名称：D10 倒角刀、进给速率：1000、主轴转速：3000、下刀速率：500。

3）单击【切削参数】选项，外形铣削方式选择：2D 倒角、宽度：0.5、刀尖补正：1，设置壁边、底面预留量 0。

4）单击【进 / 退刀设置】选项，勾选：进 / 退刀设置，设置进刀与退刀直线长度：0、圆弧半径：1。

5）其余默认。单击 ✔ 确定，生成图 5-46 右图所示刀具路径。

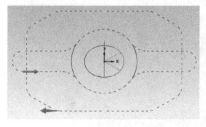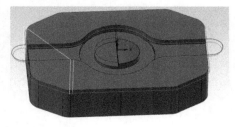

图 5-46　倒角图形选择及生成刀具路径

7. 实体仿真

1）单击操作管理器上的【反面】，选中所有的刀具路径。

2）单击【机床】—【实体仿真】进行实体仿真，单击 ▶ 播放，仿真加工过程和结果如图5-47所示。

8. **保存**

单击选项卡上【文件】—【保存】。

5.8 零件2的正面CAD建模

操作步骤如下：

1）打开 5-2.mcam 文件。

2）单击【层别】界面，单击【高亮】选项显示图层3。

3）单击【平移】命令，选择图层3所有图形，点选：移动，在【极坐标】的Z处输入：-25，单击 ⟨⟩ 完成平移。

4）单击【矩形】命令，单击绘图区下方【状态栏】的 Z: 0.00000 输入新的作图深度-25，输入宽度：30、高度90，设置勾选【矩形中心点】，单击空格键弹出数值输入对话框，输入【-45，0】，单击 🖽 完成绘制。完成后的图形如图5-48所示。

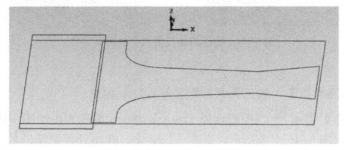

图5-48 步骤4）图形结果

5）单击【主页】—【恢复消隐】，选择实体，单击 ⊘ 结束选择 ，将实体显示到绘图区上。

6）单击操作管理器上【平面】界面，单击 ➕ 右边黑色三角符号，选择【依照实体面】，如图5-49左图所示；绘图区左上角提示 选择实体面 ，按住鼠标中键，旋转实体到背面，拾取背面上表面，弹出【选择平面】对话框，单击 ◀   ▶ 可以切换新建指针方向；单击 ✔ 确定。

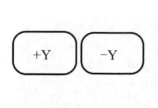

图5-49 创建新指针操作

7）弹出【新建平面】参数设置对话框，设置名称：正面，点选：设置为 WCS、设置为

图5-47 实体切削验证效果

刀具平面、设置为绘图平面，如图 5-50 左图所示，单击  创建新指针（工件坐标）。此时工件上显示为新指针，绘图区下方的绘图平面、刀具平面、WCS 也切换成：正面，如图 5-50 右图所示。如果用户需要切换回反面的指针、绘图平面和刀具平面，只需单击状态栏上绘图平面、刀具平面、WCS 选择【俯视图】即可。

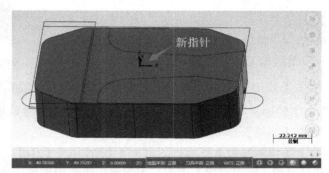

图 5-50　创建新指针

8）单击【拉伸】命令，选择图 5-21 所示轮廓，点选【切割主体】，距离：6，单击◎完成继续创建操作；选择 30mm×90mm 矩形，距离：2，单击◎完成拉伸，结果如图 5-51 所示。

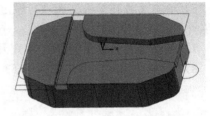

图 5-51　零件 2 的正面 CAD 建模效果图

5.9　零件 2 的正面刀具路径编辑

操作步骤如下：

1. 工作设定

1）鼠标移至【操作管理器】—【刀路】选项空白位置单击右键，依次选择【群组】—【新建机床群组】—【铣床】，弹出【机床群组属性】对话框，直接单击 确定。

2）选择【机床群组-1】，然后右击，依次选择【群组】—【重新名称】，输入机床群组名称：正面。单击【毛坯设置】弹出对话框，设置毛坯参数 X：120、Y：80、Z：30，设置毛坯原点 Z：1。

2. D16 粗加工

单击操作管理器上【刀具群组-1】，鼠标停留在刀具群组-1 上右击，依次选择【群组】—【重新名称】，输入刀具群组名称：D16 粗加工 - 正面。

（1）面铣粗加工

1）单击 2D 功能区中的【面铣】图标，弹出输入新 NC 名称对话框，输入后单击 确定；弹出【串连选项】对话框，选择 120mm×80mm 矩形作为加工轮廓，单击 确定，弹出【平面铣削】参数设置对话框。

2）单击【刀具】选项，创建一把直径为 16mm、用于粗加工的平底刀。设置刀具属性，名称：D16 粗刀、进给速率：600、主轴转速：1500、下刀速率：300。

3）单击【切削参数】选项，设置走刀类型【双向】，底面预留量 0.5，最大步进量 12。

4）单击【Z 分层切削】选项，不勾选：深度分层切削。

5）单击【共同参数】选项，设定参考高度：
30.0（绝对坐标），下刀位置：3.0（增量坐标），
工件表面：0，深度：0（绝对坐标），其余默认。

6）单击【冷却液】选项，设定开启冷却液模式【On】。

7）单击 ✓ 确定，生成图 5-52 所示刀具路径。

（2）凹槽粗加工

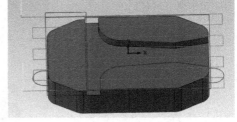

图 5-52 面铣粗加工刀具路径

1）单击【外形】图标 ，弹出【串连选项】对话框，点选 ，选择图 5-53 左所示图形为加工轮廓，单击 ✓ 确定，弹出【外形铣削】参数设置对话框。

2）单击【刀具】选项，选择【D16 粗刀】。

3）单击【切削参数】选项，设置外形铣削方式【2D】，壁边、底边预留量 0.2。

4）单击【进 / 退刀设置】选项，不勾选：在封闭轮廓中点位置执行进 / 退刀、过切检查，进 / 退刀圆弧设置为：0，将其余默认或根据所需修改。

5）单击【共同参数】选项，设定参考高度：30.0（绝对坐标），进给下刀位置：3.0（增量坐标），工件表面：0.0，深度：-6（绝对坐标）。

7）单击【冷却液】选项，设定开启冷却液模式【On】。

8）单击 ✓ 确定，生成图 5-53 右图所示刀具路径。

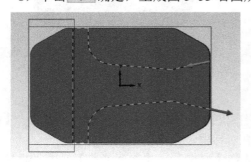
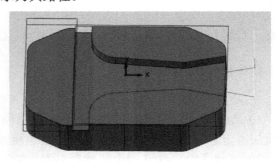

图 5-53 图形选择及生成刀具路径

（3）台阶粗加工

1）单击【外形】图标 ，弹出【串连选项】对话框，点选 ，选择 30mm×90mm 矩形右边线作为加工轮廓（注意方向），如图 5-54 左图所示，单击 ✓ 确定，弹出【外形铣削】参数设置对话框。

2）单击【XY 分层切削】选项，勾选：XY 分层切削，设置粗切次数：2、间距 14，其余默认。

3）单击【共同参数】选项，设定深度：-2（绝对坐标）。

4）单击 ✓ 确定，生成图 5-54 右图所示刀具路径。

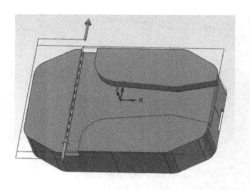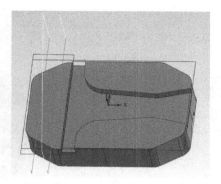

图 5-54　图形选择及生成刀具路径

3. D8 粗加工

继续【新建刀路群组】，输入刀具群组名称：D8 粗加工－正面。

1）单击【外形】图标 ，弹出【串连选项】对话框，点选 ，选择图 5-55 左所示图形为加工轮廓，单击 确定，弹出【外形铣削】参数设置对话框。

2）单击【刀具】选项，创建一把直径为 8mm、用于粗加工的平底刀。设置刀具属性，名称：D8 粗刀、进给速率：600、主轴转速：2500、下刀速率：300。

3）单击【XY 分层切削】选项，不勾选：XY 分层切削。

4）单击【共同参数】选项，设定深度：-6（绝对坐标）。

5）单击 确定，生成图 5-55 右图所示刀具路径。

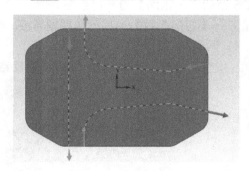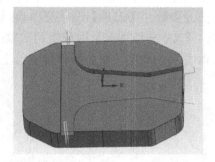

图 5-55　图形选择及生成刀具路径

4. D8 精加工

继续【新建刀路群组】，输入刀具群组名称：D8 精加工－正面。

（1）总高控制

1）依次单击【主页】—【 消隐· 】命令，绘图区左上角提示【选择图形】，鼠标左键拾取正面上的所有线段，单击 。

2）单击【面铣】图标 ，弹出【串连选项】对话框，依次单击串连选项对话框上的图标 — ● 2D — ，依次选择图 5-56 所示实体面，单击 完成选择，回到串连选项对话框；单击 确定，弹出【平面铣削】参数设置对话框。

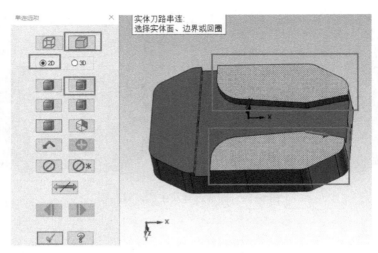

图 5-56　实体加工轮廓选择

3）单击【刀具】选项，创建一把直径为 8mm、用于精加工的平底刀。设置刀具属性，名称：D8 精刀、进给速率：400、主轴转速：2800、下刀速率：200。

4）单击【切削参数】选项，底面预留量 0。

5）单击【共同参数】选项，设定参考高度：30.0（绝对坐标），下刀位置：3.0（增量坐标），工件表面：0，深度：0（绝对坐标），其余默认。

6）单击 ✓ 确定，生成图 5-57 所示刀具路径。

（2）台阶精加工

1）复制【14- 外形铣削（2D）】到【D8 精加工 - 正面】刀具群组下。

2）修改参数；【刀具】选项选择 D8 精刀；【切削参数】选项壁边预留量 0、底面预留量 −0.02；【XY 分层切削】选项粗切次数：4、间距 7。

3）单击 ✓ 确定，单击操作管理器上的 ▶ 重新计算，生成图 5-58 所示刀具路径。

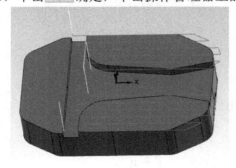

图 5-57　生成刀具路径

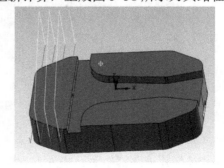

图 5-58　生成刀具路径

（3）凹槽精加工

1）单击【区域】图标 ▣，弹出加工轮廓串连选项界面，单击加工范围下的 ▣ 图标，依次点选 ▣ — ◉ 2D — ∞ 选择反面的 118mm×78mm 的矩形轮廓作为加工范围，单击 ✓ 确定，回到串连选项对话框，点选加工区域策略：开放；点选避让范围下的 ▣ 图标，依次点选 ▣ — ◉ 2D — ▣，选择图 5-59 所示实体轮廓（注意每拾取一个实体表面都需要按回车键确认）；单击 ✓ 完成选择，回到串连选项对话框；单击 ✓ 确定，弹出切削参数设置对话框。

2）单击【刀具】选项，选择【D8 精刀】。

3）单击【切削参数】选项，设置壁边、底边预留量 −0.02，XY 步进量：刀具直径%【80】，其余默认。

4）单击【进刀方式】选项，点选：螺旋进刀，Z 高度：1，其余默认。

5）单击【共同参数】选项，设定参考高度：30.0（绝对坐标），进给下刀位置：3.0（增量坐标），工件表面：−5，深度：−6（绝对坐标）。

6）单击【冷却液】选项，设定开启冷却液模式【On】。

7）单击 ✓ 确定，生成图 5-60 所示刀具路径。

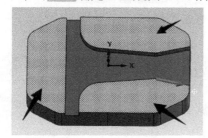
图 5-59 避让图形选择图

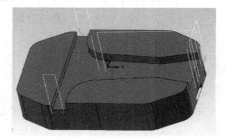
图 5-60 生成刀具路径

5. D10 倒角

继续【新建刀路群组】，输入刀具群组名称：D10 倒角 – 正面。

（1）倒角加工 –1

1）单击【外形】图标 ▦，弹出串连选项对话框，依次点选 ▭ — ⊙2D — ▭，选择图 5-61 左图所示实体面（注意每拾取一个实体表面都需要单击键盘上 Enter 确认），单击 ✓ 确定，弹出外形铣削参数设置对话框。

2）单击【刀具】选项，创建一把直径为 10mm、角度为 45°、刀尖直径为 0 的倒角刀，设置刀具属性，名称：D10 倒角刀、进给速率：1000、主轴转速：3000、下刀速率：500。

3）单击【切削参数】选项，外形铣削方式选择：2D 倒角、宽度：0.5、刀尖补正：1，设置壁边、底面预留量 0。

4）单击【进 / 退刀设置】选项，设置进刀与退刀直线长度：0、圆弧半径：1。

5）单击【XY 分层切削】选项，不勾选：XY 分层切削。

6）其余默认。单击 ✓ 确定，生成图 5-61 右图所示刀具路径。

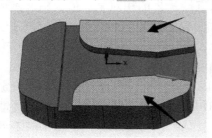

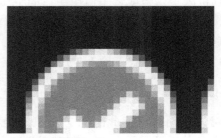

图 5-61 倒角 –1 图形选择及生成刀具路径

（2）倒角加工 -2

1）单击【外形】图标 ，弹出串连选项对话框，依次点选 — — ，选择图 5-62 左图所示实体面，单击 ✓ 确定，弹出外形铣削参数设置对话框。

2）直接按上一道程序设置。单击 ✓ 确定，生成图 5-62 右图所示刀具路径。

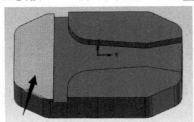 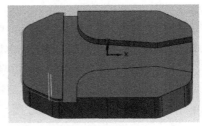

图 5-62　倒角 -2 图形选择及生成刀具路径

6．**实体仿真**

1）单击操作管理器上的【反面】【正面】，选中所有的刀具路径。

2）单击【机床】—【实体仿真】进行实体仿真，单击 ▶ 播放，仿真加工过程和结果如图 5-63 所示。

7．**保存**

单击选项卡上【文件】—【保存】。

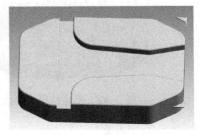

图 5-63　实体切削验证效果

5.10　FANUC 0i-MC 加工中心常见问题及处理

与 SIEMENS 系统一样，在利用 FANUC 加工中心加工的过程中，也经常会出现一些异常情况，最常见的就是"断刀"，处理方法与第 3 章基本一样，所不同的是换刀和对刀可以以刀库中的除断刀以外的任一把刀作为基准刀来重新对刀，重新写入断刀的刀具补偿值。以第 4 章加工实例为例，假设加工过程中第 3 把刀断刀，具体换刀步骤如下：

1）停机，取下断刀，重新找一把同样规格型号的刀具装刀。

2）以第 1 把刀为基准，在 MDI 方式下输入 T1 M6，装入第 1 把刀，此时 G54 的 Z=0，H1=-351.241，用手轮方式将 Z 轴摇到机床坐标系 Z=-351.241，可以认定此时即在工件对刀表面上，在 POS 界面，输入 Z，按下软键"归零"，让此时 Z 的相对坐标值 Z=0。

3）以机床工作台或平口钳的钳口为基准，以刀杆或 Z 轴设定器过渡，测量出工件对刀表面到机床工作台或者平口钳钳口的距离 h。h 可以直接从 Z 的相对坐标值读出，然后取绝对值。h 在整个加工过程中是一个固定值，并不随加工表面的铣削和刀具的长短而改变，比如此时 h=20.587（可参考 2.4.3 节）。

4）在 MDI 方式下输入 T3 M6，换上新装的第 3 把刀。

5）以机床工作台或者平口钳的钳口为基准，以步骤 3）同样的刀杆或 Z 轴设定器过渡，用手轮方式将 Z 轴摇到机床工作台或平口钳的钳口处，然后向上移动 h，此处即为工件的对刀表面。记下此时的 Z 轴机床坐标系的值，比如 Z=-382.653，在 OFS/SET 界面，切换到参数设置界面，将光标移动到 3# 刀具补偿量处，输入 -382.653 即可。比较原来的

H3=−384.371，可以明显地发现两次装刀的高度不同。

　　这种方法的特点在于以第 1 把刀作为基准。从理论上来讲，调用任何一把刀都可以作为基准，目的只是找到工件的对刀表面。实际上，即使同一把刀经过两三次换刀以后，所检测到的刀具补偿量也会有微量的差异，根据机床的精度，一般在 0.005mm 左右。

　　此外，FANUC 加工中心由于程序较大，一般都采用 DNC 方式加工，出现"停机""通信中断""断刀"情况时，必须通过修改程序的方法来处理，处理方法与第 3 章完全相同。

5.11　FANUC 0i-MC 加工中心加工精度分析

　　一般来讲，数控机床的机械加工精度取决于机床的精度、刀具和加工工艺。机床的加工精度主要有几何精度、定位精度和工作精度 3 个方面。几何精度包括机床部件自身精度、部件间相互位置精度等，主要指标有平面度、垂直度和主轴轴向、径向圆跳动等；定位精度包括定位精度、重复定位精度和反向偏差等，以环境温度在 15 ～ 25℃之间、无负荷空转试验来检验；工作精度是指机床的综合精度，受机床几何精度、刚度、温度的影响，加工中心工作精度见表 5-3。由于加工中心刚性较铣床好，同样精度等级加工中心的加工精度一般高于数控铣床。

表 5-3　加工中心精度

序　号	检 测 内 容		允许误差 /mm
1	镗孔精度	圆度	0.01
		圆柱度	0.01/100
2	面铣刀铣平面精度	平面度	0.01
		阶梯差	0.01
3	面铣刀铣侧面精度	垂直度	0.02/300
		平行度	0.02/300
4	镗孔孔距精度	X 轴方向	0.02
		Y 轴方向	0.02
		对角线方向	0.03
		孔径偏差	0.01
5	立铣刀铣削四周面精度	直线度	0.01/300
		平行度	0.02/300
		厚度差	0.03
		垂直度	0.02/300
6	两轴联动铣削直线精度	直线度	0.015/300
		平行度	0.03/300
		垂直度	0.03/300
7	立铣刀铣削圆弧精度	圆度	0.02

　　注：摘自韩鸿鸾、张秀玲编著《数控加工技师手册》，机械工业出版社。

在机床精度达到要求的基础上，零件的加工精度取决于刀具和加工工艺。刀具的制造误差和加工过程中的磨损、加工工艺中切削三要素（主轴转速、进给量、背吃刀量）是否合理、加工工艺是否合理、切削过程中由于切削力和切削温度的升高引起系统的变形等，都是影响加工精度的重要因素。

对于机床操作人员来说，机床的精度是无法控制的，从出厂时就已经确定了，唯一可做的就是采购部门把好机床验收的环节，出具合格的机床验收报告。

机床操作人员能够做的只是合理地选择刀具、编制尽量合理的加工工艺，来保证零件的精度。从工艺角度来讲，每个人都有自己的想法和思路，一般的工艺原则也大都能够遵守，工艺水平的高低可以通过编制的 Mastercam 刀具路径看出来，需要通过大量的实践经验才能够逐步完善和提高。

5.12　常见数控系统的精度分析

数控机床的加工精度除了与机械部分有关以外，还与电气部分有关。根据控制原理的不同，数控机床控制系统可分为开环、半闭环、闭环三种。

1. 开环控制系统

没有位置测量装置，信号流是单向的（数控装置→进给系统），故系统稳定性好。无位置反馈，精度相对闭环系统来讲不高，其精度主要取决于伺服驱动系统和机械传动机构的性能和精度。

开环控制系统不能检测误差，也不能校正误差，控制精度和抑制干扰的性能都比较差，而且对系统参数的变动很敏感。一般以大功率步进电机作为伺服驱动元件。

这类系统具有结构简单、工作稳定、调试方便、维修简单、价格低廉等优点，在精度和速度要求不高、驱动力矩不大的场合得到广泛应用，一般用于经济型数控机床。

2. 半闭环控制系统

位置检测装置安装在驱动电机的端部或丝杠的端部，用来检测丝杠或伺服电机的回转角，间接测出机床运动部件的实际位置，经反馈送回控制系统。

半闭环环路内不包括或只包括少量机械传动环节，因此可获得稳定的控制性能，其系统的稳定性虽不如开环系统，但比闭环系统要好。

由于丝杠的螺距误差和齿轮间隙引起的运动误差难以消除，因此，其精度较闭环差，较开环好。但可对这类误差进行补偿，因而仍可获得满意的精度。

半闭环控制系统结构简单、调试方便、精度也较高，因而在现代 CNC 机床中得到了广泛应用。

3. 闭环控制系统

将位置检测装置（如光栅尺、直线感应同步器等）安装在机床运动部件（如工作台）上，并对移动部件位置进行实时的反馈，通过数控系统处理后将机床状态告知伺服电机，伺服电机通过系统指令自动进行运动误差的补偿。

从理论上讲，闭环控制系统可以消除整个驱动和传动环节的误差和间隙，具有很高的位置控制精度。但实际上，由于它将丝杠、螺母副及机床工作台这些大惯性环节放在闭环内，许多机械传动环节的摩擦特性、刚性和间隙都是非线性的，故很容易造成系统的不稳定，使闭环系统的设计、安装和调试都相当困难。另外像光栅尺、直线感应同步器这类测量装置价格较高，安装复杂，有可能引起振荡，所以一般机床不使用闭环控制。

该系统主要用于精度要求很高的镗铣床、超精车床、超精磨床以及较大型的数控机床等。

闭环控制比半闭环控制可能会提高机床的定位精度，但如果不能很好地解决机床发热、环境污染、温升、振动、安装等因素，会出现闭环不如半闭环精度高的现象。短期内可能好用，但时间一长，灰尘、温度变化对光栅尺的影响，将严重影响测量反馈数据，严重的还会产生报警，造成机床不能工作。

南通机床的 TONMAC V600 数控铣床和 VMC600 加工中心均属于半闭环控制系统，其主要零部件如丝杠、轴承、伺服电机、主轴电机、导轨等都是进口部件。半闭环控制系统的精度误差主要取决于丝杠的正反向间隙。进口丝杠的制造工艺水平较高，高精度的丝杠副配合能够最大程度地减小正反向间隙对加工精度的影响。另外，机床出厂时，通过对控制系统 PLC 试车数据进行反向间隙补偿值的设定，就能够使机床达到很高的精度。

5.13 半闭环伺服系统反向间隙的补偿

在半闭环位置控制系统中，从位置编码器或旋转变压器等位置测量器件返回到数控系统中的轴运动位置信号仅仅反映了丝杠的转动位置，而丝杠本身的螺距误差和反向间隙必然会影响工作台的定位精度，因此对丝杠的螺距误差进行正确的补偿在半闭环系统中是十分重要的。

1. 反向间隙的形成原理

数控机床机械间隙误差是指从机床运动链的首端至执行件全程由于机械间隙而引起的综合误差。机床的进给链，其误差来源于电机轴与齿轮轴由于键连接引起的间隙、齿轮副间隙、齿轮与丝杠间由键连接引起的间隙、联轴器中键连接引起的间隙、丝杠螺母间隙等。

机床反向间隙误差是指由于机床传动链中机械间隙的存在，机床执行件在运动过程中，从正向运动变为反向运动时，执行件的运动量与理论值（编程值）存在误差，最后反映为叠加至工件上的加工误差。当数控机床工作台在其运动方向上换向时，由于反向间隙的存在，会导致伺服电机空转而工作台无实际移动，称为失动。

2. 消除反向间隙的方法

针对数控机床自身的特点及使用要求，一般的数控系统都具有补偿功能，如对刀点位置偏差补偿、刀具半径补偿、机械反向间隙参数补偿等。其中机械反向间隙参数补偿法是目前开环、半闭环系统常用的方法之一。

这种方法的原理是通过实测机床反向间隙误差值，利用机床控制系统中设置的系统参数来实现间隙误差的自动补偿。其过程为：实测各运动轴的间隙误差值，然后通过机床控制面板键入控制单元。以后机床走刀时，首先在相应方向（如纵身走刀或横向走刀）反向走刀时，先走间隙值，然后再走所需的数值，因而原先的间隙误差就得以补偿。由于这种方法是利用一个控制程序控制所有程序中的反向走刀量，因此只要输入有限的几个间隙值就可以补偿所有加工过程中的间隙误差，此方法简单易行，对加工程序的编写也没有影响。

反向间隙误差补偿是保证数控机床加工精度的重要手段。系统参数补偿法不影响加工程序的编写，易操作，简单明了，在一定范围内具有一定的效果。

反向间隙值输入数控系统后，数控机床在加工时会自动补偿此值。但随着数控机床的长期使用，反向间隙会因运动副磨损而逐渐增大，因此必须定期对数控机床的反向间隙值进行测定和补偿，从而减少加工误差。

本 章 小 结

本章是第 4 章的巩固和延伸，从单个的零件加工发展为两个需要装配的零件加工，而且要保证配合要求。

本章的特点在于零件尺寸的标注。本章零件尺寸的标注是按照 GB/T 1800 ~ 1804 的公差要求进行的。从零件图样设计的层面来看，很多数控加工的图样尺寸公差实际上都尽量简化了，除了配合尺寸必需的基本偏差外，大多数尺寸的公差都设定为 ±0.02、$_{-0.04}^{0}$、$_{0}^{+0.04}$ 等。这样对预留量的补偿是有利的，至少不会过于烦琐。

零件的加工精度除了受设计、工艺水平的影响外，数控机床本身的精度是也一个重要因素。机床本身具有高的精度，才能够加工出高质量的零件。

第6章

典型曲面零件的加工

6.1 典型曲面零件的 CAD 建模

典型曲面零件的 CAD 建模一般有两种方法：一种是传统的正向设计方法，在读懂零件图样尺寸和技术要求的基础上，用常见的 CAD 软件，如 Pro/E、UG 等绘出零件的二维和三维模型。该方法的难点在于自由曲面的建模，根据零件图样的难易程度，建模过程的复杂程度也不同。第二种方法是采用反求工程的方法，根据已经存在的产品模型来反向推出产品设计数据。它的关键技术包括实物表面的数据获取和 CAD 模型的重建，通过三坐标测量机或激光扫描仪等测量装置获取零件原型表面点三维坐标数据，然后在 CAD 软件中构造原型的模型。该方法的难点在于大量点的数据处理和曲面建模。

➤ 例6-1：奥运福娃的反求设计

步骤一 奥运福娃的抄数过程

首先将奥运福娃的实物原型表面均匀地喷涂上一层反光粉，晾干，如图 6-1 所示。以 SEREIN 600 型三维激光扫描仪为测量设备，选择合适的装夹定位方式。

根据福娃实物模型的特点，足底可以直接站立，因此选择在足底部分涂以少量 502 胶水，将其固定粘接在垫块上。将垫块平放在扫描仪的工作台上，在福娃的背后也放置一个垫块，所有垫块在扫描面均需喷涂反光粉来加强背景的衬托。

根据福娃的形状特点，最大特征面就是正面，因此采用平面扫描法进行扫描，不需要用旋转扫描法进行数据的拼接。将步距设为 0.5mm，选择合适的扫描起点和终点坐标，开始扫描。扫描完成后以 fuwa.asc 文件格式保存。

图 6-1 福娃模型

步骤二 奥运福娃的建模过程

将 fuwa.asc 文件用反求软件 Imageware 12.0 打开，如图 6-2 所示，既可以在 Imageware 中建模，也可以另存为 iges 格式文件，在 Pro/E 或 UG 中建模。无论在哪个软件中建模，其过程都较为复杂，需要反复比较、修改后才能定型。完成后删除所有点，保留所有曲面，保存为 fuwa.igs 文件，该文件能够被 Mastercam 读入。

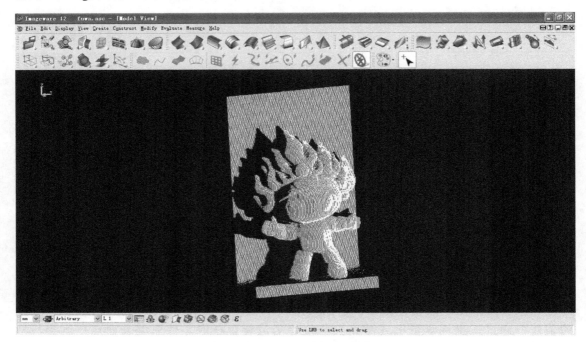

图 6-2　福娃抄数后的点云数据

6.2　典型曲面零件的工艺分析

对于大多数曲面零件来讲，数控铣削加工有一定的规律可循，大致分为 4 步：

1）粗加工曲面挖槽，留余量 0.3 ～ 0.5mm。

2）半精加工等高轮廓，留余量 0.1 ～ 0.2mm。

3）曲面精加工平行铣或 3D 环绕等距，余量为 0。

4）曲面挖槽铣底平面到位，余量为 0。

在此基础上增加一些局部的加工，来保证余量的均匀。

6.3　典型曲面零件的刀具路径编辑

➥　例 6-2：米老鼠的刀具路径编辑

典型曲面零件——米老鼠的 CAD 模型如图 6-3 所示。在开始加工之前，需要做一些必要的定位处理，以方便加工。操作步骤如下：

1）依次单击【草图】—【边界盒】，弹出【边界盒】对话框，绘图区左上角提示 选择图形时，使用 Ctrl-A 选择全部。 ，框选绘图区上所有图形，单击 结束选择 ，单击对话框上 ◎ 完成，如图 6-4 所示。

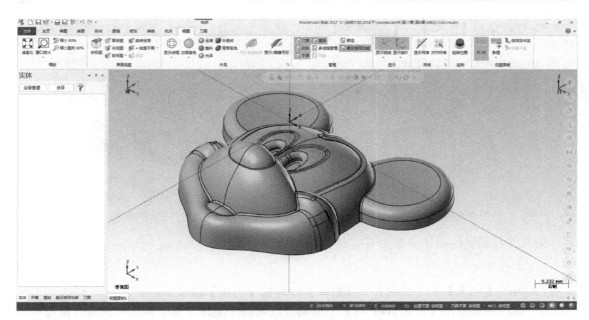

图 6-3　米老鼠 CAD 模型

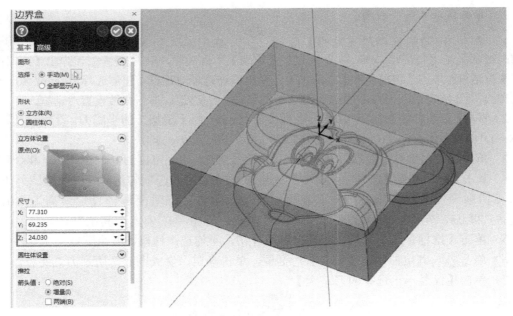

图 6-4　【边界盒】对话框

2）单击【连续线】命令，以上表面对角两点画线；单击【平移】命令，选择所有的图素，以两点之间移动的方式从该对角线的中点至原点平移，如图 6-5 所示。

3）单击绘图区下方【状态栏】的 Z: 0.00000 输入新的作图深度 -24.03，单击旁边的 3D 图标将绘图平面切换成 2D。

4）单击【俯视图】，将屏幕视图切换到俯视图。单击【矩形】命令，以指针为中心点方式绘制矩形 100mm×80mm 为毛坯轮廓。

5）依次单击【主页】—【 消隐 ▾ 】命令，隐藏边界盒和斜线。最终 CAD 模型如图 6-6 所示。

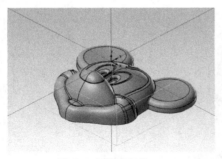 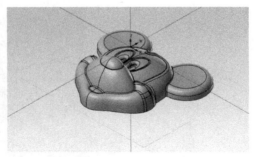

图 6-5　图形定位　　　　　　　　　　图 6-6　最终 CAD 模型

刀具路径编辑的操作步骤如下：

1.　工作设定

1）单击【机床】—【铣床】—【默认】，弹出【刀路】选项卡。

2）鼠标左键双击【机床群组 −1】下的属性，单击【毛坯设置】弹出对话框，设置毛坯参数 X：100、Y：80、Z：30。

2.　曲面粗加工——挖槽

1）单击 3D 功能区中的【挖槽】图标　　　，弹出输入新 NC 名称对话框，单击 ✓ 确定；绘图区左上角提示 选择加工曲面 ，鼠标【窗选】所有曲面，单击 结束选择 ，弹出【刀路曲面选择】对话框；单击【切削范围】选项 ▷ ，弹出串连选项对话框，图形选择 100mm×80mm 矩形，单击 ✓ 确定返回刀路曲面选择对话框；单击 ✓ 确定，弹出参数设置对话框。

2）单击【刀具参数】选项，创建一把直径为 16mm、用于粗加工的平底刀。设置刀具属性，名称：D16、进给速率：1000、主轴转速：1900、下刀速率：500。

3）单击【曲面参数】选项，设置加工面预留量 0.3、切削范围刀具位置：外，其余默认。

4）单击【粗切参数】选项，设置 Z 最大步进量：1、进刀选项勾选：由切削范围外下刀，单击【切削深度】，弹出切削深度设置对话框，单击：绝对坐标，设定最高为：0，最低为：−24.03，勾选：自动调整加工面的预留量，单击 ✓ 确定，其余默认。

5）单击【挖槽参数】选项，点选：等距环切，不勾选：精修，其余默认。

6）单击 ✓ 确定，弹出【警告】对话框，单击确定，生成图 6-7 所示刀具路径。

7）单击【仅显示已选择的刀路 ⚒】。

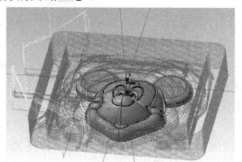

图 6-7　生成曲面挖槽刀具路径

3. 曲面底面精加工——挖槽

1）复制程序【1- 曲面粗切挖槽】。

2）修改参数；【曲面参数】选项，加工面预留量 0；【切削深度】选项，修改最高为：
−24.03。

3）单击 ✅ 确定，单击操作管理器上的 ⬢ 重新计算生成图 6-8 所示新刀具路径。

4. 曲面半精加工——等高

1）单击 3D 功能区中的【等高】图标 🔲 ，绘图区左上角提示 选择加工曲面 ，鼠标【窗选】
所有曲面，单击 结束选择 ，弹出【刀路曲面选择】对话框；单击 ✅ 确定，弹出等高铣削参
数设置对话框。

2）单击【刀具参数】选项，创建一把直径为 8mm、用于粗加工的平底刀。设置刀具属
性，名称：D8、进给速率：600、主轴转速：2500、下刀速率：300。

3）单击【毛坯预留量】选项，设置壁边、底面预留量 0.1。

4）单击【切削参数】选项，点选：最佳化；分层深度：0.5，其余默认。

5）单击【陡斜 / 浅滩】选项，勾选：使用 Z 轴深度，点选：检查深度。

6）单击【冷却液】选项，设定开启冷却液模式【On】。

7）单击 ✅ 确定，生成图 6-9 所示刀具路径。

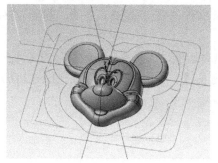

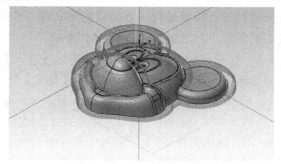

图 6-8　曲面底面精加工刀具路径　　　　　　图 6-9　生成等高刀具路径

5. 曲面精加工——混合

1）单击 3D 功能区中的【混合】图标 🔲 ，绘图区左上角提示 选择加工曲面 ，鼠标【窗选】
所有曲面，单击 结束选择 ，弹出【刀路曲面选择】对话框；单击 ✅ 确定，弹出混合铣削参
数设置对话框。

2）单击【刀具参数】选项，创建一把直径为 3mm、用于曲面精加工的球刀。设置刀具
属性，名称：D6R1.5、进给速率：600、主轴转速：6000、下刀速率：300。

3）单击【毛坯预留量】选项，设置壁边、底面预留量 0。

4）单击【切削参数】选项，设置 Z 步进量：0.15，3D 步进量：0.15，其余默认。

5）单击【陡斜 / 浅滩】选项，勾选：使用 Z 轴深度，点选：检查深度。

6）单击【冷却液】选项，设定开启冷却液模式【On】。

7）单击 ✅ 确定，生成图 6-10 所示刀具路径。

6. 实体仿真

1）单击操作管理器上的【机床群组 -1】，选中所有的刀具路径。

2）单击【机床】—【实体仿真】进行实体仿真，单击 ▶ 播放，仿真加工过程和结果如图 6-11 所示。

图 6-10　生成混合刀具路径

图 6-11　米老鼠实体切削验证

7. 保存

单击选项卡上【文件】—【保存】，将本例保存为【米老鼠 .mcam】文档。

➥ **例 6-3：奥运福娃的刀具路径编辑**

典型曲面零件——奥运福娃的 CAD 模型由反求工程得到，通过 Pro/E 或 Imageware 对点云数据进行模型重建，以曲面的形式保存为 fuwa.igs 文件。在开始加工之前，需要做一些必要的处理，以方便加工。操作步骤如下：

1）打开 Mastercam 2017 软件，单击【打开】，弹出对话框，选择 fuwa.igs 保存的文件夹，单击对话框右下角，选择【IGES 文件】格式，单击【fuwa.igs】，单击【打开】，如图 6-12 所示。

图 6-12　打开 IGES 文件对话框

2）将屏幕视角切换为【前视图】，依次单击【转换】—【旋转】，选择所有的图素，以原点为中心，以移动的方式旋转 90°。依次单击【主页】—【清除颜色 ▮▮】清除颜色。

3）删除福娃模型下方 6 个平面，单击【边界盒】，弹出【边界盒】对话框，绘图区左上角提示 选择图形时，使用 Ctrl-A 选择全部。 ，框选绘图区上所有图形，单击 ⊘ 结束选择 ，单击对话框上 ⊘ 完成。

4）单击【连续线】命令，以上表面对角两点画线；单击【平移】命令，选择所有的图素，以两点之间移动的方式从该对角线的中点至原点平移，单击【清除颜色 ▦】，如图 6-13 所示。

5）单击绘图区下方【状态栏】的 Z: 0.00000 输入新的作图深度 −14.262，单击旁边的 3D 图标将绘图平面切换成 2D。

6）依次单击【主页】—【◫ 消隐▾】命令，隐藏边界盒和斜线。

7）单击【俯视图】，将屏幕视图切换到俯视图。单击【矩形】命令，以指针为中心点方式绘制矩形 78mm×58mm 为毛坯轮廓，单击【倒圆角】命令，输入半径：3，鼠标选择相对应角落进行倒圆。

8）单击【实体】—【拉伸】命令，选择 78mm×58mm 矩形，方向【向下】，距离：15，单击 ◉ 完成拉伸。

9）单击【固定半倒圆角 ▦】命令，选择长方形底面边界倒圆 R3mm，单击 ◉ 完成倒圆。最终福娃 CAD 模型如图 6-14 所示。

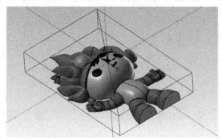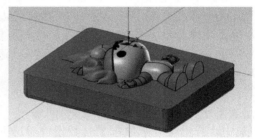

图 6-13　福娃图形定位　　　　　图 6-14　福娃 CAD 模型

奥运福娃的刀具路径编辑分为正面和反面加工两步。正面主要加工福娃的整个形状，反面则主要加工平面和外形轮廓并倒圆 R3mm，以保证零件外形的美观。

反面的建模与刀具路径编辑的操作步骤如下：

1. 创建新指针

1）单击操作管理器上【平面】界面，单击 ✚ 右边黑色三角符号，选择【依照实体面】，绘图区左上角提示 选择实体面 ；按住鼠标中键，旋转实体到背面，鼠标左键拾取反面上表面，弹出【选择平面】对话框，单击 ▸ 切换新建指针方向至如图 6-15 所示，单击 ✓ 确定。

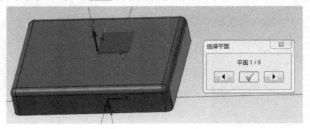

图 6-15　新建指针

2）弹出【新建平面】参数设置对话框，设置名称：反面，点选：设置为 WCS、设置为刀具平面、设置为绘图平面，单击 ✓ 创建新指针（工件坐标）。

2. 工作设定

1）单击【机床】—【铣床】—【默认】，弹出【刀路】选项卡。

2）单击【操作管理器】—【刀路】，鼠标右键单击【机床群组 -1】—【群组】—【重新名称】，输入机床群组名称：反面。

3）双击【反面】下的属性，单击【毛坯设置】，弹出对话框，设置毛坯参数 X：80、Y：60、Z：30，设置毛坯原点 Z：1。

3. 反面编程

（1）面铣

1）单击 2D 功能区中的【面铣】图标 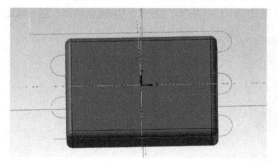 ，弹出【串连选项】对话框，选择 80mm×60mm 矩形作为加工轮廓，单击 ✔ 确定，弹出【平面铣削】参数设置对话框。

2）单击【刀具】选项，创建一把直径为 16mm 的平底刀。设置刀具属性，名称：D16、进给速率：400、主轴转速：1900、下刀速率：200。

3）单击【切削参数】选项，设置走刀类型【双向】，底面预留量 0，最大步进量 12。

4）单击【共同参数】选项，设定参考高度：30.0（绝对坐标），下刀位置：3.0（增量坐标），工件表面：0，深度：0（绝对坐标），其余默认。

5）单击【冷却液】选项，设定开启冷却液模式【On】。

6）单击 ✔ 确定，生成图 6-16 所示刀具路径。

7）单击【仅显示已选择的刀路 🗺️】。

（2）外形加工

1）单击 2D 功能区中的【外形】图标 ，选择 80mm×60mm 矩形作为加工轮廓，单击 ✔ 确定，弹出【外形铣削】参数设置对话框。

2）单击【刀具】选项，选择【D16】。

3）单击【切削参数】选项，壁边预留量 0。

4）单击【进 / 退刀设置】选项，不勾选：在封闭轮廓中点位置执行进 / 退刀、过切检查，进 / 退刀直线设置为：0，将其余默认或根据所需修改。

5）单击【共同参数】选项，设定参考高度：30.0（绝对坐标），进给下刀位置：3.0（增量坐标），工件表面：0.0，深度：-18（绝对坐标）。

6）单击【冷却液】选项，设定开启冷却液模式【On】。

7）单击 ✔ 确定，生成图 6-17 所示刀具路径。

图 6-16　生成面铣刀具路径

图 6-17　生成外形刀具路径

（3）圆角加工

1）依次单击【曲面】—【由实体生成曲面】命令，点选绘图区上方【选择工具栏】鼠标单击拾取模式为：选择实体面，单击去掉：选择主体；单击 R3mm 圆角生成曲面，单击 ⊘ 确定完成操作。

2）单击 3D 功能区中的【流线】图标  ，选择 R3mm 曲面，单击 结束选择 ，弹出【刀路曲面选择】对话框；单击 ✓ 确定；弹出曲面精修流线参数设置对话框。

3）单击【刀具参数】选项，创建一把直径为 6mm 的球刀。设置刀具属性，名称：D6R3 球刀、进给速率：2000、主轴转速：4500、下刀速率：500。

4）单击【曲面流线精修参数】选项，设置截断方向控制点选：距离，输入：0.2，其余默认。

5）单击 ✓ 确定，弹出【曲面流线设置】对话框；单击【切削方向】切换加工方式，单击 ✓ 确定，生成图 6-18 所示刀具路径。

4. 实体仿真

1）单击【操作管理器】上的【反面】，选中所有的刀具路径。

2）单击【机床】—【实体仿真】进行实体仿真，单击 ▶ 播放，仿真加工过程和结果如图 6-19 所示。

图 6-18　生成曲面流线刀具路径

图 6-19　福娃反面加工实体切削验证

正面的刀具路径编辑操作步骤如下：

1. 切换指针

鼠标移至绘图区下方【状态栏】，分别单击【绘图平面】、【刀具平面】，【WCS】选择【俯视图】，如图 6-20 所示。绘图区显示指针切换到【正面】指针。

图 6-20　切换指针

2. 工作设定

1）移至【操作管理器】—【刀路】界面空白位置单击右键，依次选择【群组】—【新建机床群组】—【铣床】，弹出【机床群组属性】对话框，直接单击 ✓ 确定。

2）选择【机床群组 -1】，然后右击，依次选择【群组】—【重新名称】，输入机床群组名称：正面。单击【毛坯设置】弹出对话框，设置毛坯参数 X：80、Y：60、Z：30。

3. 正面编程

依次单击【主页】—【 消隐 】命令，隐藏正方体和 R3mm 圆角曲面，方便接下来的曲面的选择。

（1）曲面粗加工——挖槽

1）单击 3D 功能区中的【挖槽】图标　，弹出输入新 NC 名称对话框，单击　确定，绘图区左上角提示 选择加工曲面 ，鼠标【窗选】所有曲面，单击 结束选择 ，弹出【刀路曲面选择】对话框；单击【切削范围】选项　，弹出串连选项对话框，图形选择 78mm×58mm 矩形，单击　确定返回刀路曲面选择对话框；单击　确定，弹出参数设置对话框。

2）单击【刀具参数】选项，创建一把直径为 8mm、用于粗加工的平底刀。设置刀具属性，名称：D8、进给速率：1000、主轴转速：2500、下刀速率：500。

3）单击【曲面参数】选项，设置安全高度：30，加工面预留量 0.3、切削范围刀具位置：外，其余默认。

4）单击【粗切参数】选项，设置 Z 最大步进量：1、进刀选项勾选：由切削范围外下刀，单击【切削深度】，弹出切削深度设置对话框，单击：绝对坐标，设定最高为：0，最低为：-14.262，勾选：自动调整加工面的预留量，单击　确定，其余默认。

5）单击【挖槽参数】选项，点选：等距环切，不勾选：精修，其余默认。

6）单击　确定，弹出【警告】对话框，单击确定，生成图 6-21 所示刀具路径。

7）单击【仅显示已选择的刀路 】。

（2）曲面粗加工——混合

1）单击 3D 功能区中的【混合】图标　，绘图区左上角提示 选择加工曲面 ，鼠标【窗选】所有曲面，单击 结束选择 ，弹出【刀路曲面选择】对话框；单击　确定，弹出高速曲面刀路——混合设置对话框。

2）单击【刀具】选项，创建一把直径为 5mm、用于粗加工的平底刀。设置刀具属性，名称：D5、进给速率：600、主轴转速：3000、下刀速率：300。

3）单击【毛坯预留量】选项，设置壁边、底面预留量 0.3。

4）单击【切削参数】选项，设置 Z 步进量：0.5，3D 步进量：1，其余默认。

5）单击【陡斜/浅滩】选项，勾选：使用 Z 轴深度，点选：检查深度。

6）单击【冷却液】选项，设定开启冷却液模式【On】。

7）单击　确定，生成图 6-22 所示刀具路径。

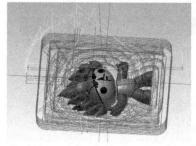

图 6-21　生成曲面挖槽刀具路径

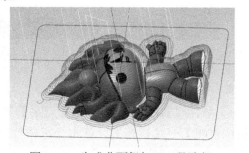

图 6-22　生成曲面粗加工刀具路径

（3）曲面底面精加工 –1——挖槽

1）复制程序【4- 曲面粗切挖槽】到程序【5- 曲面高速加工（混合）】下面。

2）修改参数：【刀具参数】选项，选择：D5；【曲面参数】选项，加工面预留量 0；【切削深度】选项，修改最高为：–14.262。

3）单击 ✓ 确定，单击操作管理器上的 ▶ 重新计算，生成图 6-23 所示新刀具路径。

（4）曲面半精加工——混合

1）复制程序【5- 曲面高速加工（混合）】到程序【6- 曲面粗切挖槽】下面。

2）单击【刀具参数】选项，创建一把直径为 2mm 的平底刀。设置刀具属性，名称：D2、进给速率：400、主轴转速：5000、下刀速率：200。

3）单击【毛坯预留量】选项，设置壁边、底面预留量 0.1。

4）单击【切削参数】选项，设置 Z 步进量：0.2，3D 步进量：0.5，其余默认。

5）单击 ✓ 确定，生成图 6-24 所示刀具路径。

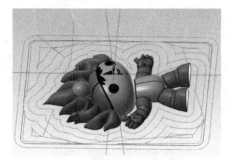
图 6-23　生成曲面底面精加工 –1 刀具路径

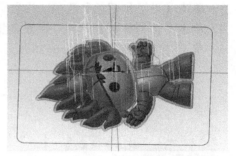
图 6-24　生成曲面半精加工刀具路径

（5）曲面底面精加工 –2——混合

1）复制程序【7- 曲面高速加工（混合）】到程序【7- 曲面高速加工（混合）】下面。

2）单击【曲面参数】选项，加工面预留量 0；【陡斜 / 浅滩】选项，设置最高位置：–14.262。

3）单击 ✓ 确定，生成图 6-25 所示刀具路径。

（6）清余量

1）将屏幕视角切换为【俯视图】，输入新的作图深度 0；单击【连续线】命令，点选：水平线，绘制水平线，起点和终点保证刚好切削到残留的余量，如图 6-26 所示。

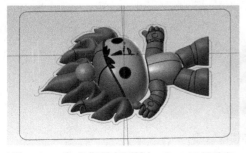
图 6-25　生成曲面底面精加工 –2 刀具路径

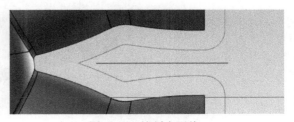
图 6-26　绘制水平线

2）单击 2D 功能区中的【外形】图标 🔲 外形，选择水平线为加工轮廓，单击 ✓ 确定，弹出【外形铣削】参数设置对话框。

3）单击【刀具】选项，选择【D2】。

4）单击【切削参数】选项，补正方式：关。

5）单击【进／退刀设置】选项，不勾选：进／退刀设置。

6）单击【共同参数】选项，设定参考高度：30.0（绝对坐标），进给下刀位置：3.0（增量坐标），工件表面：0.0，深度：-14.26201（绝对坐标）。

7）单击【冷却液】选项，设定开启冷却液模式【On】。

8）单击 ✅ 确定，生成图 6-27 所示刀具路径。

（7）曲面精加工——混合

1）复制程序【7- 曲面高速加工（混合）】到程序【9- 外形铣削（2D）】下面。

2）单击【刀具参数】选项，创建一把 R1 球刀。设置刀具属性，名称：R1、进给速率：400、主轴转速：6000、下刀速率：200。

3）单击【毛坯预留量】选项，设置壁边、底面预留量 0。

4）单击【切削参数】选项，设置 Z 步进量：0.1，3D 步进量：0.1，其余默认。

5）单击 ✅ 确定，生成图 6-28 所示刀具路径。

 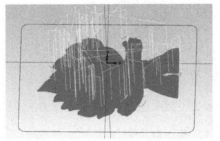

图 6-27　生成清余量刀具路径　　　　　图 6-28　生成曲面精加工刀具路径

4. 实体仿真

1）单击操作管理器上的【反面】、【正面】，选中所有的刀具路径。

2）单击【机床】—【实体仿真】进行实体仿真，单击 ▶ 播放，仿真加工过程和结果如图 6-29 所示。

图 6-29　福娃实体切削验证

5. 保存

单击选项卡上【文件】—【保存】，将本例保存为【福娃 .mcam】文档。

注：

曲面加工应注意的问题：

1）采用球刀加工时应注意切削深度，不要让刀尖下到底平面，一般离底平面 0.1 ～ 0.3mm 即可。

2）精加工工序多采用等高、混合或流线，各个命令之间都有针对应用的地方，用户可以通过编程进行对比后选择较合适的程序加工。

本 章 小 结

本章主要介绍了利用 Mastercam 进行曲面加工时的一些常见方法。数控铣床相对于普通铣床的优势就在于能够进行复杂曲面的加工，并且加工工艺有一定的规律可循，大致可分为粗加工曲面挖槽、半精加工等高轮廓、曲面精加工平行铣削或环绕等距、曲面挖槽铣底平面等。其中，局部铣削不是必需的步骤，主要是为了保证精加工余量的均匀。

第7章

Mastercam 常见刀具路径编辑技巧

前 6 章主要介绍了 Mastercam 常见的加工方法和零件加工的实例。实际上，由于零件的复杂性和多样性，在利用 Mastercam 建模和刀具路径编辑上也有一些技巧，下面通过几个实例来说明。

7.1 零件 1 的工艺分析

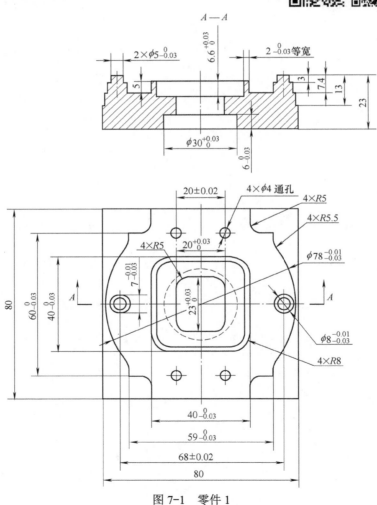

图 7-1   零件 1

技术要求：

1）以小批量生产编程。

2）不准用砂布及锉刀修饰表面。

3）未注倒角 *C*0.5mm。

4）未注公差尺寸按 GB/T 1804—m。

毛坯尺寸：81mm×81mm×25mm。

与其他 CAD/CAM 软件相比，Mastercam 的优势是二维加工简单明了、容易学习，这一点是 UG、Pro/E 等软件无法比拟的。在判断零件尺寸是否合格的方法上，大多数企业或操作工人都是用基本的测量工具，如游标卡尺、千分尺、百分表、直角尺、R 规等来测量图样标注尺寸，很少有企业能够具备三坐标测量机、光学投影仪等设备来测量空间曲面尺寸。也就是说，操作工人用常规测量工具测量图样标注尺寸作为判断零件合格的标准，空间曲面尺寸因为无法测量而一般认为都是合格的。

除了第 6 章典型曲面零件外，大多数零件一般都具有二维线框和三维曲面的特征。加工方法基本遵循二维线框建模→三维实体建模→生成曲面→刀具路径编辑等过程。

本例也遵循这个过程，所不同的是，本例没有曲面，采用二维建模也足够，但为了便于观察，采用三维实体建模。综合考虑对刀具的要求和工作效率，为了避免多次换刀，反面选择 *φ*10 的平刀，正面选择 *φ*10、*φ*8 的平刀进行加工。综合考虑对刀具的要求和工作效率，零件 1 各工序刀具及切削参数见表 7-1。

表 7-1　零件 1 加工各工序刀具及切削参数

序　　号	加 工 部 位	刀　　具	主轴转速 /（r/min）	进给速度 /（mm/min）
反面				
1	二维轮廓的面铣和外形铣	*φ*10 立铣刀	粗 2100，精 2500	粗 600，精 400
2	钻孔	*φ*4 钻头	1500	30
3	倒角 *C*0.5	*φ*10 倒角刀	3000	1000
正面				
1	二维轮廓粗加工	*φ*10 立铣刀	2100	600
2	二维轮廓精加工	*φ*8 立铣刀	2800	400
3	倒角 *C*0.5	*φ*10 倒角刀	3000	1000

7.2　零件 1 的 CAD 建模

操作步骤如下：

1）按【Alt+F9】，打开【显示指针】。

2）单击绘图区下方【状态栏】的 Z: 0.00000 输入新的作图深度 −23，单击旁边的 3D 图标将绘图平面切换成 2D。

3）单击【草图】—【圆角矩形】命令，输入宽度：80、高度：80，点选固定位置为【中心】，拾取指针位置单击确认，单击应用图标 ⊕；输入宽度：20、高度：23、半径：5，拾取指针位置单击确认；单击 ⊘ 完成矩形绘制。

4）单击【已知点画圆】命令，输入直径：30，拾取指针位置单击确认；单击应用图标 ⊘；输入直径：4；单击空格键弹出数值输入对话框，输入【−10，30】；单击 ⊘ 完成圆的绘制。

5）依次单击【转换】—【镜像】，图形选择 φ4 的圆，单击 [结束选择] 弹出对话框，点选：【X 轴 ⊙ ⊞ Y 0.0 ▾ ⋮】，单击应用图标 ⊞；继续选择两个 φ4 的圆，单击 [结束选择]，点选：【Y 轴 ⊞ × 0.0 ▾ ⋮】；单击 ✓ 完成镜像，完成以后的图形俯视效果如图 7-2 所示。

6）单击操作管理器下方的【层别】，操作管理器界面切换至图层界面，单击层别界面左上角的 ⊞ 图标，创建新的图层【2】，输入层 1 名称：反面，层 2 名称：正面，单击高亮选项去掉【×】隐藏图层 1 图形，如图 7-3 所示。

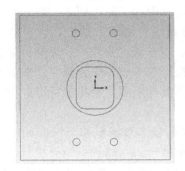

图 7-2　步骤 3）～ 5）图形结果

图 7-3　图层设置

7）输入新的作图深度 Z: -13.00000。单击【矩形】命令，输入宽度：40、高度 80，设置勾选【矩形中心点】，拾取指针位置单击确认，绘出 40mm×80mm 矩形，单击应用图标 ⊚；输入宽度：59、高度 60，拾取指针位置单击确认；单击 ⊚ 完成矩形的绘制。

8）单击【已知点画圆】命令，输入直径：78，拾取指针位置单击确认；单击 ⊚ 完成圆的绘制。结果如图 7-4a 所示。

9）单击【修剪打断延伸】命令，选择模式：修剪，方式：分割/删除，将多余的线剪掉，单击 ⊚ 完成，结果如图 7-4b 所示。

10）单击【倒圆角】命令，分别输入半径：5、5.5，选择相对应角落进行倒角，单击 ⊚ 完成倒圆角，结果如图 7-4c 所示。

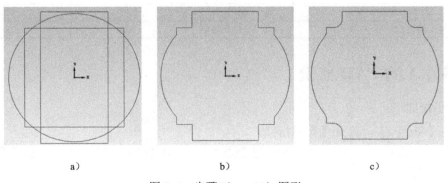

a)　　　　　b)　　　　　c)

图 7-4　步骤 7）～ 10）图形

11）输入新的作图深度 Z: -2.40000。单击【圆角矩形】命令，输入宽度：40、高度：40、半径：8，点选固定位置为【中心】，拾取指针位置单击确认，单击应用图标 ⊞，输入宽度：36、高度：36、半径：6，拾取指针位置单击确认，单击 ⊚ 完成矩形绘制，结果如图 7-5 所示。

12）输入新的作图深度 。单击【已知点画圆】命令，输入直径：8；单击空格键弹出数值输入对话框，分别输入【34，0】、【-34，0】；单击◎完成圆的绘制。

13）单击【矩形】命令，输入宽度：15、高度 7，设置勾选【矩形中心点】，拾取图形左边 ϕ8mm 的圆心作为中心点，单击◎完成矩形的绘制，结果如图 7-6 左所示。

14）单击【修剪打断延伸】命令，将多余的线剪掉，单击◎完成，结果如图 7-6 右所示。

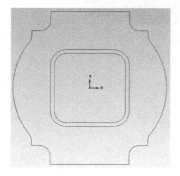

图 7-5　步骤 11）图形结果

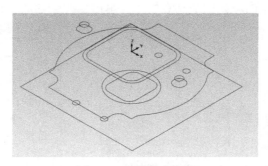

图 7-6　步骤 13）、14）图形

15）输入新的作图深度 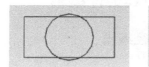 。单击【已知点画圆】命令，输入直径：5；分别拾取两个 ϕ8mm 的圆心作为圆心点，单击◎完成圆的绘制。

16）单击【层别】，单击高亮选项显示图层 1 图形。单击【视图】—【等视图】，完成后的二维图形如图 7-7 所示。

![二维图形]

图 7-7　二维图形结果

17）单击【实体】—【拉伸】命令，选择 80mm×80mm 矩形，方向【向上】，距离：10，单击◎完成继续创建操作；选择图 7-4c 图形，点选【增加凸台】，距离：5.6，单击◎完成继续创建操作；选择 40mm×40mm 矩形，距离：5，方向【向下】，单击◎完成继续创建操作；选择两个 ϕ8mm 的圆，单击◎完成继续创建操作；选择两个 ϕ5mm 的圆，单击◎完成继续创建操作；选择 36mm×36mm 矩形，点选【切割主体】，距离：6.6，方向【向下】，单击◎完成继续创建操作；选择 ϕ30mm 的圆，距离：6，方向【向上】，单击◎完成继续创建操作；选择 20mm×23mm 矩形，点选【全部贯通】，单击◎完成继续创建操作；选择 4 个 ϕ4mm 的圆，单击◎完成所有拉伸。完成后的三维图形如图 7-8 所示。

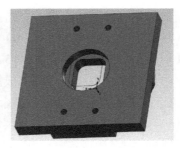

图 7-8 三维图形结果

7.3 零件 1 的刀具路径编辑

7.3.1 反面刀具路径编辑

操作步骤如下:

1. 创建新指针

1) 单击操作管理器上【平面】界面,单击 ➕ 右边黑色三角符号,选择【依照实体面】,绘图区左上角提示 选择实体面 ;按住鼠标中键,旋转实体到背面,拾取反面上表面,弹出【选择平面】对话框,单击 ▶ 切换新建指针方向至如图 7-9 左所示;单击 ✔ 确定。

2) 弹出【新建平面】参数设置对话框,设置名称:反面,点选:设置为 WCS、设置为刀具平面、设置为绘图平面,如图 7-9 右所示,单击 ✔ 创建新指针(工件坐标)。

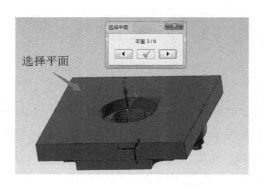

图 7-9 新建指针

2. 工作设定

1) 单击【机床】—【铣床】—【默认】,弹出【刀路】选项卡。

2) 单击【操作管理器】—【刀路】,选择【机床群组 -1】,然后右击,依次选择【群组】—【重新名称】,输入机床群组名称:反面。

3）双击【反面】下的属性，单击【毛坯设置】弹出对话框，设置毛坯参数 X：81、Y：81、Z：25，设置毛坯原点 Z：1。

3. D10 粗加工

单击操作管理器上【刀具群组 -1】，鼠标停留在刀具群组 -1 上单击右键，依次选择【群组】—【重新名称】，输入刀具群组名称：D10 粗加工。

（1）外形粗加工

1）单击 2D 功能区中的【外形】图标 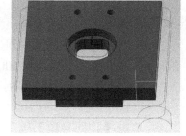，弹出输入新 NC 名称对话框，提示用户可以根据自己所需给程序命名，输入后单击 ✓ 确定。

2）弹出【串连选项】对话框，选择 80mm×80mm 矩形作为加工轮廓，单击 ✓ 确定，弹出【外形铣削】参数设置对话框。

3）单击【刀具】选项，创建一把直径为 10mm、用于粗加工的平底刀。设置刀具属性，名称：D10 粗刀、进给速率：600、主轴转速：2100、下刀速率：300。

4）单击【切削参数】选项，壁边预留量 0.2。

5）单击【Z 分层切削】选项，勾选深度分层切削，输入最大粗切深度：10，精修量：0，勾选：不提刀，其余默认。

6）单击【进 / 退刀设置】选项，不勾选：在封闭轮廓中点位置执行进 / 退刀、过切检查，进 / 退刀直线设置为：0，将其余默认或根据所需修改。

7）单击【共同参数】选项，设定参考高度：30.0（绝对坐标），进给下刀位置：3.0（增量坐标），工件表面：0.0，深度：−20（绝对坐标）。

8）单击【冷却液】选项，设定开启冷却液模式【On】。

9）单击 ✓ 确定，生成图 7-10 所示刀具路径。

10）单击【仅显示已选择的刀路 🔍】。

（2）φ30mm 圆粗加工

1）单击【动态铣削】图标 🌀，弹出加工轮廓串连选

图 7-10　外形粗加工刀具路径

项界面，单击加工范围下的 🔍 图标，选择 φ30mm 圆作为加工范围，单击 ✓ 确定，回到串连选项对话框，点选加工区域策略：封闭，单击 ✓ 确定，弹出切削参数设置对话框。

2）选择【D10 粗刀】，在原刀具参数上修改切削参数，设置为进给速率：1000、主轴转速：4000、下刀速率：500。

3）单击【切削参数】选项，设置步进量：20%、壁边、底边预留量：0.2。

4）单击【共同参数】选项，设定参考高度：30.0（绝对坐标），进给下刀位置：3.0（增量坐标），工件表面：0.0，深度：−6（绝对坐标）。

5）单击【冷却液】选项，设定开启冷却液模式【On】。

6）单击 ✓ 确定，生成图 7-11 左所示刀具路径。

（3）20mm×23mm 矩形粗加工

1）单击【动态铣削】图标 🌀，弹出加工轮廓串连选项界面，单击加工范围下的 🔍 图标，选择 20mm×23mm 矩形作为加工范围，单击 ✓ 确定，回到串连选项对话框，单击 ✓ 确定，弹出切削参数设置对话框。

2）单击【共同参数】选项，设定参考高度：30.0（绝对坐标），进给下刀位置：3.0（增量坐标），工件表面：-6，深度：-14（绝对坐标）。

3）单击 ✔ 确定，生成图 7-11 右所示刀具路径。

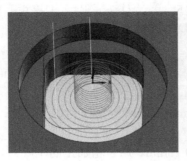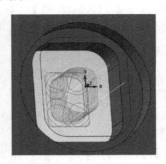

图 7-11 φ30 圆与 20×23 矩形刀具路径

4．D4 钻孔

单击【反面】机床群组，然后右击，依次选择【群组】—【新建刀路群组】，输入刀具群组名称：D4 钻孔。

1）单击【钻孔】图标 ，弹出【选择孔位置】对话框，单击 选择图形 ，依次选择 4 个 φ4mm 的圆，单击 结束选择 ，单击 ✔ 确定，弹出【钻孔】参数设置对话框。

2）单击【刀具】选项，创建一把直径为 4mm 的钻头。设置刀具属性，名称：D4 钻头、进给速率：30、主轴转速：1500、下刀速率：20。

3）单击【切削参数】选项，循环方式选择【深孔啄钻（G83）】，Peck（啄食量）设置：3，其余默认。

4）单击【共同参数】选项，设定参考高度：30.0（绝对坐标），工件表面：1（绝对坐标），深度：-20（绝对坐标）。

5）单击【冷却液】选项，设定开启冷却液模式【On】。

6）单击 ✔ 确定，生成刀具路径。

5．D10 精加工

继续【新建刀路群组】，输入刀具群组名称：D10 精加工。

（1）面铣

1）单击【面铣】图标 ，弹出【串连选项】对话框，选择 80mm×80mm 矩形作为加工轮廓，单击 ✔ 确定，弹出【平面铣削】参数设置对话框。

2）单击【刀具】选项，创建一把直径为 10mm、用于精加工的平底刀。设置刀具属性，名称：D10 精刀、进给速率：400、主轴转速：2500、下刀速率：200。

3）单击【切削参数】选项，设置走刀类型【双向】，底面预留量 0，最大步进量 8。

4）单击【共同参数】选项，设定参考高度：30.0（绝对坐标），下刀位置：3.0（增量坐标），工件表面：0，深度：0（绝对坐标），其余默认。

5）单击【冷却液】选项，设定开启冷却液模式【On】。

6）单击  确定，生成图 7-12 所示刀具路径。

图 7-12　面铣精加工刀具路径

（2）外形精加工

1）复制【1- 外形铣削（2D）】到【D10 精加工】刀具群组下。

2）修改参数；【刀具】选项选择 D10 精刀；【切削参数】选项壁边、底面预留量 0；【Z 分层切削】选项不勾选：深度分层切削。

3）单击 ✔ 确定，单击操作管理器上的 ▶ 重新计算生成新刀具路径。

（3）$\phi 30mm$ 圆精加工

1）复制【2-2D 高速刀路（2D 动态铣削）】到【D10 精加工】刀具群组下。

2）修改参数；【刀路类型】选项选择【区域】；【刀具】选项选择 D10 精刀；【切削参数】选项壁边预留量 −0.008、底面预留量 0.015、XY 步进量【刀具直径：80%】；【共同参数】选项工件表面：−5（绝对坐标）。

3）单击 ✔ 确定，单击操作管理器上的 ▶ 重新计算生成新刀具路径。

（4）20mm×23mm 矩形精加工

1）复制【3-2D 高速刀路（2D 动态铣削）】到【D10 精加工】刀具群组下。

2）修改参数；【刀路类型】选项选择【区域】；【刀具】选项选择 D10 精刀；【切削参数】选项壁边预留量 −0.008、底面预留量 −0.1、XY 步进量【刀具直径：80%】；【共同参数】选项工件表面：−13（绝对坐标）。

3）单击 ✔ 确定，单击操作管理器上的 ▶ 重新计算生成新刀具路径。

6. D10 倒角

继续【新建刀路群组】，输入刀具群组名称：D10 倒角。

1）单击【外形】图标 ，图形选择 80mm×80mm 的矩形、$\phi 30mm$ 圆和 4 个 $\phi 4mm$ 圆（注意顺铣方向），单击 ✔ 确定，弹出外形铣削参数设置对话框。

2）单击【刀具】选项，创建一把直径为 10mm、角度为 45°、刀尖直径为 0 的倒角刀，设置刀具属性，名称：D10 倒角刀、进给速率：1000、主轴转速：3000、下刀速率：500。

3）单击【切削参数】选项，外形铣削方式选择：2D 倒角、宽度：0.5、刀尖补正：1，设置壁边、底面预留量 0。

4）单击【进 / 退刀设置】选项，设置进 / 退刀直线长度：0、圆弧半径：1。

5）其余默认。单击 ✔ 确定，生成图 7-13 所示刀具路径。

7. 实体仿真

1）单击操作管理器上的【反面】，选中所有的刀具路径。

2）单击【机床】—【实体仿真】进行实体仿真，单击 ⏵ 播放，仿真加工过程和结果
如图 7-14 所示。

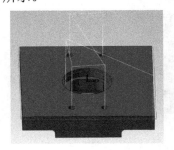

图 7-13　倒角刀具路径

图 7-14　反面实体切削验证效果

8. *保存*

单击选项卡上【文件】—【保存】，将本例保存为【7-1.mcam】文档。

7.3.2　正面刀具路径编辑

操作步骤如下：

1. *切换指针*

鼠标移至绘图区下方【状态栏】，分别单击【绘图平面】、【刀具平面】，【WCS】选择【俯
视图】，如图 7-15 所示。绘图区显示指针切换到【正面】指针。

图 7-15　切换指针

2. *工作设定*

1）鼠标移至【操作管理器】—【刀路】界面空白位置单击右键，依次选择【群组】—【新
建机床群组】—【铣床】，弹出【机床群组属性】对话框，直接单击 ✓ 确定。

2）单击【机床群组 -1】，然后右击，依次选择【群组】—【重新名称】，输入机床群
组名称：正面。单击【毛坯设置】弹出对话框，设置毛坯参数 X：81、Y：81、Z：25，设
置毛坯原点 Z：1。

3. D10 *粗加工*

单击操作管理器上【刀具群组 -1】，鼠标停留在刀具群组 -1 上单击鼠标右键，依次选
择【群组】—【重新名称】，输入刀具群组名称：D10 粗加工 - 正面。

（1）总高粗加工

1）单击【面铣】图标 , 弹出输入新 NC 名称对话框，单击 ✓ 确定，弹出【串连选项】

对话框，选择 80mm×80mm 矩形作为加工轮廓，单击 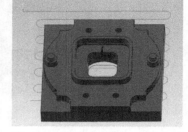 确定，弹出【平面铣削】参数设置对话框。

2）单击【刀具】选项，创建一把直径为 10mm、用于粗加工的平底刀。设置刀具属性，名称：D10 粗刀、进给速率：600、主轴转速：2100、下刀速率：300。

3）单击【切削参数】选项，设置走刀类型【双向】，底面预留量 0.2，最大步进量 8。

4）单击【共同参数】选项，设定参考高度：30.0（绝对坐标），下刀位置：3.0（增量坐标），工件表面：0，深度：0（绝对坐标），其余默认。

5）单击【冷却液】选项，设定开启冷却液模式【On】。

6）单击 确定，生成图 7-16 所示刀具路径。

（2）Z-7.4 台阶粗加工

图 7-16　面铣总高加工刀具路径

1）单击【动态铣削】图标 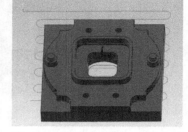，弹出加工轮廓串连选项界面，单击加工范围下的 图标，选择 80mm×80mm 矩形作为加工范围，单击 确定，回到串连选项对话框，点选加工区域策略：开放；点选避让范围下的 图标，选择两个 ϕ8mm 圆和 40mm×40mm 矩形作为避让轮廓，如图 7-17 左所示；单击 确定，弹出切削参数设置对话框。

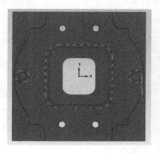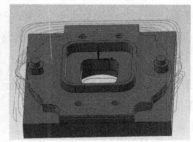

图 7-17　避让轮廓选择及生成刀具路径

2）选择【D10 粗刀】，在原刀具参数上修改切削参数，设置为进给速率：1000、主轴转速：4000、下刀速率：500。

3）单击【切削参数】选项，设置步进量：20%、壁边、底边预留量：0.2。

4）单击【共同参数】选项，设定参考高度：30.0（绝对坐标），进给下刀位置：3.0（增量坐标），工件表面：0.0，深度：-7.4（绝对坐标）。

5）单击【冷却液】选项，设定开启冷却液模式【On】。

6）单击 确定，生成图 7-17 右所示刀具路径。

（3）Z-13 台阶粗加工

1）单击【动态铣削】图标 ，弹出加工轮廓串连选项界面，单击加工范围下的 图标，选择 80mm×80mm 矩形作为加工范围，单击 确定，回到串连选项对话框，点选加工区域策略：开放；点选避让范围下的 图标，选择图 7-4c 图形作为避让轮廓，如图 7-18 左图所示；单击 确定，弹出切削参数设置对话框。

2）单击【刀具】选项，默认上一条程序参数。

3）单击【共同参数】选项，设定参考高度：30.0（绝对坐标），进给下刀位置：3.0（增

量坐标），工件表面：-7.4（绝对坐标），深度：-13（绝对坐标）。

4）单击 ✓ 确定，生成图 7-18 右所示刀具路径。

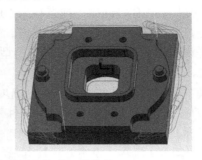

图 7-18　避让轮廓选择及生成刀具路径

（4）36mm×36mm 凹槽粗加工

1）单击【动态铣削】图标 ⚙ ，选择 36mm×36mm 矩形作为加工范围，单击 ✓ 确定，点选加工区域策略：封闭；单击 ✓ 确定，弹出切削参数设置对话框。

2）单击【刀具】选项，默认上一条程序参数。

3）单击【共同参数】选项，设定参考高度：30.0（绝对坐标），进给下刀位置：3.0（增量坐标），工件表面：0（绝对坐标），深度：-9（绝对坐标）。

4）单击 ✓ 确定，生成图 7-19 所示刀具路径。

（5）φ5mm 圆粗加工

1）单击【外形】图标 ，选择两个 φ5mm 圆作为加工轮廓，单击 ✓ 确定，弹出【外形铣削】参数设置对话框。

2）单击【刀具】选项，选择【D10 粗刀】。

3）单击【切削参数】选项，壁边、底边预留量 0.2。

4）单击【进/退刀设置】选项，不勾选：在封闭轮廓中点位置执行进/退刀、过切检查，进/退刀圆弧半径设置为：0，将其余默认或根据所需修改。

5）单击【共同参数】选项，设定参考高度：30.0（绝对坐标），进给下刀位置：3.0（增量坐标），工件表面：0.0，深度：-3（绝对坐标）。

6）单击【冷却液】选项，设定开启冷却液模式【On】。

7）单击 ✓ 确定，生成图 7-20 所示刀具路径。

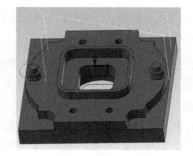

图 7-19　凹槽粗加工刀具路径图　　　　　图 7-20　φ5mm 圆粗加工工刀具路径

（6）Z-2.4 凸台粗加工

1）单击【外形】图标 ，选择 40mm×40mm 矩形作为加工轮廓，单击 ✓ 确定，弹出【外形铣削】参数设置对话框。

2）单击【刀具】选项，选择【D10 粗刀】。

3）单击【切削参数】选项，设置补正方式：关。

4）单击【进 / 退刀设置】选项，进 / 退刀直线长度设置为：0、进 / 退刀圆弧半径设置为：10，将其余默认或根据所需修改。

5）单击【共同参数】选项，设定参考高度：30.0（绝对坐标），进给下刀位置：3.0（增量坐标），工件表面：0.0，深度：-2.4（绝对坐标）。

6）单击 ✓ 确定，生成图 7-21 所示刀具路径。

4. D8 精加工

单击选择【正面】机床群组，单击鼠标右键依次选择【群组】—【新建刀路群组】，输入刀具群组名称：D8 精加工。

（1）总高精加工

1）单击【面铣】图标 ，选择 2×ϕ5mm 圆作为加工轮廓，单击 ✓ 确定，弹出【平面铣削】参数设置对话框。

2）单击【刀具】选项，创建一把直径为 8mm、用于精加工的平底刀。设置刀具属性，名称：D8 精刀、进给速率：400、主轴转速：2800、下刀速率：200。

3）单击【切削参数】选项，设置走刀类型【双向】，底面预留量 0，最大步进量 6。

4）单击【共同参数】选项，设定参考高度：30.0（绝对坐标），下刀位置：3.0（增量坐标），工件表面：0，深度：0（绝对坐标），其余默认。

5）单击 ✓ 确定，生成图 7-22 所示刀具路径。

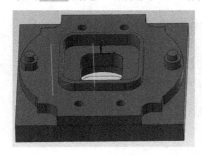
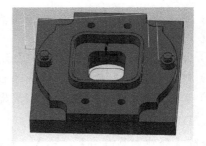

图 7-21　生成刀具路径　　　　　图 7-22　面铣总高加工刀具路径

（2）Z-7.4 台阶精加工

1）复制【11-2D 高速刀路（2D 动态铣削）】到【D8 精加工】刀具群组下。

2）修改参数：【刀路类型】选项选择【区域】；【刀具】选项选择 D8 精刀；【切削参数】选项壁边预留量 -0.01、底面预留量 0、XY 步进量【刀具直径：80%】；【共同参数】选项工件表面：-7（绝对坐标）。

3）单击 ✓ 确定，单击操作管理器上的 重新计算生成新刀具路径，如图 7-23 左图所示。

（3）Z-13 台阶精加工

1）复制【12-2D 高速刀路（2D 动态铣削）】到【D8 精加工】刀具群组下。

2）修改参数；【刀路类型】选项选择【区域】；【刀具】选项选择 D8 精刀；【切削参数】选项壁边预留量 −0.01、底面预留量 0、XY 步进量【刀具直径：80%】；【共同参数】选项工件表面：−12（绝对坐标）。

3）单击  确定，单击操作管理器上的 ⏵ 重新计算，生成新刀具路径，如图 7-23 右图所示。

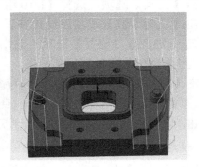

图 7-23　生成刀具路径

（4）36mm×36mm 凹槽精加工

1）复制【13-2D 高速刀路（2D 动态铣削）】到【D8 精加工】刀具群组下。

2）修改参数；【刀路类型】选项选择【区域】；【刀具】选项选择 D8 精刀；【切削参数】选项壁边预留量 −0.005、底面预留量 −0.015、XY 步进量【刀具直径：80%】；【共同参数】选项工件表面：−8（绝对坐标）。

3）单击 确定，单击操作管理器上的 ⏵ 重新计算，生成新刀具路径。

（5）φ5mm 圆精加工

1）复制【14- 外形铣削（2D）】到【D8 精加工】刀具群组下。

2）修改参数；【刀具】选项选择 D8 精刀；【切削参数】选项壁边预留量 −0.008、底面预留量 0。

3）单击 确定，单击操作管理器上的 ⏵ 重新计算生成新刀具路径。

（6）Z-2.4 凸台精加工

1）复制【15- 外形铣削（2D）】到【D8 精加工】刀具群组下。

2）修改参数；【刀具】选项选择 D8 精刀；【切削参数】选项底面预留量 0。

3）单击 确定，单击操作管理器上的 ⏵ 重新计算生成新刀具路径。

5. D10 倒角

继续【新建刀路群组】，输入刀具群组名称：D10 倒角 - 正面。

（1）倒角加工 -1

1）单击【外形】图标 ，图形选择两个 φ5mm 圆，单击 确定，弹出外形铣削参数设置对话框。

2）单击【刀具】选项，创建一把直径为 10mm、角度为 45°、刀尖直径为 0 的倒角刀，设置刀具属性，名称：D10 倒角刀、进给速率：1000、主轴转速：3000、下刀速率：500。

3）单击【切削参数】选项，补正方式：计算机、外形铣削方式选择：2D 倒角、宽度：0.5、刀尖补正：1，设置壁边、底面预留量 0。

4）单击【进 / 退刀设置】选项，设置进 / 退刀直线长度：0、圆弧半径：1。

5）其余默认。单击 确定，生成图 7-24 所示刀具路径。

（2）倒角加工 -2

1）单击【外形】图标 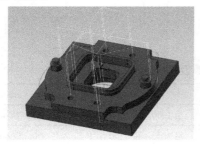_{外形}，图形选择 40mm×40mm 和 36mm×36mm 矩形作为加工轮廓，单击 ✅ 确定，弹出外形铣削参数设置对话框。

2）单击 ✅ 确定，生成图 7-24 所示刀具路径。

（3）倒角加工 -3

1）单击【外形】图标 _{外形}，点选 ⊙⊙⊙，图形选择 20mm×23mm 矩形作为加工轮廓，单击 ✅ 确定，弹出外形铣削参数设置对话框。

2）单击【共同参数】选项，设置深度：-9（绝对坐标）

3）单击 ✅ 确定，生成图 7-24 所示刀具路径。

（4）倒角加工 -4

1）单击【外形】图标 _{外形}，选择 4 个 φ4mm 圆，单击 ✅ 确定，弹出外形铣削参数设置对话框。

2）单击【共同参数】选项，设置深度：-7.4（绝对坐标）

3）单击 ✅ 确定，生成图 7-24 所示刀具路径。

（5）倒角加工 -5

1）单击【外形】图标 _{外形}，选择图 7-4c 所示图形作为加工轮廓，单击 ✅ 确定，弹出外形铣削参数设置对话框。

2）单击【切削参数】选项，设置刀尖补正：4.5。

3）单击【共同参数】选项，设置深度：-7.4（绝对坐标）

4）单击 ✅ 确定，生成图 7-24 所示刀具路径。

6. 实体仿真

1）单击操作管理器上的【反面】【正面】，选中所有的刀具路径。

2）单击【机床】—【实体仿真】进行实体仿真，单击 ▶ 播放，仿真加工过程和结果如图 7-25 所示。

图 7-24　倒角加工刀具路径

图 7-25　正面实体切削验证效果

7. 保存

单击选项卡上【文件】—【保存】。

注：

　　本例全部尺寸都是粗—精加工，省略了半精加工测量和误差修正的环节。实际加工过程中，精加工前需要进行半精加工，得出精加工误差修正值。

　　本例的主轴转速、进给速度等都沿袭前几章的参数，实际上动态开粗加工进给速度可以到 1500 ~ 2000mm/min，精加工可以到 800 ~ 1000 mm/min 左右，以提高效率。

7.4　零件 2 的工艺分析

技术要求：

1）以小批量生产编程。

2）不准用砂布及锉刀修饰表面。

3）未注公差尺寸按 GB/T 1804—m。

毛坯尺寸：81mm×81mm×18mm。

本例的特点是空间三维曲面尺寸较多，也有部分二维尺寸，图 7-26 中多有 R5 和 R3 的圆角，一般刀具不易加工到位，综合考虑效率问题，选择 ϕ12、ϕ6 平刀，ϕ6R3 球刀和 ϕ6 钻头进行加工。零件 2 各工序刀具及切削参数见表 7-2。

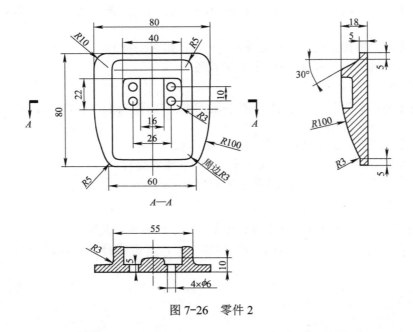

图 7-26　零件 2

表 7-2　零件 2 加工各工序刀具及切削参数

序　　号	加 工 部 位	刀　　具	主轴转速 / (r/min)	进给速度 / (mm/min)
1	二维轮廓加工、曲面开粗	ϕ12 立铣刀	粗 1900，精 2100	粗 1000，精 400
2	二维轮廓加工	ϕ6 立铣刀	粗 2800，精 3200	粗 800，精 400
3	钻孔	ϕ6 钻头	1200	40
4	曲面精加工	ϕ6R3 球刀	3500	2000

7.5　零件 2 的 CAD 建模

操作步骤如下：

1）按【Alt+F9】，打开【显示指针】。

2）单击【视图】—【右视图】，将屏幕视图切换到右视图。

3）单击【草图】—【圆角矩形】命令，输入宽度：80、高度：13，点选固定位置为【中上】，拾取指针位置单击确认，单击 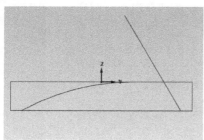 完成矩形绘制。

4）单击【连续线】命令，输入长度：50、角度：120，单击空格键弹出数值输入对话框，输入：【35，−13】，单击 完成直线绘制。

5）单击【切弧】命令，选择图形模式为【通过点切弧】，输入半径：100；绘图区左上角提示 选择一个圆弧将要与其相切的图形 ，选择矩形 80mm×13mm 的上边线；提示 指定相切点位置 ，单击键盘空格键输入经过点【−35，−13】，选择所需圆弧，单击 完成切弧绘制。结果如图 7-27 左图所示。

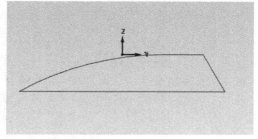

图 7-27　步骤 3）～ 6）图形结果

6）单击【修剪打断延伸】命令，选择模式：修剪，方式：分割／删除，将多余的线剪掉，单击 完成，结果如图 7-27 右图所示。

7）单击【视图】—【俯视图】，将屏幕视图切换到俯视图。单击绘图区下方【状态栏】的 Z: 0.00000 输入新的作图深度 −18，单击旁边的 3D 图标将绘图平面切换成 2D。

8）单击【圆角矩形】命令，输入宽度：80、高度：80，点选固定位置为【中心】，拾取指针位置单击确认，单击应用图标 ；输入宽度：16、高度：22，点选固定位置为【中下】，鼠标拾取指针位置单击确认；单击 完成矩形绘制。

9）单击【切弧】命令，输入半径：100；绘图区左上角提示 选择一个圆弧将要与其相切的图形 ，选择 80mm×80mm 矩形左边线， 指定相切点位置 ，单击键盘空格键输入经过点【−30，−40】，选择所需圆弧，单击应用图标 ；选择 80mm×80mm 矩形右边线，输入经过点【30，−40】，选择所需圆弧，单击 完成切弧绘制。结果如图 7-28 左所示。

10）单击【倒圆角】命令，分别输入半径 5、10，选择相对应角落进行倒角，单击 完成倒圆角。

11）单击【修剪打断延伸】命令，将多余的线剪掉，单击 完成，结果如图 7-28 右所示。

12）输入新的作图深度 Z: 0.00000 。单击【圆角矩形】命令，输入宽度：40、高度：22，点选固定位置为【中下】，鼠标拾取指针位置单击确认，单击 完成矩形绘制。

13）单击【倒圆角】命令，输入半径：3，选择相对应角落进行倒角，单击 完成倒圆角。

14）单击【已知点画圆】命令，输入直径：6，单击 锁定尺寸，分别单击空格键弹出数值输入对话框，输入圆心【−13，6】、【−13，16】、【13、6】、【13，16】；单击 完成圆的绘制。

15）单击【视图】—【等视图】，完成后的二维图形如图 7-29 所示。

16）单击【实体】—【拉伸】命令，选择 80mm×80mm 矩形，距离：5，单击 完成继续创建操作；选择图 7-27 右所示图形，点选【增加凸台】，距离：27.5，点选【两端同时延伸】，单击 完成所有拉伸。

17）单击【固定半倒圆角 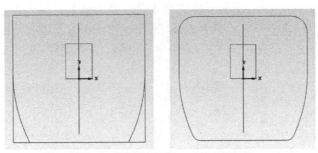】命令，选择两条30°斜边倒圆角 *R5*，选择实体弧面上表面边界倒圆角 *R3*，选择曲面底面边界倒圆角 *R3*，单击⊘完成倒圆角。

18）单击【层别】，操作管理器界面切换至图层界面，单击层别界面左上角的➕图标，创建新的图层【2】，输入层1名称：实体、层2名称：曲面。

图7-28　步骤8）～11）图形结果

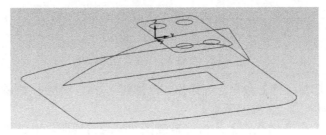

图7-29　零件2二维图形结果

19）依次单击【曲面】—【由实体生成曲面】命令，点选绘图区上方【选择工具栏】鼠标单击拾取模式为：选择实体面，单击去掉：选择主体；单击拾取图7-30所示曲面，按回车键完成选择，弹出【由实体生成曲面】对话框，生成图7-30所示曲面，单击⊘确定完成操作。

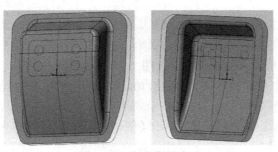

图7-30　生成曲面结果

20）单击【层别】界面，鼠标单击号码选项下：1，将图层切换至：1；单击【高亮】选项上隐藏图层2；结果为

号码	高亮	名称	图形	层别...
✓ 1	X	实体	31	
2		曲面	33	

。

21）单击【实体】—【拉伸】命令，选择40mm×22mm矩形；点选【切割主体】，方向【向下】，距离：14，去掉勾选【两端同时延伸】，单击⊘应用；选择16mm×22mm矩形，点选【增加凸台】，方向【向上】，距离：10，单击⊘完成所有拉伸。

22）单击【固定半倒圆角 】命令，选择16mm×22mm矩形相对应边界倒 *R3* 圆角，

单击 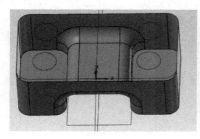 完成倒圆角。

23）单击【层别】，单击层别界面左上角的 ✚ 图标，创建新的图层【3】，输入层 3 名称：凹槽曲面。

24）单击【由实体生成曲面】命令，单击 40mm×22mm 矩形凹槽所有面，按回车键完成选择，弹出【由实体生成曲面】对话框，生成图 7-31 所示曲面，单击 确定完成操作。

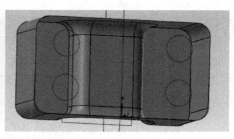

图 7-31　生成凹槽曲面

25）完成后的三维图形如图 7-32 所示。

图 7-32　零件 2 三维图形结果

注：

本例的实体没有绘制完整，其中 $\phi6$ 没有进行切割主体操作，是为了生成较完整曲面，可以在后面编程时优化刀具路径；绘制实体为了方便编程时方便操作者观察，二维轮廓对于编程已经足够。

7.6　零件 2 的刀具路径编辑

操作步骤如下：

1. 工作设定

1）单击【机床】—【铣床】—【默认】，弹出【刀路】选项卡。

2）鼠标左键双击【机床群组 -1】下的属性，单击【毛坯设置】弹出对话框，设置毛坯参数 X：81、Y：81、Z：18。

2. D12 粗加工

单击操作管理器上【刀具群组 -1】，鼠标停留在刀具群组 -1 上右击，依次选择【群组】—【重新名称】，输入刀具群组名称：D12 粗加工。

（1）凸台粗加工

1）依次单击【主页】—【消隐 ▾ 】命令，单击【实体】，单击 结束选择 ，隐藏主体。

2）单击切换至【层别】界面，单击图层 2【高亮】选项，显示图层 2 曲面。

3）单击 3D 功能区中的【挖槽】图标 挖槽 ，弹出输入新 NC 名称对话框，单击 ✓ 确定；绘图区左上角提示 选择加工曲面 ，鼠标窗选图层 2 曲面，单击 结束选择 ，弹出【刀路曲面选择】对话框；单击【切削范围】选项 ，弹出串连选项对话框，图形选择 80mm×80mm 矩形，单击 ✓ 确定返回刀路曲面选择对话框；单击 ✓ 确定，弹出参数设置对话框。

4）单击【刀具参数】选项，创建一把直径为 12mm，用于粗加工的平底刀。设置刀具属性，名称：D12 粗刀、进给速率：1000、主轴转速：1900、下刀速率：500。

5）单击【曲面参数】选项，设置加工面预留量 0.2、切削范围刀具位置：外，其余默认，设置结果如图 7-33 所示。

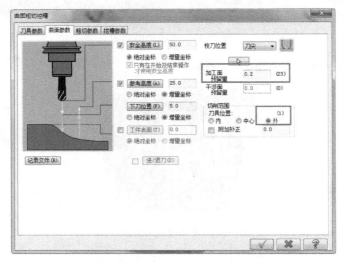

图 7-33　挖槽曲面参数设置

6）单击【粗切参数】选项，设置 Z 最大步进量：1、进刀选项勾选：由切削范围外下刀，其余默认。

7）单击【挖槽参数】选项，用户可以根据自己所需点选粗切方式，此处按其默认。

8）单击 ✓ 确定，生成图 7-34 所示刀具路径。

9）单击【仅显示已选择的刀路 ✿ 】。

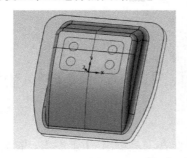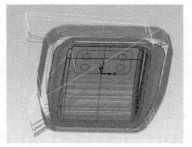

图 7-34　选择曲面及生成刀具路径结果

步骤（1）加工面只选择图层 2 的曲面，主要考虑如果全选图层 2、3 所有的曲面，φ12 平刀势必加工 40mm×22mm 矩形里面的曲面，而由于刀具直径大，R3 圆角部分余量会较多，还是需要走小刀重复加工，还不如省掉该工序，在后续工序中直接用小刀加工。

（2）外形粗加工

1）单击 2D 功能区中的【外形】图标 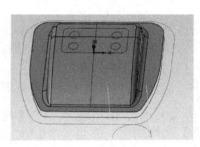，选择 80mm×80mm 矩形作为加工轮廓，单击 ✔ 确定，弹出【外形铣削】参数设置对话框。

2）单击【刀具】选项，选择【D12 粗刀】，在原刀具参数上修改进给速率：500，其余默认。

3）单击【切削参数】选项，壁边预留量 0.2。

4）单击【进 / 退刀设置】选项，不勾选：在封闭轮廓中点位置执行进 / 退刀、过切检查，进 / 退刀直线设置为：0，将其余默认或根据所需修改。

5）单击【共同参数】选项，设定参考高度：30.0（绝对坐标），进给下刀位置：3.0（增量坐标），工件表面：-13（绝对坐标），深度：-18（绝对坐标）。

6）单击【冷却液】选项，设定开启冷却液模式【On】。

7）单击 ✔ 确定，生成图 7-35 所示刀具路径。

图 7-35 外形粗加工刀具路径

3. D12 精加工

单击选择【机床群组 -1】，然后单击鼠标右键，依次选择【群组】—【新建刀路群组】，输入刀具群组名称：D12 精加工。

（1）凸台底面精加工

1）复制【1- 曲面粗切挖槽】到【D12 精加工】刀具群组下。

2）修改参数；【刀具参数】选项创建一把直径为 12mm、用于精加工的平底刀。设置刀具属性，名称：D12 精刀、进给速率：400、主轴转速：2100、下刀速率：200。

3）单击【曲面参数】选项，加工面预留量 0。

4）单击【粗切参数】选项，单击【切削深度】，点选：绝对坐标，设定最高位置：-13.0、最低位置：-13.0，勾选：自动调整加工面的预留量，其余参数均默认，如图 7-36 所示。

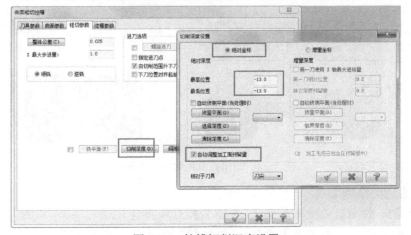

图 7-36 挖槽切削深度设置

5）单击【挖槽参数】选项，去掉勾选：精修，其余默认。

6）单击 ✓ 确定，弹出【警告】对话框，单击确定；单击操作管理器上的 ▶ 重新计算生，成图 7-37 所示新刀具路径。

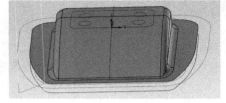

图 7-37 凸台底面精加工刀具路径

（2）外形精加工

1）复制【2- 外形铣削（2D）】到【D12 精加工】刀具群组下。

2）修改参数；【刀具】选项选择 D12 精刀；【切削参数】选项壁边预留量 0。

3）单击 ✓ 确定，单击操作管理器上的 ▶ 重新计算生成新刀具路径。

4．D6 加工

继续【新建刀路群组】，输入刀具群组名称：D6 加工。

（1）凹槽粗加工

1）单击切换至【层别】界面，单击【高亮】选项，显示图层 3、隐藏图层 2。

2）单击 3D 功能区中的【挖槽】图标 ，绘图区左上角提示 选择加工曲面 ，鼠标【窗选】选择图层 3 曲面，单击 ⊘ 结束选择 ，弹出【刀路曲面选择】对话框；单击【切削范围】选项 ↳ ，弹出串连选项对话框，图形选择 22mm×40mm 矩形，单击 ✓ 确定返回刀路曲面选择对话框；单击 ✓ 确定，弹出参数设置对话框。

3）单击【刀具参数】选项，创建一把直径为 6mm、用于粗加工的平底刀。设置刀具属性，名称：D6 粗刀、进给速率：800、主轴转速：2800、下刀速率：400。

4）单击【曲面参数】选项，设置安全高度：30、加工面预留量 0.2、切削范围刀具位置：内，其余默认。

5）单击【粗切参数】选项，设置 Z 最大步进量：1、进刀选项勾选：螺旋进刀、不勾选：由切削范围外下刀；单击【切削深度】，点选：绝对坐标，设定最高位置：0、最低位置：-14.0，其余参数均默认。

6）单击【挖槽参数】选项，点选：等距环切、不勾选：精修，其余默认。

7）单击 ✓ 确定，弹出【警告】对话框，单击确定；生成图 7-38 所示刀具路径。

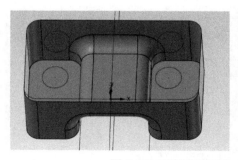

图 7-38 凹槽曲面及生成刀具路径

（2）凹槽底面精加工

1）复制【5- 曲面粗切挖槽】到【D6 加工】刀具群组下。

2）修改参数；【刀具参数】选项，选择【D6 粗刀】，在原刀具参数上修改主轴转速

3200、进给速率：400

3）单击【曲面参数】选项，加工面预留量 0。

4）单击【粗切参数】选项，单击【切削深度】，绝对坐标设定最高位置：-14、最低位置：-14。

5）单击 ✓ 确定，弹出【警告】对话框，单击确定；单击操作管理器上的 ▶ 重新计算，生成图 7-39 所示新刀具路径。

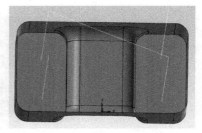

图 7-39　凹槽底面精加工刀具路径

5. D6R3 曲面精加工

继续【新建刀路群组】，输入刀具群组名称：D6R3 曲面精加工。

（1）凹槽曲面精加工

1）单击 3D 功能区中的【流线】图标 ，鼠标选择凹槽 R3 曲面，如图 7-40 所示，单击 结束选择 ，弹出【刀路曲面选择】对话框；单击 ✓ 确定，弹出曲面精修流线参数设置对话框。

2）单击【刀具参数】选项，创建一把直径为 6mm 的球刀。设置刀具属性，名称：D6R3 球刀、进给速率：2000、主轴转速：4500、下刀速率：500。

3）单击【曲面流线精修参数】选项，设置截断方向控制点选：距离，输入：0.2，其余默认。

4）单击 ✓ 确定，弹出【曲面流线设置】对话框；单击【切削方向】，设置成如图 7-40 左所示刀路预览，单击 ✓ 确定，生成图 7-40 右所示刀具路径。

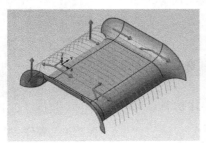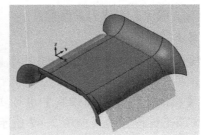

图 7-40　曲面流线设置及生成刀具路径

（2）凸台精加工

1）单击切换至【层别】界面，单击【高亮】选项，显示图层 2、隐藏图层 3。

2）单击 3D 功能区中的【精切—平行】图标 ，绘图区左上角提示 选择加工曲面 ，鼠标选择图 7-41 左所示曲面，单击 结束选择 ，弹出【刀路曲面选择】对话框；单击 ✓ 确定，弹出参数设置对话框。

3）单击【刀具】选项，选择【D6R3 球刀】。

4）单击【毛坯预留量】选项，设置壁边、底面预留量：0。

5）单击【切削参数】选项，设置切削间距：0.2，其余默认。

6）单击【陡斜/浅滩】选项，勾选：使用 Z 轴深度，设置最高位置：0、最低位置：-13。

7）单击【冷却液】选项，设定开启冷却液模式【On】。

8）单击 ✓ 确定，生成图 7-41 右图所示刀具路径。

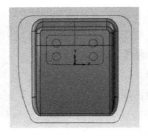

图 7-41　凸台曲面及生成刀具路径

6. D6 钻孔

继续【新建刀路群组】，输入刀具群组名称：D6 钻孔。

1）单击 2D 功能区中的【钻孔】图标钻孔，弹出【选择孔位置】对话框，单击 选择图形 ，依次选择 4 个 ϕ6mm 的圆，单击 结束选择 ，单击 ✓ 确定，弹出【钻孔】参数设置对话框。

2）单击【刀具】选项，创建一把直径为 6mm 的钻头。设置刀具属性，名称：D6 钻头、进给速率：40、主轴转速：1200、下刀速率：20。

3）单击【切削参数】选项，循环方式选择【深孔啄钻（G83）】，Peck（啄食量）设置：2，其余默认。

4）单击【共同参数】选项，设定参考高度：30.0（绝对坐标），工件表面：-13（绝对坐标），深度：-20（绝对坐标）。

5）单击【冷却液】选项，设定开启冷却液模式【On】。

6）单击 ✓ 确定，生成刀具路径。

7. 实体仿真

1）单击操作管理器上的【机床群组-1】，选中所有的刀具路径。

2）单击【机床】—【实体仿真】进行实体仿真，单击 ▶ 播放，仿真加工过程和结果如图 7-42 所示。

图 7-42　零件 2 实体切削验证

8. 保存

单击选项卡上【文件】—【保存】，将本例保存为【7-2.mcam】文档。

注:

本例的主要特点是通过打开或关闭图层来显示或者隐藏曲面，从而方便曲面选择。

本例马鞍形面的精加工采用了平行铣削的方式，采用等高轮廓或者其他方式都不够好，有兴趣的读者可以自己验证一下。

此外，本例的工件设定只是理想状态，没有考虑零件的装夹问题，实际考证过程常用毛坯厚度30mm 的材料，加工正面即为合格。在实际生产中，30mm 厚的毛坯显然是一种浪费，由于底部厚度只有 5mm，装夹上存在一定困难，可能会用到专用夹具来正反双面加工，这一点请读者思考。

7.7　零件 3 的工艺分析

技术要求：

1）以小批量生产编程。

2）未注公差尺寸按 GB/T 1804—m。

毛坯尺寸：120mm×100mm×30mm。

本例的特点是建模较为复杂，特别是两个扇形浅平面挖空部分，刀具路径编辑上主要考虑较窄空间内是否能够下刀，如果选用直径 ϕ 8mm 以上平刀，ϕ 104mm 圆弧底面与周边空间较窄，不易下刀；另外，也需要用到补面来控制加工过程，图 7-43 中两个 60°圆弧形槽直接采用成形刀具走直线较好。综合考虑工艺复杂性和工作效率，选择 ϕ 16mm、ϕ 8mm、ϕ 5mm 平刀，ϕ 6R3mm 球刀加工。零件 3 各工序刀具及切削参数见表 7-3。

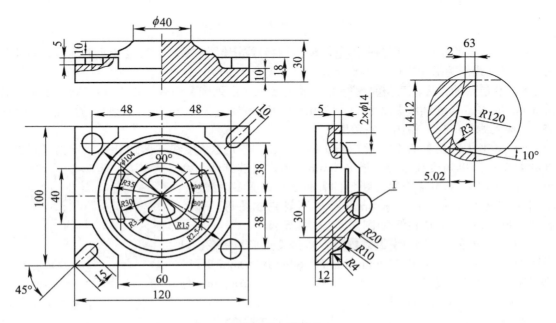

图 7-43　零件 3

表 7-3　零件 3 加工各工序刀具及切削参数

序　号	加 工 部 位	刀　具	主轴转速 /（r/min）	进给速度 /（mm/min）
1	二维轮廓加工、曲面加工	ϕ 16 立铣刀	粗 1500，精 1900	粗 1000，精 600
2	二维轮廓加工、曲面加工	ϕ 8 立铣刀	粗 2800，精 3200	粗 1000，精 400
3	二维轮廓加工、曲面加工	ϕ 5 立铣刀	粗 3000，精 3500	粗 400，精 200
4	曲面精加工	ϕ 6R3 球刀	3500	2000

7.8　零件 3 的 CAD 建模

操作步骤如下：

1）按【Alt+F9】，打开【显示指针】。

2）单击【已知点画圆】命令，输入直径：30，鼠标拾取指针位置单击确认；单击【连续线】命令，选择【指针】为起始点，分别输入角度：45°、135°、225°、315°，输入线长：20，绘图 4 条角度线；单击【修剪打断延伸】命令，将多余的线剪掉，完成图形如图 7-44 所示。

3）同理，作圆 ϕ 65mm；分别以角度 30°、150°、210°、330°，线长：40，作 4 条

角度线；修剪多余的线段；完成两侧 R32.5mm 的圆弧，如图 7-44 左所示。

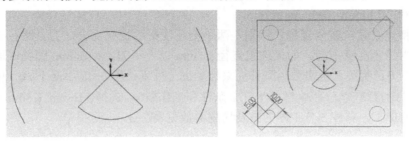

图 7-44 步骤 2）～ 6）模型

4）设定新的作图深度 `Z: -30.00000`，单击切换成 `2D` 绘图模式；单击【矩形】命令，以指针为中心点方式作矩形 120mm×100mm。

5）设定新的作图深度 `Z: -12.00000`；单击【已知点画圆】命令，以 X-48 Y38 为圆心，作圆 φ14mm；单击【连续线】命令，以 120mm×100mm 矩形左下角交点为起始位置，输入角度：45°，输入线长：15，做出 1 条角度线。

6）单击【补正】命令，设定补正距离：5，将上述角度线往两边补正；单击【已知点画圆】命令，以角度线末点作圆 φ10mm；单击【连续线】命令，封闭图形；单击【修剪打断延伸】命令，修剪多余线段；单击【旋转】命令，选择 φ14mm 圆与修剪完成图形，输入旋转角度 180°；完成图形如图 7-44 右图所示。

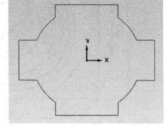

图 7-45 步骤 7）模型

7）设定新的作图深度 `Z: -20.00000`；单击【矩形】命令，以指针为中心点方式分别作 130mm×40mm、60mm×110mm 矩形；单击【已知点画圆】命令，以指针为圆心，作圆 φ104mm；修剪多余线段，完成图形如图 7-45 所示。

8）将视图切换到【前视图】，设定作图深度 `Z: 0.00000`；单击【圆角矩形】命令，以指针为基点方式作矩形 50mm×20mm，点的位置点选【左上】；单击【已知点画圆】命令，以点 X30 Y-18 为圆心作圆 φ20mm；单击【切弧】命令，选择模式：通过点切弧，圆弧将要相切的图形选择 φ20mm 圆，输入经过点：X20 Y0，选择所要的圆弧，输入半径：20，单击应用 ；同理，选择模式：两物体切弧，分别选择 φ20mm 圆和 50mm×20mm 矩形下边线，选择所要的圆弧，输入半径 R4；修剪各处，完成图形如图 7-46 左图所示。

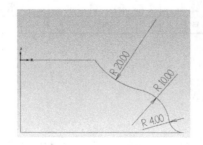 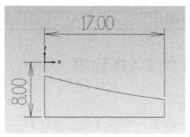

图 7-46 步骤 8）、9）模型

9）单击【两点画弧】命令，输入第一点 X0 Y-2，第二点 X14.12 Y-5.02，选择所要的圆弧，输入半径 R120；单击【圆角矩形】命令，以指针为基点方式作矩形 17mm×8mm，点的位置点选【左上】；修剪延伸各处，完成图形如图 7-46 右图所示。

10）单击【等视图】命令，完成的二维图形如图 7-47 所示。

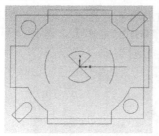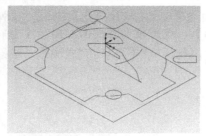

图 7-47　完成的二维图形结果

11）单击【实体】—【拉伸】命令，选择 120mm×100mm 矩形，方向【向上】，距离：18，单击◎完成继续创建操作；选择图 7-45 图形，点选【切割主体】，单击◎完成继续创建操作；选择两个 φ14mm 圆和两处封闭半圆槽形图形，距离：5，方向【向下】，单击◎完成拉伸。

12）单击【实体】—【旋转】命令，选择图 7-46 左图形，旋转轴选择 Z 轴；点选：增加凸台；单击◎完成旋转。

13）单击【拉伸】命令，选择图 7-43 单个扇形，距离：6；单击实体拉伸对话框【高级】选项，勾选：拔模、输入角度：10，单击应用◎；选择另一个扇形，单击◎完成拉伸。

14）单击【旋转】命令，选择图 7-46 右图形，旋转轴选择 Z 轴；点选：增加凸台；单击◎完成旋转。

15）单击【固定半倒圆角  】命令，弹按图样要求选择扇形内部各边倒圆角 R3。最终效果如图 7-48 所示。

图 7-48　零件 3 的 CAD 建模

7.9　零件 3 的刀具路径编辑

操作步骤如下：

1．工作设定

1）单击【机床】—【铣床】—【默认】，弹出【刀路】选项卡。

2）双击【机床群组-1】下的属性，单击【毛坯设置】弹出对话框，设置毛坯参数 X：120、Y：100、Z：30。

2．D16

单击操作管理器上【刀具群组-1】，鼠标停留在刀具群组-1 上单击右键，依次选择【群组】—【重新名称】，输入刀具群组名称：D16。

（1）曲面粗加工-1

1）依次单击【曲面】—【由实体生成曲面】命令，点选绘图区上方【选择工具栏】鼠标单击拾取模式为：选择实体面，单击去掉：选择主体；单击拾取图 7-46 左图形旋转实体表面，按回车键完成选择，弹出【由实体生成曲面】对话框，生成图 7-49 左图所示曲面，单击 ✅ 确定完成操作。

2）单击曲面选项中的【填补内孔】图标 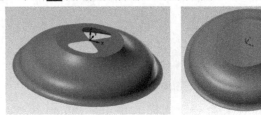，弹出填补内孔对话框；绘图区左上角提示【选择曲面或实体面】，选择扇形孔曲面；提示【选择要填补内孔边界】，选择扇形边界；勾选对话框上：填补所有内孔，单击 ✅ 确定完成操作。结果如图 7-49 右图所示。

图 7-49　生成曲面及补面结果

注：

本例的补面是为了后续的加工考虑的。通过补面，可以改变加工工艺，优化刀具路径，读者可以在后续刀具路径编辑中加深体会。

3）单击 3D 功能区中的【挖槽】图标 ，弹出输入新 NC 名称对话框，单击 ✅ 确定；绘图区左上角提示 选择加工曲面，选择图 7-49 右图所示曲面，单击 结束选择，弹出【刀路曲面选择】对话框；单击【切削范围】选项 ，弹出串连选项对话框，图形选择 120mm×100mm 矩形，单击 ✅ 确定返回刀路曲面选择对话框；单击 ✅ 确定，弹出参数设置对话框。

4）单击【刀具参数】选项，创建一把直径为 16mm 的平底刀，设置刀具属性，名称：D16、进给速率：1000、主轴转速：1500、下刀速率：500。

5）单击【曲面参数】选项，设置加工面预留量 0.2、切削范围刀具位置：中心，其余默认。

6）单击【粗切参数】选项，设置 Z 最大步进量：1、进刀选项勾选：由切削范围外下刀；单击【切削深度】，点选：绝对坐标，设定最高位置：0、最低位置：-11.8，勾选：自动调整加工面的预留量，其余参数均默认，如图 7-50 所示。

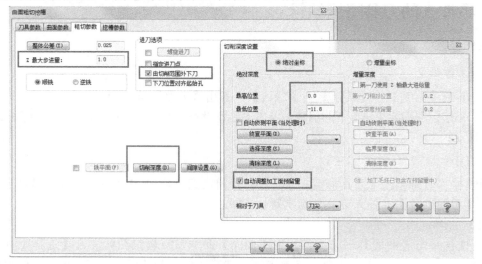

图 7-50　切削深度设置

286

7）单击【挖槽参数】选项，点选【等距环切】，不勾选：由内而外环切、精修，其余默认。

8）单击 ✓ 确定，弹出【警告】对话框，单击确定；生成图 7-51 所示刀具路径。

9）单击【仅显示已选择的刀路 🐟】。

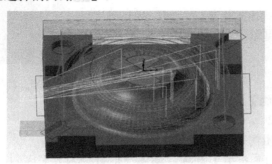

图 7-51　生成刀具路径结果

注：

步骤（1）加工面包括了补面，主要有两个考虑：①如果所选为图 7-49 左所示未补面曲面，φ16 平刀势必加工扇形孔里面的曲面，而由于刀具直径大，R3 圆角部分余量会较多，需要走小刀重复加工，还不如省掉该工序，在后续工序中直接用小刀加工；②如果不选所有的曲面，仅仅选择需要加工的面，那么曲面中间镂空，挖槽会直接挖空，那么零件已经错误。所以补面可以有效地改善工艺路线，控制加工过程，优化刀具路径。

（2）凸台底面精加工 -1

1）复制【1- 曲面粗切挖槽】到【D16】刀具群组下。

2）修改参数；【刀具参数】选项，在原刀具参数上修改进给速率：600、主轴转速：1900。如图 7-52 所示。

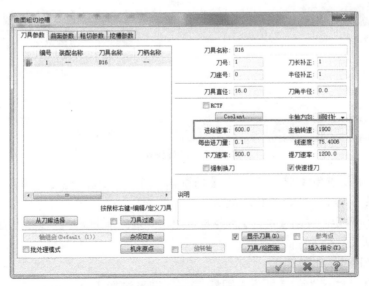

图 7-52　修改刀具参数

3）单击【曲面参数】选项，加工面预留量 0。

4）单击【粗切参数】选项，单击【切削深度】，点选：绝对坐标，设定最高位置：-12、最低位置：-12，其余参数均默认。

5）单击 ✓ 确定，弹出【警告】对话框，单击确定；单击操作管理器上的 ▶ 重新计算，生成图 7-53 所示新刀具路径。

图 7-53　凸台底面精加工 -1 刀具路径

3．D8

继续【新建刀路群组】，输入刀具群组名称：D8。

（1）曲面粗加工 -2

1）复制【1- 曲面粗切挖槽】到【D8】刀具群组下。

2）修改参数；【刀具参数】选项，创建一把直径为 8 平底刀，设置刀具属性，名称：D8、进给速率：1000、主轴转速：2800、下刀速率：500。

3）单击【曲面参数】选项，单击 ▭ ，弹出【刀路曲面选择】对话框；单击【切削范围】选项 ⊗ 删除已选轮廓，单击 ▭ 弹出串连选项对话框，图形选择图 7-45 所示图形，单击 ✓ 确定返回刀路曲面选择对话框；单击 ✓ 确定，返回参数设置对话框。设置切削范围刀具位置：内，其余默认，如图 7-54 所示。

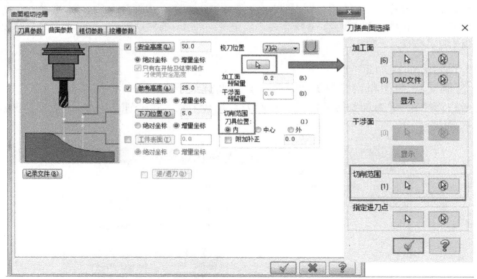

图 7-54　曲面参数设置

4）单击【粗切参数】选项，单击【切削深度】，点选：绝对坐标，设定最高位置：-12、最低位置：-19.8，其余参数均默认。

5）单击 ✓ 确定，弹出【警告】对话框，单击确定；单击操作管理器上的 ▶ 重新计算，生成图 7-55 所示新刀具路径。

（2）两个 φ14mm 孔粗加工

1）单击 2D 功能区中的【外形】图标 ，图形选择两个 φ14mm 孔，单击 ✓ 确定，弹出【外形铣削】参数设置对话框。

2）单击【刀具】选项，选择【D8】，在原刀具参数上修改进给速率：400、下刀速率：

200，其余默认。

3）单击【切削参数】选项，设置外形铣削方式【斜插】、斜插方式：深度、斜插深度：3、勾选【在最终深度处补平】，壁边、底边预留量 0.2。

4）单击【进/退刀设置】选项，不勾选：进/退刀设置。

5）单击【共同参数】选项，设定参考高度：30.0（绝对坐标），进给下刀位置：3.0（增量坐标），工件表面：-12（绝对坐标），深度：-17（绝对坐标）。

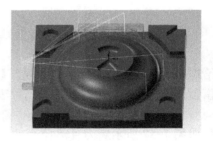

图 7-55　生成刀具路径

6）单击【冷却液】选项，设定开启冷却液模式【On】。

7）单击 ✅ 确定，生成图 7-56 右所示新刀具路径。

（3）半圆槽粗加工

1）单击【外形】图标 ⬛，点选 ⬭，图形选择两个半圆槽，如图 7-56 左所示，单击 ✅ 确定，弹出【外形铣削】参数设置对话框。

2）单击【刀具】选项，选择【D8】。

3）单击【切削参数】选项，设置外形铣削方式【2D】、壁边、底边预留量 0.2。

4）单击【Z 分层切削】选项，勾选深度分层切削，输入最大粗切深度：2.5，精修量：0，勾选：不提刀，其余默认。

5）单击【进/退刀设置】选项，勾选：进/退刀设置；不勾选：在封闭轮廓中点位置执行进/退刀、过切检查，进/退刀圆弧设置为：0，将其余默认或根据所需修改。

6）单击【共同参数】选项，设定参考高度：30.0（绝对坐标），进给下刀位置：3.0（增量坐标），工件表面：-12（绝对坐标），深度：-17（绝对坐标）。

7）单击 ✅ 确定，生成图 7-56 右所示新刀具路径。

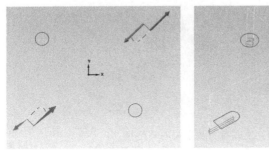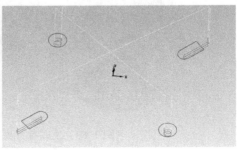

图 7-56　半圆槽轮廓选择及生成粗加工刀具路径

（4）凸台底面精加工 -2

1）复制【3- 曲面粗切挖槽】到【D8】刀具群组下。

2）修改参数；【刀具参数】选项，在原刀具参数上修改进给速率：400、主轴转速：3200。

3）单击【曲面参数】选项，加工面预留量 0。

4）单击【粗切参数】选项，单击【切削深度】，点选：绝对坐标，设定最高位置：-20、最低位置：-20，其余参数均默认。

5）单击 ✅ 确定，弹出【警告】对话框，单击确定；单击操作管理器上的 ▶ 重新计算，生成图 7-57 所示新刀具路径。

（5）两个 φ14mm 孔精加工

1）复制【4- 外形铣削（斜插）】到【D8】刀具群组下。

2）修改参数；【刀具】选项，在原刀具参数上修改进
给速率：400、主轴转速：3200；【切削参数】选项壁边预
留量 0；【共同参数】选项，工件表面：-16。

3）单击 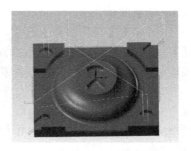 确定，单击操作管理器上的 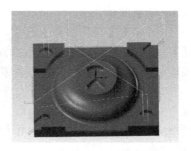 重新计算，
生成图 7-57 所示新刀具路径。

（6）半圆槽精加工

图 7-57   生成刀具路径

1）复制【5- 外形铣削（2D）】到【D8】刀具群组下。

2）修改参数；【刀具】选项，在原刀具参数上修改进给速率：400、主轴转速：3200；【切
削参数】选项壁边预留量 0；【Z 分层切削】选项，不勾选：深度分层切削；【共同参数】选项，
工件表面：-16。

3）单击 确定，单击操作管理器上的 重新计算，生成图 7-57 所示新刀具路径。

4．D5

继续【新建刀路群组】，输入刀具群组名称：D5。

（1）扇形曲面粗加工 -1

1）依次单击【主页】—【 消隐 ▾ 】命令，绘图区左上角提示【选择图形】，拾取绘图
区上所有曲面，单击 。

2）依次单击【曲面】—【由实体生成曲面】命令，单击拾取扇形孔内所有表面，单
击 确定完成操作。

3）单击 消隐 ▾ 命令，隐藏【实体】，结果如图 7-58 左所示。

图 7-58   生成曲面及生成刀具路径

4）单击 3D 功能区中的【挖槽】图标 ，选择图 7-58 左图形中其中一组扇形曲面，
单击 ，弹出【刀路曲面选择】对话框；单击【切削范围】选项 ，弹出串连选项
对话框，图形选择相对应扇形轮廓线，单击 确定返回刀路曲面选择对话框；单击
确定，弹出参数设置对话框。

5）单击【刀具参数】选项，创建一把直径为 5mm 的平底刀，设置刀具属性，名称：
D5、进给速率：400、主轴转速：3000、下刀速率：200。

6）单击【曲面参数】选项，设置加工面预留量 0.2、切削范围刀具位置：内，其余默认。

7）单击【粗切参数】选项，设置 Z 最大步进量：0.5、进刀选项勾选：螺旋下刀、不勾
选：由切削范围外下刀；单击【切削深度】，点选：增量坐标，其余默认。

8）单击  确定，弹出【警告】对话框，单击确定；生成图 7-58 右所示刀具路径。

（2）扇形曲面粗加工 -2

1）单击 3D 功能区中的【挖槽】图标 ，选择图 7-58 左图形中另一组扇形曲面，单击 ，弹出【刀路曲面选择】对话框；单击【切削范围】选项 ，弹出串连选项对话框，图形选择相对应扇形轮廓线，单击 确定返回刀路曲面选择对话框；单击 确定，弹出参数设置对话框。

2）单击 确定，弹出【警告】对话框，单击确定；生成图 7-58 右所示刀具路径。

（3）R2.5mm 凹槽加工

1）单击 2D 功能区中的【外形】图标 ，点选 ，图形选择两条 R32.5 的圆弧，单击 确定，弹出【外形铣削】参数设置对话框。

2）单击【刀具】选项，选择【D5】。

3）单击【切削参数】选项，设置补正方式：关、外形铣削方式【斜插】、斜插方式：深度、斜插深度：0.5、勾选【在最终深度处补平】，壁边、底边预留量 0。

4）单击【进 / 退刀设置】选项，不勾选：进 / 退刀设置。

5）单击【共同参数】选项，设定参考高度：30.0（绝对坐标），进给下刀位置：3.0（增量坐标），工件表面：-7.5（绝对坐标），深度：-10（绝对坐标）。

6）单击 确定，生成图 7-59 所示刀具路径。

图 7-59 加工轮廓选择及生成刀具路径

5．D6R3

继续【新建刀路群组】，输入刀具群组名称：D6R3。

（1）扇形曲面精加工 -1

1）单击 3D 功能区中的【环绕】图标 ，选择一组扇形曲面，单击 ，弹出【刀路曲面选择】对话框；单击【切削范围】选项 ，弹出串连选项对话框，图形选择相对应扇形轮廓线，单击 确定返回刀路曲面选择对话框；单击 确定，弹出参数设置对话框。

2）单击【刀具】选项，创建一把直径为 6mm 的球刀。设置刀具属性，名称：D6R3、进给速率：200、主轴转速：4500、下刀速率：100。

3）单击【毛坯预留量】选项，设置壁边、底面预留量：0。

4）单击【切削参数】选项，设置切削间距：0.2，其余默认。

5）单击【刀具控制】选项，补正点选：内部。

6）单击【冷却液】选项，设定开启冷却液模式【On】。

7）单击 ✅ 确定，生成图7-60所示刀具路径。

（2）扇形曲面精加工 -2

1）单击3D功能区中的【环绕】图标 ，选择另一组扇形曲面，单击 ⬭结束选择，弹出【刀路曲面选择】对话框；单击【切削范围】选项 ▶，弹出串连选项对话框，图形选择相对应扇形轮廓线，单击 ✅ 确定返回刀路曲面选择对话框；单击 ✅ 确定，弹出参数设置对话框。

图7-60　扇形曲面生成刀具路径

2）单击 ✅ 确定，生成图7-60所示刀具路径。

（3）凸台曲面精加工

1）单击【已知点画圆】命令，以指针为圆心，作圆φ40mm。

2）单击2D功能区中的【2D扫描】图标 2D扫描，弹出串连选项对话框，绘图区左上角提示 扫描:定义 断面外形 ，点选【部分串连 ◯◯】，鼠标拾取图7-61左所示线段；绘图区左上角提示 扫描:定义 引导外形 ，拾取上一步骤绘制的圆φ40mm，按回车键确定，单击 ✅ 确定；绘图区左上角提示【输入引导方向和截面方向的交点 】，拾取两段轮廓交点，如图7-61左所示，弹出参数设置对话框。

3）单击【刀具参数】选项，选择【D6R3】，修改进给速率：2000、下刀速率：500。

4）单击【2D扫描参数】选项，设置截断方向切削量：0.2，其余默认。

5）单击 ✅ 确定，生成图7-61右所示刀具路径。

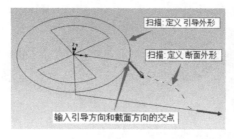

图7-61　2D扫描图形选择及生成刀具路径

6. 实体仿真

1）单击操作管理器上的【机床群组 -1】，选中所有的刀具路径。

2）单击【机床】—【实体仿真】进行实体仿真，单击 ▶ 播放，仿真加工过程和结果如图7-62所示。

图7-62　零件3实体切削验证

7. 保存

单击选项卡上【文件】—【保存】，将本例保存为【7-3.mcam】文档。

> **注:**
>
> 本例是前面几种建模和加工方法的综合运用。需要指出的是，一般情况下，CAD 曲面建模在实体阶段导圆角，能够用二维外形铣削加工的则在二维线框阶段导圆角。

本 章 小 结

本章是前 6 章的综合运用，从建模到加工是一个完整的过程，最终目的是加工出符合图样要求的零件。从零件模型特征来讲，大部分都是二维直线、平面和三维曲面的混合体，模具、汽车行业，零件三维曲面特征多一些；其他机械行业，零件的二维直线、平面特征多一些。这就要求加工人员要充分考虑零件特征，寻找合理而有效的建模和加工方法。

附 录

附录A   Mastercam 2017 命令解说一览表

主菜单说明

Analyze（分析）	分析并显示屏幕上图素的有关信息
Create（绘图）	绘制图素，建立 2D、3D 几何模型并完成工程作图
File（档案）	与文件有关的操作，包括文件的查询、存取、编辑、浏览、打印、图形文件的转换、NC 程序的传输等
Modify（修整）	修改几何图形，包括倒圆、修整、打断、连接、延伸、改变曲面法向、动态移位等
Xform（转换）	对图素或图素群组作图形变换，包括镜像、旋转、平移、单体补正、串连补正等
Delete（删除）	删除图形或恢复图形
Screen（屏幕）	改变屏幕上图素的显示属性
Solids（实体）	生成实体模型，包括用挤出、旋转、扫掠、举升、倒圆角、倒角、薄壳、牵引、修整及布尔运算方法生成实体，以及实体管理
Toolpaths（刀具路径）	生成 2D、3D 的刀具路径和 NC 程序，包括处理二维外形铣削、钻孔等点位加工、带岛的挖槽加工、单曲面加工、多重曲面加工、投影曲面铣削、线框模型处理 3D 加工以及操作管理、工作设定等
NC utils（公用管理）	包括实体验证、路径模拟、批处理加工、程序过滤、后处理、加工报表、定义操作、定义刀具、定义材料等

辅助菜单说明

Z（Z 值）	设置工作深度 Z 值
Color（作图颜色）	设定绘制图形的颜色
Level（作图层别）	设定绘制图形的图层
Attribute（图素属性）	设置绘制图形的颜色、层别、线型、线宽、点的形式等属性及对各种类型图素的属性管理
Groups（群组设定）	将多个图素定义为一群组
Mask（限定层）	限定图层即设定系统认得出的图层，例如限定某一层，则绘制在该层的图素才能被选择，完成诸如分析、删除等操作；设置 OFF，则系统可以认得出任何一个图层的图素
WCS（世界坐标系）	设置系统视角管理，常用在图形文件转换时。当有些构图面和视角与 Mastercam 软件不兼容时，可将其图素转正
Plane（刀具平面）	设定表示数控机床坐标系的二维平面
C Plane（构图平面）	建立工作坐标系，包括建立空间绘图、俯视图、主视图、侧视图、视角号码、名称视角、图素定面、旋转定面、法线面等
Gview（视角）	设定图形观察视角

294

构图平面说明

3d	3D 空间绘图
Top	俯视面
Front	主视面
Side	侧视面
Number	视角号码，1～8 为系统默认，9 以上为用户新设定
Named	依系统视角管理中的 WCS 定面
Entity	图素定面，可以选一个圆弧、二条线段、三个点或实体平面来定面
Rotate	旋转定面，当前平面绕着坐标轴旋转产生新的构图面
Last	前一次选择的面
Normal	法线面，选择一条线段作为构图面的法向矢量
=Gview	同视角 Gview 设定的面相同
=Tplane	同刀具平面 Tplane 设定的面相同
+xz	适于车床，以半径计 X 轴
-xz	适于车床，以半径计 X 轴，X 轴反置
+dz	适于车床，以直径计 X 轴
-dz	适于车床，以直径计 X 轴，X 轴反置

图形视角说明

Top	俯视图
Front	主视图
Side	侧视图
Isometric	等角视图
Number	根据视角号码来确定视角
Named	依系统视角管理确定视角
Entity	图素定面
Rotate	旋转定视角
Dynamic	动态视角，可以动态旋转、缩放、平移和任意改变视角
Last	前一次选择的视角
Mouse	鼠标定视角，可以旋转、缩放、平移和任意改变视角
Normal	法线定视角
=Cplane	以构图面设定的面作为视角
=Tplane	以刀具平面设定的面作为视角

Create 绘图命令（一）

Point（点）	Origin	原点（0，0）		
	Center	一圆弧的圆心点		
	Endpoint	一图素的端点		
	Intersec	两图素的交点		
	Midpoint	一图素的中点		
	Point	已存在点		
	Last	前一次操作点		
	Relative	对某一已知点的相对点	Rectang	直角坐标方式
			Polar	极坐标方式
	Quadrant	圆四分之一处的点		
	Sketch	任意点		

（续）

Point（点）	Position（指定位置）		生成指定位置上的点
	Along ent（等分绘点）		沿着一个图素，生成一系列等距离的点
	Node pts（曲线节点）		生成参数样条曲线（Parametric Spline）的节点
	Cpts NBS（控制点）		生成非均匀 B 样条曲线（NURBS）的控制点
	Dynamic（动态绘点）		沿着一个图素，使用选点设备，动态生成一系列点
	Length（指定长度）		沿着一个图素，与端点一定距离生成一个点
	Slice（剖切点）		生成一平面与不共面的线、弧、样条曲线间的交点
	Srf project（投影至面）		生成投影到曲面上的投影点（沿着曲面法向或垂直于构图平面投影）或生成通过投影点沿着曲面法向及给定长度的一矢量线
	Prep/Dist（法向 / 距离）		生成与一直线、圆弧或曲线法线上的相距给定距离的点
	Grid（网格点）		生成一系列网状点
	Bolt circle（圆周点）		生成分布在一圆弧上的等分点
	Small arcs（小弧圆心）		生成小于给定半径的圆弧的圆心点
Line（线段）	Horizontal（水平线）		生成与 X 轴平行的线
	Vertical（垂直线）		生成与 Y 轴平行的线
	Endpoint（两点画线）		生成通过两点的线
	Multi（连续线）		生成通过一组点的折线
	Polar（极坐标线）		给一任意点、角度及长度
	Tangent（切线）	Angle	给一个角度和长度，与一曲线相切的线
		2 Arcs	与两圆弧相切的线
		Point	通过一点，与一曲线平行的线
	PeRpendclr（法线）	Point	通过一点，与一曲线垂直的线
		Arc	与一直线垂直，与一圆弧相切的线
	ParalleL（平行线：与一直线平行）	Slide/dist	给出方向和距离
		Point	给出一点，平行线通过该点
		Arc	与一圆弧相切
	Bisect（分角线）		生成两线的角平分线
	Closest（连近距线）		在两曲线之间，生成一条最短距离的线
Arc（圆弧）	Polar（极坐标）	Ctr point	给出圆心点、半径值、起始角度值、终止角度值，绘制圆弧
		SKetch	给出圆心点、半径值，用鼠标选取起始角度和终止的位置生成圆或圆弧
		Strt point	给出起始点及半径值、起始角值、终止角值，生成圆或圆弧
		End point	给出终止点及半径值、起始角值、终止角值，生成圆或圆弧
	Endpoint（两点画弧）		给出两端点及半径值，生成四个圆弧，选中其中一个
	3 Points（三点画弧）		通过给出的三点，生成圆弧
	Tangent（切弧）	1 entity	与一图素相切，给出一点（近切点）和半径，生成四个半圆，选中其中一个
		2 entities	与两图素相切，给出半径，生成一整圆
		3 entities	与三个图素相切，生成一切弧
		Ctr line	与两条相交直线中的一条直线相切，另一条直线通过圆心，给出半径，生成两整圆，选中其中一个
		Point	通过一点，与一图素相切，给出半径，生成四个圆弧，选中其中一个

（续）

		Tangent（切弧）	Dynamic	与一图素相切，动态给出其相切点，并动态生成一圆弧
Arc（圆弧）		2pt cir（两点画圆）		给定两点为一直径，生成一个圆
		3pt cir（三点画圆）		通过给定三点，生成一个圆
		pt Rad cir（点半径圆）		给出圆心、半径，生成一个圆
		pt Dia cir（点直径圆）		给出圆心、直径，生成一个圆
		pt edG cir（点边界圆）		给出圆心和圆上一点，生成一个圆
Fillet（倒圆角）	对两个图素作倒圆角处理			
	选择参数	Radius		半径值
		Angle<180	L	生成的圆弧小于180°
			F	生成一整圆
		Trim Y/N		是否修整掉多余的
		Chain		对一封闭图形的每一个转角处倒圆角
		CW/CCW（连续倒圆的串连方式）	P	只倒出逆时针方向的圆角
			N	只倒出顺时针方向的圆角
			A	所有方向都倒圆角
Spline（样条曲线）	选择参数	Type P/N（曲线形式）		参数式样条曲线/非均匀有理B样条曲线
		Manual（手动）		手动输入一组点
		Automatic（自动）		自动选取已存在的一组点
		Ends Y/N（端点状态）		选Y时，可调整曲线的起、终点斜率
		Curve（转成曲线）		把多条头尾相接的曲线连接生成一条样条曲线
		Blend（熔接）		在两条曲线之间，光滑顺接一条样条曲线
Curve（曲面曲线）		Cunst param[常参数（指定位置）]		生成曲面或实体面上选定点的u方向、v方向或uv两个方向上的曲线
		Patch bndy（缀面边线）		生成参数曲面上的多组uv网格参数曲线
		Flowline（曲面流线）		生成曲面或实体面上选定点的u或v方向上若干组曲面曲线和参数曲线（给出曲线数量或间距）
		Dynamic（动态绘线）		动态选取曲面或实体面上若干点组成的曲线
		Slice（剖切线）		生成曲面和定义平面按给定间距的若干条交线
		Intersect（交线）		生成两组相交曲面间的交线
		Project（投影线）		生成曲线在曲面上的投影线。投影方向可以垂直于曲面或构图面
		Part line（分模线）		生成曲面与构图面有关的分模线
		One edge（单一边界）		生成曲面的一条指定的边界线
		All edges（所有边界）		生成曲面所有的边界线
Surface（曲面）		Loft（举升曲面）		由多个曲线段（断面外形）以抛物线形式熔接而成的曲面
		Coons（昆氏曲面）		以熔接由四个边界曲线形成的许多缀面而形成的曲面
		Ruled（直纹曲面）		由多个曲线段（断面外形）以直线形式熔接而成的曲面
		Revolve（旋转曲面）		断面形状沿着轴或某一直线旋转而形成的曲面
		Sweep（扫描曲面）		若干个截断外形（Across）沿着若干个引导曲线（Along）运动而形成的曲面
		Draft（牵引曲面）		断面形状沿着直线笔直地挤出而形成的曲面，用于构建圆柱、圆锥、有拔模斜度的模型

（续）

Surface（曲面）	Fillet（曲面倒圆角）	对两组相交的曲面之间的公共边倒圆角，以在曲面之间产生光滑平顺的圆角曲面	
	Offset（曲面补正）	对某一曲面进行等距离偏置，从而产生一个新的曲面	
	Trim/Extend（曲面修整 / 延伸）	把一组已存在的曲面修整（延伸）到指定的曲面或曲线	
	2 Surf blnd（两曲面熔接）	在两个曲面之间生成相切光滑的过渡曲面	
	3 Surf blnd（三曲面熔接）	在三个曲面之间生成相切光滑的过渡曲面	
	Fillet blnd（圆角熔接）	对三个相交的曲面之间的公共角落作圆角熔接	
	Primitive（实体曲面）	生成基本实体（圆柱、圆锥、立方体、圆球、圆环、挤出）表面的曲面	
	From solid（由实体产生）	从现有的实体产生实体表面的曲面	
Rectangle（矩形）	1 point	输入一特殊点，给出宽度、高度	
	2 point	输入对角两点	
	Options	选项，可以生成矩形、键槽形、D 形、双 D 形和椭圆形	
Drafting（尺寸标注）	Regenerate	重新建立、重新修改或移动尺寸位置	
	Dimension（标注尺寸）	Horizontal（水平标注）	尺寸线平行于 X 轴
		Vertical（垂直标注）	尺寸线平行于 Y 轴
		Parallel（平行标注）	尺寸线平行于两个端点连线
		Baseline（基准标注）	选一条线性尺寸线作为基准，以后生成的尺寸线均以该基准线一端点引出尺寸线
		Chained（串连标注）	选一条线性尺寸线，以后生成的尺寸线均以该基准线一端点引出尺寸线
		Circular（圆弧标注）	标注直径或半径
		Angular（角度标注）	从第一条线逆时针转到第二条线作为夹角大小
		Tangent（相切标注）	标注圆弧与点、直线或圆弧的水平相切标注或垂直相切标注
		OrdinaTe（顺序标注）	以第一条线作为基准，顺序标出相对于基准的尺寸值
		Point（点标注）	标注点的 X、Y、Z 坐标值
	Note（文字注解）	例如 ABC	
	Witness（延伸线）	生成尺寸界线	
	Leader（引导线）	生成一个单箭头引线	
	Lable（标签抬头）	键入文字，指定文字位置和箭头位置	
	Multi edit（多重编辑）	对尺寸的多项属性进行编辑	
	Edit Text Y/N（编辑文字）	Y 时，可改变尺寸数值；N 时，可改变尺寸位置	
	Hatch（剖面线）	剖面线	
	Globals（整体设定）	全局设定尺寸标注的各项属性	

Create 绘图命令（二）

Chamfer（倒角）		在两条直线之间倒直线角
Letter（文字）		利用 Mastercam 提供的字体库（单线字、方块字、罗马字、斜体字）生成英文字母，或利用 Windows 提供的标准真字体（Truetype fonts）生成英文或中文字
Pattern（呼叫副图）		把一个 .GE3 文件的图形调入到当前显示屏幕上（子图形），可以缩放、旋转和镜像，屏幕上原来图形不变
Ellipse（椭圆）		生成一个用 NURBS 曲线表达的椭圆
Polygon（正多边形）		生成一个正多边形
Bound. Box（边界盒）		生成一个已存在图素的包络长方形或长方体
Spiral/Helix（螺旋线）		生成平面或空间螺旋线。可以设置为等螺距或变螺距，高度可以带锥度
Gear（齿轮）		给出节圆直径、齿数、压力角等齿轮参数，生成外齿轮或内齿轮形
Htable（标注列表）		对已存在图形中的整圆，列表标注出其代号、数量和直径值（或半径值）
Fplot [函数（方程式）]		利用建立函数关系式（直角方程式或参数方程式），设置变量及范围，生成二维轮廓或三维曲面图形
	Enter equ	建立方程式
	Get file	调出 *.eqn 文件
	Save file	把新建的方程式存为 *.eqn 文件
	Vars	设置变量名
	Angle R/D	角度变量的单位（弧度 Radius 或角度 Degress）
	Origin	坐标原点位置
	Geometry	生成图形的类型（可选择 points、lines、splines、surfaces、draw 等）
	Trace Y/N	寻迹。选 Y 时，把方程式参数和变量值写入 fplot.log 文件中
	Plot it	执行（生成图形）
附：快速获取图素数据		在生成新图素过程中，直接获取需要的数据（如角度、直径、半径、长度、距离及坐标值）。例如在生成新图素过程中，当系统要求输入一数值时，可以键入相应的字母代号，并选取一个已存在的图素，则该图素相应的数据被选中。字母代号的含义为：A：角度；D：直径；L：长度；R：半径；S：两点间距离；X、Y、Z：坐标值

Modify 图形修整命令

Fillet（倒圆角）		同 Create 中的 Fillet 命令一样
Trim [修剪（包含延伸）]	1 entity	修剪一个图素到另一个图素（另一个图素不变）
	2 entity	同时修剪两个图素到它们的交点（保留拾取的图素段）
	3 entity	同时修剪三个图素到它们的交点（选择的第三个图素分别与前两个图素一一修剪）
	To point	修剪所选择的图素到所选择点的垂足
	Many	同时修剪多个图素
	Close	将所选择的一圆弧转变成一个完整的圆
	Divide	分割：将第一条曲线落在另外两条曲线之间的部分修剪掉
	Surface	曲面间的修剪
Break（打断）	2 pieces（打成两段）	将线、弧、Spline 曲线或 NURBS 曲线打断成两段
	at Length（指定长度）	将线、弧、Spline 曲线或 NURBS 曲线沿着给定长度的位置打断
	Many pieces（打成多段）	将线、弧、Spline 曲线或 NURBS 曲线打断成两个以上的线段
	At inters（在交点处）	将两个图素（线、弧或 Spline 曲线）可见的交点处同时断开
	Spt to arcs（曲线变弧）	将一条二维 Spline 曲线或二维 NURBS 曲线打断成线和弧
	Draft/line（注解文字）	将注解文字（Note）打断成 NURBS 曲线或线段
	Hatch/line（剖面线）	将剖面线打断成线段
	Cdate/line（复合资料）	将复合线打断成点或线段
	Breakcir	将所有圆均匀断开成设定的段数

（续）

Join（连接）	将两线段、圆弧或 Spline 曲线连接成一个图素（两线段必须同线，两圆弧必须有相同圆心和半径，两 Spline 曲线原来必须由同一个图素生成）	
Normal（正向切换）	改变曲面的法线方向	
	Set	将所选择的若干曲面全部改成法向相对于 CP 平面"向上"
	Reverse	将所选择的曲面的法向反向
	Dynamic	动态改变法向
	Flip	反置（改变）
	Ok	不变
Cpts NBS（控制点）	修改 NURBS 曲线或曲面的控制点，以生成新的 NURBS 曲线或曲面	
	Dynamic	动态移动控制点
	Point entity	输入控制点的新坐标位置
X to NBS（转成 NURBS）	将线、弧、Spline 曲线和曲面转换为 NURBS 格式	
Extend（延伸）	将一曲线（线、弧、样条）或曲面延伸给定的长度	
Drag（动态移位）	动态地移动或复制图素到所给的新位置	
cnv to arcs（曲线变弧）	把用样条表示的圆弧转换成用圆弧表示	

Xform 图形转换命令

Mirrow（镜像）	将图素对于设定构图平面中的 X 轴、Y 轴或直线作镜像。所谓镜像是指图素对于一个平面的镜像。这个平面就是一面镜子，它垂直于 CP 构图平面，并通过一条操作者指定的直线的投影线	
	X axis	对 X 轴镜像
	Y axis	对 Y 轴镜像
	Line	对一条直线镜像
	2 point	对过两点的一条线镜像
Rotate（旋转）	将图素对于原点或一指定点作旋转	
	Origin	旋转中心为构图原点
	Point	旋转中心为任意点（图素对于该点在构图平面上的投影点做旋转）
Scalt（比例缩放）	将图素依输入等比例或 X、Y、Z 不同比例值，相对于原点或一指定点（投影点）缩小或放大	
Squash（压扁）	将图素依给定的深度值平行移动、复制或连接到新的位置	
Translate（平移）	将图素按下列方法平移	
	Rectangle	直角坐标：输入平移的向量（X_，Y_，Z_）
	Polar	极坐标：输入平移的距离和角度（仅二维）
	Between pts	两点间：将图素从某一点移到另一点
	between Vws	视角间：将图素从构图平面所设定的平面平移到刀具平面所设定的平面
Offset（单体补正）	将一曲线（线、弧、样条）依法线方向等距偏移（给出补正距离和方向）	
ofs Ctour（串连补正）	对一轮廓（一组头尾相连的图素）做补正	
Nesting（套叠排列）	将若干种有一定数量的平面零件套叠排列在一块薄板零件上	
Stretch（牵引）	将窗口内的图素平移，而将与窗口相交的图素做伸展	
Roil（缠绕）	将平面上的图素绕卷于圆筒表面产生新的曲线	
转换参数	Move（移动）	移动原来的图素
	Copy（复制）	复制原来的图素
	Join（连接）	将转换所得图素和原来图素的每个对应端点连接起来
	Number of steps	指定转换功能执行的次数
	Rotation angle	指定旋转的角度
	Cancel	取消
	Done	执行

Delete 图形删除命令

Chain（串连）	选择若干串连图素进行删除	
Window（窗选）	用窗口方式选择（完全包含）	
	Rectangle（矩形）	用矩形方式选择
	Polygon（多边形）	用多边形方式选择
	Inside（视窗内）	删除全部包含在窗口内的图素
	In+intr（范围内）	删除同窗口相交的和包含在窗口内的所有图素
	Intersect（相交物）	删除同窗口相交的图素
	Out+intr（范围外）	保留同窗口相交的和包含在窗口内的所有图素，删除其余图素（同 In+intr 相反）
	Outside（视窗外）	保留全部包含在窗口内的图素，删除其余图素（同 Inside 相反）
	Use mask Y/N（限定图素）	Y 时，Set mask 起作用 N 时，Set mask 不起作用
	Set mask（设定）	设定同时满足某类型和属性的图素
Area（区域）	选中封闭区域内的一点，删除区域的所有边界线	
Only（仅某图素）	选择若干图素类型或属性，只对选中并且符合所选择类型的图素或属性进行删除	
All（所有的）	删除同类型（点、线、圆弧、样条曲线、曲面、尺寸线和所有图素），或同属性（颜色、图层）的所有图素（可以设定同时满足某类型和属性的图素）	
Group（群组）	删除已定义的群组	
Result（结果）	删除转换功能中的转换结果	
Duplicate（重复图素）	删除完全重复的图素	
Undelete（撤销删除）	恢复被删除的图素	
	Single（单一图素）	一个个恢复被删除的图素
	Number（指定数量）	恢复被删除图素的个数
	All（所有图素）	恢复被删除的某种类型或属性的所有图素（可以 mask）

Analyze 分析命令

Point（点坐标）	显示指定点的（x，y，z）坐标	
Contour（外形）	显示组成轮廓或补正轮廓的每一个图素的几何信息	
Only（仅某图素）	只能分析指定的某种类型的图素	
Between pts（两点间距）	显示选中两点的距离等信息	
Angle（两线夹角）	显示两条线的夹角和补角	
Dynamic（动态分析）	显示沿着图素（线、弧、样条、曲面）上点的坐标、切矢、法矢	
Area/Volume（面积/体积）	显示封闭轮廓、曲面或实体的面积、体积、质量、周长、质心、惯性矩等	
Number（图素编号）	系统赋予每个图素一个号，输入号就能分析该图素	
Chain（串连物体）	用以诊断串连可能发生的图素重叠等问题	
Surface（曲面分析）	Curvature（曲面曲率）	用着色显示曲面曲率的情况
	Test norms（曲面侦测）	显示坏面（法矢突变）的个数
	Base surfs（基础曲面）	检查修剪曲面的原始曲面个数
	Set normas（正向切换）	使所选曲面法向向上（相对于 CP 平面）
	Check model（过切检查）	检查修剪曲面的自交情况
	Check solid（实体检测）	检查在实体操作中可能存在的问题
	Small surfs（小的曲面）	检查小于给定面积的小曲面个数

File 文件管理命令

New（建立新文档）	建立新图形：消除屏幕上的图形，使系统回到开机时的状态
Edit（编辑）	文件编辑：系统提供一功能强大的全屏幕编辑器（Mcedit），可在不退出系统的状态下编辑各类 ASCII 文件（NC、NCI、DOC、IGS、PST、AUTOEXEC、OTHER）
Get（取档）	调用图形文件，将其显示在屏幕上
Merge（合并文档）	图形合并：读入另一个图形文件，并显示在屏幕上，原屏幕上图形保留
List（列出）	列出 ASCII 文件内容，只能看，不能修改、编辑
Save（存档）	图形文件存盘：将屏幕上的几何图形存储为一图形文件
Save some（部分存档）	储存部分图形：将屏幕上的一部分几何图形存储为一图形文件

Browse（浏览）	图形浏览：浏览已存储在指定目录的图形文件（*.GE3），依次显示在屏幕上	
	Forward	显示前一个图形
	Backup	显示后一个图形
	Auto	自动显示一个个图形
	DeLay	自动显示时，下一个图形显示的延时时间
	Keep	保留当前屏幕上的一个图形
	Delete	删除当前屏幕上的一个图形

Converters（文档转换）	图形转换：完成不同格式图形文件的读、写双向转换		
	图形数据交换标准	ASCII	这里的 ASCII 文件是指用一系列点的 XYZ 坐标组成的数据文件 系统可以把屏幕上的一组点写成 ASCII 格式的数据文件，也可以读取这种格式的文件，在屏幕上生成一组点、折线或样条曲线。系统可双向读写
		STEP	STEP 是一个包含一系列应用协议的 ISO 标准格式，它可以描述实体、曲面和线框。这是一种最新的产品数据格式工业标准，包含了产品生命周期的所有信息。系统可以读取 STEP 文件
		Autodesk	与由美国 Autodesk 公司开发的 AutoCAD 软件和 Inventor 软件的图形文件格式做图形转换，包括可以写出两种类型的文件：DWG 文件和 DFX 文件，读取四种类型的文件：DWG 文件、DFX 文件、IPT 文件和 IAM 文件
		IGES	IGES（Initial Graphics Exchange Standard）文件格式是由美国提出的初始化图形交换标准，是目前使用最广泛、最有影响的图形交换格式之一。它支持曲线、曲面及一些实体的表达，是目前大多数三维 CAD 系统所必备的图形交换接口。系统可双向读写，并可扫描文件属性
		Parasld	Parasld 文件格式是一种新的实体核心技术标准，用于实体图形转换。系统可双向读写
		STL	STL 文件格式是在三维多层扫描中利用的一种 3D 网格数据格式，常用于快速成型（RP）系统中，也可用于数据浏览和分析中 STL 文件是由表示曲面和实体模型的三角片数据组成。Mastercam 可以读取和写出二进制格式或可读的 ASCII 格式的 STL 文件
		VDA	德国工业联合会 3D 图形数据标准。系统可双向读写
		SAT	SAT 文件格式是由美国 Spatial Technology Inc. 发展的 3D 几何图形核心 ACIS 产生的，用以处理实体模型，可以将其转换为修剪曲面。系统只能读取 SAT 文件
		Pro/E	可以直接读取 Pro/E 软件的图形文件
		Pre7 matls	把以前版本中曾经构建的材料库转换成 9 版相应的库，以便再使用
		Pre7 tools	把以前版本中曾经构建的刀具库转换成 9 版相应的库，以便再使用
		Pre7 parms	把以前版本中曾经构建的参数档转换成 9 版相应的参数档
		Saveas MC8	把 MC9 图形存储为 MC8 图形文件格式
		NFL	二维的 Anvil 软件（法国）的图形数据标准。系统可双向读写
		CADL	美国 CADKEY 软件采用的三维图形数据标准。系统可双向读写

（续）

Properties（摘要）	显示图形文件属性，并可给予一段描述	
Dos Shell DOS（系统）	暂时离开 Mastercam 系统，转入 DOS 环境下，可执行 DOS 命令。键入 Exit 可回到 Mastercam 系统，并不影响系统原来设置和图形显示	
RAM-saver（释放 RAM）	消除因删除图素而出现的"孔"，整理 RAM，节省内存，提高运行速度	
Hardcopy（硬拷贝）	将屏幕图形硬拷贝到打印机上	
Communic DNC（传输）	数控加工程序的通信传输。通过 RS232 端口，完成 PC 与数控机床之间 NC 程序的双向传输	
	Format	NC 程序格式：ASCII、EIA、BIN
	Connector	通信连接口：Com1、Com2
	Bund rate	传输速率（波特率）：300 ～ 38400
	Parity	奇偶校验：奇校验 Odd、偶校验 Even、不校验 None
	Date bits	传输数据位数：6、7、8
	Stop bits	传输停止位数：1、2
	Send	发送数控程序
	Receive	接收数控程序
	Terminal	终端模拟
ReNumber（行号重编）	将一个有行号的数控加工程序重新排行号，即改变起始行号和增量值	
Exit（离开系统）	退出系统	

Screen 屏幕管理命令

Configure（系统规划）	设置系统颜色、内存配置、公差设置、数据路径、传输参数、对话描述、绘图设置、功能键、设计设置、数控设置和杂项	
Statistics（统计图素）	统计并显示当前屏幕中各种类型图素的数量	
Endpoints（端点显示）	显示屏幕上所有线段、圆弧、样条曲线的两端点。可以存储这些点作为图素	
CLr colors（清除颜色）	解除群组和结果的设定，并将其颜色改变成系统当前颜色	
CHg colors（改变颜色）	将选取的图素颜色改变成系统当前颜色	
Chg leVels（改变图层）	将选取的图素图层改变成系统当前图层	
Chg attribs（改变属性）	改变图素的属性（颜色、图层、线型、线宽、点形式等）	
Surf Disp（曲面显示）	Show back Y/N（显示背面）	Y：曲面背面的颜色不同于正面颜色，为设定的背面色 N：曲面背面的颜色相同于正面颜色
	Back color（背面颜色）	设定背面颜色
	Density（线条密度）	曲面线条显示密度（0 ～ 15）
	All surfs（全部曲面）	选中全部曲面
	Select（选取曲面）	选取要显示的曲面
	ShAde（全时着色）	对曲面和实体着色显示。可以设置像素数、环境亮度、材质、光源及透视、半透明、纹理效果
	Studio（多工着色）	对曲面和实体进行渲染。可以读 / 写 *.bmp 文件，可以打印输出
Surf Disp（曲面显示）	Solids（实体显示）	设置实体隐藏线显示的有关参数
Blank（隐藏图素）	将选取的图素隐藏起来，即不显示在屏幕上。还可以用 Unblack 命令一一恢复被隐藏的图素	
Set main（设为主要）	系统强迫使当前的图层和颜色同所选图素的属性相同	
Center（屏幕中心）	改变屏幕中心在系统坐标系中的坐标值	
Hide（显示部分）	将选取的图素保留下来，其余部分隐藏起来。再次执行该命令，快速恢复原图	
Sel grid（屏幕网格）	设置网格点，并可捕获网格点来精确画图	
AutoCursor Y/N（自动抓点）	选 Y：光标移动时，自动抓取特殊点	
Regenerate（重新显示）	屏幕重绘，清除杂点，并且系统可按当前比例重新建立显示列表以提高显示速度	
To clipbrD（至剪贴板）	把图形转到剪贴板	
Comb views（合并视角）	合并平行的视图和搬移圆弧到合并的视角，常用于从其他软件做图形转换时，以减少不同构面个数	
Viewports（多重视窗）	显示不同视角的多重视窗（1 ～ 4 个）	
Plot（出图）	可设置绘图机型号、连接通信口参数等	

303

Solid 实体生成命令

Extrude（挤出）	将若干共平面的串连曲线外形，沿着一个指定的挤出方向和距离，拉伸而生成挤出实体
Revolve（旋转）	将若干共平面的串连外形，绕着一指定直线旋转而生成旋转实体
Sweep（扫掠）	将若干封闭的、共平面的串连外形（称为断面），沿着一串连路径扫掠而生成扫掠实体。断面和路径之间的角度一直保持不变
Loft（举升）	将若干封闭的串连外形（断面），按选取的顺序以平滑或线性方式在外形之间熔接，并在第一个和最后一个外形上覆上实体面的方式而生成举升实体
Fillet（倒圆角）	对实体的边界线，即在组成边界线的两个相邻面之间，生成光滑的圆角 实体倒圆角有圆形断面，它可以看作面之间的滚球熔接（Rolling Ball Blend），犹如一个球体沿着选取的边界线上滚动，并在球体路径上进行并或差集运算以形成圆滑的边界
Chamfer（倒角）	对实体的边界线，即在组成边界线的两个相邻面之间，以直线断面的边界熔接形式，通过并或差集运算插入一新面，生成实体倒角。新面与原始边界线的相邻面不是以相切方式连接
Shell（薄壳）	将实体内部挖空，并给各实体面赋以一指定厚度值，生成薄壳实体
Boolean（布尔运算）	对两个以上存在的实体做布尔运算（结合（并）、切割（差）、交集），生成一个新实体
Solids mgr（实体管理）	在实体管理员视图中，以树状结构方式依产生顺序列出实体的每一个操作记录，包括操作的参数和图形，可以进行修改和编辑
Primitives（基本实体）	生成基本的解析实体，包括生成圆柱体、圆锥体、立方体、圆球体和圆环体。这些简单实体的参数已被预先定义，用户可以给这些参数赋以数值，生成基本实体
Draft faces（牵引面）	用以改变实体面的倾斜角度，特别适用于生成有拔模斜度的实体模具
Trim（修整）	通过选取一平面、曲面或开放的薄片实体来修整一实体
Layout（绘三视图）	从实体直接画出标准三视图。可以设置绘图的纸张大小、缩放比例、视图数量和表达方式（第一角法和第三角法）等视图属性
Find feature（寻找特征）	寻找基于"主体（Body）"的实体的某些特征，包括孔和倒圆角。可以设置重新创建操作或者去除该特征。前者可以把特征加入到实体的历史树中，后者用于需要忽略这些特征来完成生成刀具路径的场合。还可以设置需要寻找特征（孔或倒圆角）的半径范围（最小值和最大值）
From surfaces（来自曲面）	也叫缝合曲面（Stitch surfaces），是把若干曲面缝合成一个实体。如果所有这些若干曲面形成一个封闭体，并且每个曲面之间的间隙都在指定的公差之内，则结果就生成一个封闭的主体实体（Body Solid），否则生成一个开放的薄片实体 本命令可用于处理在读入某些软件的图形转换文件时可能遇到的问题。某些软件的实体用曲面来表达，或者用新的曲面来替代有问题的曲面，这种情况下，利用缝合曲面命令可以生成新的实体
Thicken（薄片加厚）	给开放的薄片实体以一个厚度。这个厚度可以给予薄片的一侧或两侧，结果生成一个主体实体。开放的薄片实体可以来自于缝合曲面所生成的开放实体，也可来自于去除实体上的面后所生成的开放薄片实体。生成的主体实体可以像 Mastercam 生成的其他实体一样，被实体管理员命令进行管理和修改
Remove faces（移除面）	去除实体上的面，结果生成一个开放的薄片实体。利用这个命令可以去除经检查后有问题的曲面，再通过生成新的曲面和缝合后形成新的实体

Toolpaths 刀具路径命令

New（起始设定）	重新生成新的刀具路径，操作管理员视图中所有的加工操作被删除、置空
Contour（外形铣削）	加工多个 2D 轮廓或 3D 轮廓（线框架构）。具有完成 2D 倒角、螺旋式渐降斜插、残料加工等加工功能
Drill（钻孔）	对所选的点图素完成点位钻孔类加工，包括深孔钻、深孔啄钻、断屑式钻、攻螺纹、镗孔等。输出的数控加工程序包含固定循环指令（G81 ～ G89）

（续）

Pocket（挖槽）	切除一个封闭外形所包围的材料或铣削一个平面。封闭外形的内部可以包含许多岛屿，岛屿内部还可以嵌套岛屿，并可自动多次加工岛中之岛 具有完成一般挖槽（Standard）、边界再加工（Facing）、使用岛屿深度挖槽（Island Facing）、残料加工（Remachining）和开放式轮廓挖槽（Open）五种加工功能
Faces（面铣加工）	快速切除零件顶面上的毛坯，加工出一个平面
Surfaces（曲面加工）	对曲面和实体进行加工。利用 CAD 档，也可以调用 STL 图形交换文件（3D 网格数据格式），直接生成加工刀具路径，而不必利用 Mastercam 的图形文件 曲面加工分为曲面粗加工和曲面精加工。曲面粗加工方法包括平行铣削、放射状加工、投影加工、流线加工、等高外形、残料粗加工、挖槽粗加工和钻削式加工；曲面精加工方法包括平行铣削、放射状加工、投影加工、流线加工、等高外形、陡斜面加工、浅平面加工、交线清角、残料清角和 3D 等距加工
Multisxis（多轴加工）	完成三轴、四轴或五轴的数控加工，有六种多轴加工方法： 曲线五轴加工：刀具沿着任意 3D 曲线或曲面的边界线或曲线在曲面上的投影线切削，生成三轴、四轴或五轴的加工路径。和外形铣削加工相比，它在刀具位置的设置上更加灵活和精确 钻孔五轴加工：刀具按零件的多个方向进行钻孔加工，生成三轴、四轴或五轴的刀具路径 沿边五轴加工：用刀具的侧刃对零件的侧壁进行加工，生成四轴或五轴的刀具路径。这种加工方法在航空制造业有很广泛的应用 曲面五轴加工：对多曲面或实体进行加工，生成四轴或五轴的刀具路径 沿面五轴加工：通过控制残脊高度或步进量来生成精确、平滑的精加工刀具路径，输出格式可以是四轴或五轴的加工程序。通过参数值可以设置刀具轴的前倾（Lead）或后倾（Lag）角度，以及侧倾（Slid tilt）角度 旋转四轴：适合于加工近似圆柱体的零件。刀具轴可在垂直于旋转轴（X 轴或 Y 轴）的平面上旋转
Operation（操作管理）	在操作管理员窗口中，以树状结构列出了每一个加工的操作记录。生成的刀具路径与图形参数、刀具参数、加工工艺参数具有关联性（Associate），即当这些参数中的任何部分改变时，只要更新（重新计算），就可以立即生成新的刀具路径 在操作管理员窗口中，还可以直接执行刀具路径模拟、实体切削验证、执行后处理和高速加工命令
Job setup（工作设定）	设置工件（毛坯）尺寸、工件原点、材料以及设置刀具路径系统规划、刀具偏移和进给量计算等参数
Manual ent（手动输入）	插入注释或特别码到数控加工程序（NC 文件）中
Cir tlpths（全圆路径）	针对圆或圆弧图素的加工处理，包括全圆铣削、螺旋切割或自动钻孔等加工
Point（手动控制）	刀具根据选取的若干点，生成一串点铣削刀具路径
Project（投影加工）	将 NCI 文件中的刀具路径投影到平面、圆柱体面、圆球体面、圆锥体面或横断面上，生成新的 NCI 文件
Trim（路径修剪）	选择曲线来修剪一个已存在的刀具路径（NCI 文件），生成新的刀具路径
Wireframe（线架构路径）	通过选取线框架构的图形（不是曲面架构）来生成刀具路径，可以生成对直纹、旋转、扫描、昆氏和举升曲面的刀具路径。在旧版本软件（V3 版前）中，由于没有曲面造型方法，采用这种方法来生成刀具路径
Transform（路径转换）	对已存在的刀具路径进行平移、旋转或镜像处理，生成新的刀具路径
Import NCI（汇入 NCI）	选取 NCI 文件，调入到当前的刀具路径的操作管理中
Solid drill（实体钻孔）	完成对实体类零件的钻孔加工。实体钻孔功能具有特征识别技术，能自动搜索实体中的所有孔，并自动生成一组钻孔类加工的刀具路径

NC utils 公用管理命令

Verify（实体验证）	根据刀具路径（NCI 文件），以实体模型方法仿真毛坯实体材料被切除的加工过程。实体验证的参数设定包括：可设置工件毛坯的形状为长方体、圆柱体或从 STL 文件（用于多层扫描的网格数据文件）中获取毛坯外形；可设置毛坯尺寸大小；设置仿真刀具的显示方式及其他显示属性；可设置换刀暂停、过切暂停等。这样可以在实际加工前，避免因发生零件过切而造成工件和零件的损坏
Backplot（路径模拟）	根据刀具路径（NCI 文件），以线框方式模拟刀具路径的加工轨迹，可以显示出加工所需时间。路径模拟的参数设定包括：路径的步进显示方式（中间过程、端点显示）；刀具的移动方式（动态、静态）；手动单步模拟或自动连续执行；刀具和夹头的显示设定；路径的模拟着色和设置模拟旋转轴等
Batch（批次模式）	批次模式主要用于针对复杂零件的编程。对于复杂零件，可能需要有多个加工操作，而每一个加工操作在计算刀具路径时又可能需要花费较多的运算时间，为此系统提供的这个批次模式允许使用者在每设定好一个加工操作时，不让 Mastercam 立即计算刀具路径，而是在所有的加工操作都设定好后，才一次让 Mastercam 来计算刀具路径及转换成加工 NC 程序，这样可以节省使用者每一次加工操作在计算机前等待的时间
Filter（程序过滤）	对已存在的刀具路径做优化处理，即去除刀具路径在设定的过滤公差值范围内的点，以减小程序长度，提高加工效率。还可以用圆弧来代替线段
Post proc（后处理）	将刀具路径文件（NCI 文件）转换生成数控加工程序。可以更改选择针对不同数控系统的 PST 后处理器文件
Setup sheet（加工报表）	显示或打印与车间加工有关的各种加工参数报表，包括每一个操作所使用刀具的详细参数和示意图、每一个操作所选取的工艺参数 可以用图示化界面或用 DOC 文本文件输出加工报表参数
Def. Ops（定义操作）	系统列出了 Mastercam 9.0 中所有 43 种加工方法刀具路径的参数设置，可以对各参数进行预设置
Def. Tools（定义刀具）	可以定义新材料及其参数，放入系统的工件材料库中以被随时调用，还可以显示当前加工操作中使用的所有刀具
Def. Matls（定义材料）	可以定义新刀具及其参数，放入系统的刀具库中以被随时调用，还可以显示当前加工操作中使用的工件材料
Edinci	这是以前旧版本中使用的一个命令，用以对刀具路径进行编辑和转换，包括对已存在的刀具路径 NCI 文件中的刀具路径段落进行增删、转换（镜像、旋转、缩放、平移），选择依刀具的排序方法来列出操作顺序，显出所选操作的刀具、工艺参数视窗和进行路径模拟，以及将多个刀具路径文件合并

附录 B Mastercam 的快捷功能键

快 捷 键	功 能
Alt+0	设构造平面 Z 高度
Alt+1	设置主颜色
Alt+2	设置主图层
Alt+3	设置限制图层
Alt+4	设置刀具平面
Alt+5	设置构造平面
Alt+6	设置几何视图
Alt+A	自动保存
Alt+B	工具条打开 / 关闭
Alt+C	运行 C-HOOKS
Alt+D	整体标注参数
Alt+E	隐藏 / 显示几何图形
Alt+F	字体菜单
Alt+G	高置屏幕网格点
Alt+H	在线帮助
Alt+I	列出打开文件
Alt+J	工作设置
Alt+L	设置线型、线宽
Alt+M	内存分配
Alt+N	编辑命名视图
Alt+O	任务管理器
Alt+P	提示区打开 / 关闭
Alt+Q	撤销最后操作
Alt+R	编辑最后操作
Alt+S	永久渲染打开 / 关闭
Alt+T	刀具路径显示打开 / 关闭
Alt+U	撤销最后一次操作
Alt+V	Mastercam 版本的 SIMM 系列号
Alt+W	视窗设置

（续）

快　捷　键	功　　能
Alt+X	从选定要素设置当前工作属性
Alt+Z	设置可视图层
Alt+'	设计两点抓图
Alt+Tab	应用程序间切换
Alt+-	选择另外要素隐藏
Alt+=	恢复选择要素的隐藏
Alt+F1	适度化几何图形
Alt+F2	缩小到原来的五分之四
Alt+F3	光标跟踪打开／关闭
Alt+F4	退出 Mastercam
Alt+F5	删除使用窗选法
Alt+F6	打开文件编辑菜单
Alt+F7	隐藏几何图形
Alt+F8	系统设置
Alt+F9	显示所有坐标系
F1	放大
F2	撤销放大
F3	重画
F4	分析菜单
F5	删除菜单
F6	文件菜单
F7	修改菜单
F8	设计菜单
F9	坐标轴显示／关闭
F10	列出所有功能
Tab/Shift+Tab	在对话框中移动控制选项
Esc	系统中断或返回上级菜单
Page Up	放大到 1.25 倍
Page Down	缩小到原来的五分之四
Arrow key(← ↑ → ↓)	移动

附录 C 加工工艺程序单

客户：_____   ____年___月___日

图样编号：_____   产品名称：_____   零件名称：_____

编程人员：_____   文件存档位置及文档名：_____

序　号	程 序 名	刀 具 型 号	装 刀 长 度	加 工 余 量	加 工 时 间	备　注
1						
2						
3						
4						
5						
6						
7						
8						
9						
10						
11						
12						
13						

说明：   装夹定位示意图

1. 装夹注意事项

2. X、Y 向加工原点

3. Z 向加工原点

操作员：_____   上机时间：_____   落机时间：_____   合计时间：_____。

参 考 文 献

[1] 陶圣霞. Mastercam 后处理入门与应用实例分析 [M]. 北京：机械工业出版社，2019.

[2] 陈为国，陈昊. 图解 Mastercam 2017 数控加工编程基础教程 [M]. 北京：机械工业出版社，2018.

[3] 马志国. Mastercam 2017 数控加工编程应用实例 [M]. 北京：机械工业出版社，2017.

[4] 钟日铭. Mastercam X9 中文版完全自学一本通 [M]. 北京：机械工业出版社，2016.

[5] 周敏. Mastercam 数控加工自动编程经典实例 [M]. 3 版. 北京：机械工业出版社，2016.

[6] 周敏. Mastercam 数控加工自动编程经典实例 [M]. 2 版. 北京：机械工业出版社，2013.

[7] 周敏. Mastercam 数控加工自动编程经典实例 [M]. 北京：机械工业出版社，2011.

[8] 韩鸿鸾，张秀玲. 数控加工技师手册 [M]. 北京：机械工业出版社，2005.

[9] 何县雄. Mastercam 数控加工自动编程范例教程 [M]. 北京：化学工业出版社，2007.

[10] 罗辑. 数控加工工艺及刀具 [M]. 重庆：重庆大学出版社，2006.

[11] 单岩，谢斌飞. Imageware 逆向造型应用实例 [M]. 北京：清华大学出版社，2007.

[12] 徐伟，张伦玠. 数控铣床职业技能鉴定强化实训教程 [M]. 武汉：华中科技大学出版社，2006.

[13] 苏本杰. 数控加工中心技能实训教程 [M]. 北京：国防工业出版社，2006.

[14] 王荣兴. 加工中心培训教程 [M]. 北京：机械工业出版社，2006.

[15] 方昆凡. 公差与配合实用手册 [M]. 北京：机械工业出版社，2006.

[16] 孔庆华，等. 极限配合与测量技术基础 [M]. 2 版. 上海：同济大学出版社，2008.

[17] 武良臣，吕宝占. 互换性与技术测量 [M]. 北京：北京邮电大学出版社，2009.